作者简介

王连方，男，汉族，1941 年生，江苏省靖江市人。1965 年毕业于北京医学院(现北京大学医学部)，新疆疾病预防控制中心研究员，长期从事疾病预防控制工作。曾任中共中央地方病防治领导小组地方性氟中毒专题委员会委员，中国氟研究协会副会长，卫生部地方病专家咨询委员会委员等。发表论文 160 余篇。发现新疆饮水型和饮茶型氟中毒、高碘性甲状腺肿、塔里木地方性软骨-骨膜病及中国大陆地方性砷中毒。主编出版“地方性砷中毒与乌脚病”、“王连方医学文选”，参加编写并出版专著 10 部(其中国外 3 部)。享受国务院特殊津贴。

黄金莲，女，汉族，1941 年生，湖南省邵东县人。新疆医科大学第一附属医院中医科护士长、副主任护师。长期从事中医科护理及护理专业临床教学工作。发现人体血压变化规律，发表学术著作及译著多篇，参编出版“地方性砷中毒与乌脚病”。

内容提要

本书系统介绍了大众化的简易自我按摩，分三编十四章。上编五章为基础部分，概述了按摩学简史、理论基础、特点、简易健身按摩基本手法、常用部位及相关的应用问题、注意事项及禁忌。中编第六章第七章为健身部分，分别叙述了人体各部位的保健性自我按摩及常用的简易自我按摩健身操系列。可供对自我按摩有兴趣的朋友们健身时选用。下编第八至第十四章，为临床治疗部分。为针对常见疾病的按摩操作部分，针对日常生活中常遇到的多种病症和疾病，逐一进行了概述、临床表现、防治和生活提示等医学知识叙述，供读者在患有相应疾病时，配合临床治疗应用。特别是患者可自行操作的简易健身按摩操系列，简便易操作，对于一般民众的自我保健也有一定意义。同时，本书除包括自我按摩外，也涵盖了传统针灸及近代人们关注的全息胚反射的治疗方法。因此也是一本比较全面的常见疾病的自我调治的现代医学知识普及书。

由于本书面对大众，作者通过采用医学统计法获得的疾病主治区，作为寻找治疗区点，方便普通民众寻找治疗局部疾病的方法，从而基本上隐去了不便于普通人记忆的复杂的穴位系统，方便了读者阅读，并可按书中操作进行自我保健按摩，或对相关疾病作按摩治疗。书中理论基础部分可供医学专业人士进一步研究按摩理论时参考。

前言

人都希望能健康长寿。随着社会发展、生活水平提高及卫生事业进步，人的总体健康水平逐渐提高，其平均寿命也相应上升。现今中国人的平均寿命已经超过七十岁，按照人体发育成熟年龄推测，人的寿命可望超过一百岁。但现今百岁以上的健康老人并不多，更有不少人在中年时期却英年早逝。使人难以达到自然寿命的原因很多，疾病和衰老是主要原因。在二十世纪前半期,传染病、地方病是导致死亡的主要病因。如今这些疾病多已被控制，但因日常活动量和劳动强度都大为下降，加之营养过剩、环境污染等因素，肿瘤、肥胖、高血压、糖尿病、冠心病等以前不常见疾病已成为高发病，并危及很多人的生命。面向未来如何控制疾病、延缓人体衰老、提高健康水平及生话质量,已是疾病预防和控制领域中面临的重要问题。

人体是复杂的整体,当发生疾病或身体机能异常时,具有自我康复的潜力,在一定程度上能将异常或病态调控到正常状态,从而恢复健康。适当的调控方法如药物或某些物理疗法(如针灸、按摩等)都能促进潜力发挥，而致人体康复。对于个体的人来说,促进此潜力发挥对于控制疾病保持身体健康是很重要的。

适量活动对于提高康复能力也很重要。传统中医学提出恒动的观念，指出生命活动、健康、疾病等都处于动态运动之中，提出未病先防、既病防变、调节平衡的动态平衡养生原则。人体与外环境不断进行物质交换，同时人体内各部位在中枢神经作用下不断进行物质代谢和维持动态平衡的活动，使人内环境处于适于细胞活动的动态平衡，故“动”始终贯穿于生命全程。因此要保持健康延年益寿，这种动态平衡也是很重要的。

按摩健身操是建立在提高人体康复能力基础上的疾病调理与健身方法。传统经验表明对局部穴位及反应区按摩,对人体具有双向良性调节作用。本书以传统针灸学和按摩学为基础，应用从医学统计方法对经典穴位主治作统计分析所得人体各部位疾病主治区，结合中医经络学说和现代解剖学、生理学、组织学、胚胎学等基础医学理论，编写了这本自我健身按摩书。自我按摩操源于传统按摩学,但传统按摩需按摩师操作,是针对某一疾病的治疗方法,病人处于被动状态。自我按摩操则变被动为主动，自己进行操练和按摩，在一定程度上既可作自我保健也可对相应部位的一些疾病起到辅助治疗作用。本书系统介绍了自我健身按摩的医学基础、基本技法、常用部位、注意事项及常用自我按摩健身操和相关部位疾病的康复按摩等的按摩健身体系，以适

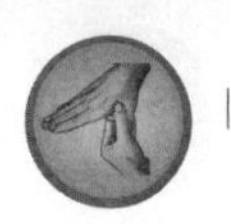

应不同读者之需。其特点除健身外还有自我调理疾病、经济(零花费)、简便、安全等优点。这些方法简便易学，有病时可用以辅助常规治疗或作为病后疗效巩固；无病者用以自我保健，提高机体应急能力，从而减少疾病发生。一般可在晨起前后或夜晚入睡前进行，亦可在工余、课余之时按个人情况择部分手法进行。应当注意的是自我按摩无论是按摩健身操还是康复按摩都不排斥其它健身和医疗方法，特别是疾病时先应尽可能去医院进行确诊，听从医生指导治疗，在康复期间作相应按摩以促进康复。因水平所限，其中一定有一些不成熟之处或缺点错误，诚请读者批评指正，以共促自我按摩健身发展，继承发扬我国传统医学，提高人体素质更好地为社会服务。

关于如何用好本书，本书后列有三个附件，分别汇集了经络穴位、人体常用全息反射区和自我按摩常用手法及部位图，可供读者阅读时查阅。考虑到读者多未受过系统的医学训练，对于人体的各部不一定很清楚，按摩部位图简单明了，在阅读到各病种按摩操作前可先行阅看，有助于更好学习按摩操作。

目錄

上编基础部分

本编五章概述了按摩学简史，中医和现代医学的有关按摩的理论基础，按摩及自我按摩的特点，简易健身按摩基本手法，常用部位和相关的应用问题、注意事项及禁忌，是自我按摩的基础。

第一章 中医学基础

第一节 按摩学简史

按摩又称推拿，是我国传统医学(中医学)的重要组成部分，也是我国独特的一种物理疗法，是我国古代劳动人民在生产劳动和生活中长期与疾病作斗争的经验积累。在古代，生产能力十分低下，生存环境险恶，跌打损伤在所难免，偶尔对损伤肢体进行抚摸后会感到疼痛减轻甚而消失，逐渐从无意识抚摸，到有意识有针对性对劳损、伤害进行按摩，并积累实际经验而逐渐成为当时一种对疾病治疗的方法。早在殷商时期的古墓中就已经发现有用于自我按摩的陶槎、玉牙头梳等可用于自我按摩的工具。故其产生应是漫长的，难以准确确定形成时间。我国早期的古典医学著作《黄帝内经》之《素问篇》的“阴阳应象大论”中记述血实宜决之，气虚宜掣引之。”其意思是血实宜用泻血法，气虚宜用导引法(自我按摩法)；在“主痛论”一文中说：“寒气客于肠胃之间，膜原之下，血不得散，小络急引故痛。按之则血气散，故按之痛止。”类似的有关按摩和自我按摩的记叙还有多处。按摩法为我国传统医学中的重要治疗方法。显然，按摩治疗在我国远古时代已较为常用。我国春秋战国时期名医扁鹊(姓秦名越人，号卢医)曾以针灸、按摩、药物等综合治疗措施，成功地抢救了昏迷的虢国太子，成为历史美谈，也是按摩作为治疗措施首次参与急救综合治疗的成功范例。表明在春秋战国时期按摩已是成熟的治疗方法。在古代养生领域按摩与自我按摩也是重要方法，尤为道教人士所用。到汉朝，按摩作为独立学科已有专著问世。东汉末期名医华佗，模仿动物动作创造了含有自我按摩和保健体操之意的“五禽戏”。隋朝已正式成立

按摩专科，并设有专职按摩博士。唐朝按摩又进一步发展，在官方医疗行政机构太医署内设有按摩专科，且将按摩医生分成不同等级，并开设官方按摩教学，培养按摩人才，表明唐朝历代政府对按摩已很重视。按摩在唐朝获得很大发展，那时很多医学著作都列有按摩方面的内容。宋、金、元时期按摩又有进一步发展，北宋时代在按摩手法和应用上有了进一步发展。明朝不但将按摩列为医学主要科目，同时在儿科按摩(推拿)方面有进一步发展，并有诸多小儿按摩(推拿)专著问世，如《小儿按摩经》，《小儿推拿秘诀》等。在操作、理论及实践上都有很大进步，明朝是小儿按摩开启朝代。清朝又在明朝的基础上承袭、完善，使小儿按摩(推拿)进一步得到发展，出版了不少成人和小儿按摩方面的著作如《小儿推拿术》、《小儿按摩快捷方式》、《推拿全书》等，并逐渐以“推拿”一词代替“按摩”。此期在推拿手法上也有所发展。清朝后期到民国时期，随着西方医学的传入，当时统治者对祖国传统医学摧残，使中医学受到严重打击。清朝道光二年明令取消针灸，1925 年当时的统治者拒绝将中医列入医学教育规程，1929 年公然通过《废止旧医以扫除医事卫生之障碍案》，由于当局这些摧残迫害中医的种种行为，使中医面临灭顶之灾，按摩疗法自然也难逃厄运。

故鸦片战争后的一百多年，按摩和中医的其它学科一样，处于历史发展的低潮。新中国成立后迅速改变了此种状况，中医得到空前发展，各级医院成立中医科，按摩、推拿治疗列于中医科或理疗科。国家开办了中医学院、中医学校培养中医人才，中医学进入医学教育高等学府。按摩治疗方法也同时获得新生，并为我国人民的卫生保健事业和世界医学发展呈现应有的贡献。进入 21 世纪，随着人们保健意识不断提高，自我按摩渐渐引起人们重视，有很多学者投入到自我按摩的研究和应用，取得了很多成果，也出版了不少书籍。

自我按摩是按摩学的一个分支，是由患者自己采用适当的按摩手法给自己治疗的一个方法。在古代人们称为导引术。在人类漫长的历史中，自我按摩很可能是人类发现穴位与经络前的早期治疗疾病的手法。人们无意识的对病痛区的按摩能使得病痛缓解，长期的经验确定了一些可用于病痛治疗的固定部位，即穴位。后来穴位多了，渐渐注意到穴位之间的联系而发现了经络。渐渐地形成了针灸学科。从人们无意识的自行按抚到形成系统经络体系，可能要经历很长的历史时期。因此，很难确定自我按摩的起始时间。但不可否认早期的无意识按摩，对于后来针灸学科形成的意义。

新中国成立后针灸领域得到很大发展，特别是上世纪七十年代以来，发现了很多新的穴位，新发现的经外奇穴，仅 1963 年出版的“针

灸经外奇穴图谱”及 1974 年出版的续集，两书就共有 1595 个经外奇穴，已远远超过传统针灸的 361 个穴位，特别是手足耳全息穴位也都在五十以上。数以千计的穴位，一方面显示针灸学科的高速发展，但要求一个人去记忆数以千计的穴位也是比较难的，特别是对普通民众来说则更为困难。从而也影响到对普通民众的推广应用。

第二节 中医学经络概要

按摩是中医学的一部分，其疗病的基本理论也是以中医学理论为依据。自我按摩又是依托按摩学的基础，从理论上讲也是以中医学的基本理论作为治疗、保健的理论依据，涉及到经络学说、阴阳五行、营卫气血、五脏六腑等，尤以经络学说为核心。但与传统按摩又有所不同，这种方法是患者自己给自己按摩。因此，在手法上有它的特别之处，不能完全照般传统按摩手法。

(一)经络的构成 经络是由经脉和络脉组成的全身性网络系统，内连五脏六俯，外接筋肉、肢节和皮肤。经脉包括十二正经、十二经别和十二经筋及奇经八脉。十二正经都为纵行经脉，以心、心包、肝、脾、肺、肾等脏器为阴;以胃、大肠、小肠、膀胱、胆、三焦等六腑为阳。均以所属脏腑命名，左右对称。十二正经都有固定的穴位。十二经别和十二经筋为十二正经的伴行或别行经脉无单独穴位。奇经八脉，其中在躯干中轴线分别有两条经脉，在人体前面的为任脉，背腰部为督脉，这两条经脉也有固定的穴位，与十二正经合称十四经。另外的 6 条经脉为带脉、冲脉、阴维脉、阳维脉、阴跷脉和阳跷脉。后 6 条经脉也没有单独的穴位。络脉包括别络、孙络和浮络。别络共 15 条也称十五络脉，分布从十四经脉别出，多为分支横出起经脉之间的联络作用。孙络和浮络为络脉的细小分支，遍布全身。

(二)经络的命名与分布 十二正经以其在四肢循行部位进行命名，位于上肢内侧的三条阴经，从桡侧到尺侧分别为手太阴肺经，手厥阴心包经和手少阴心经，其在上肢走行为从胸到手；位于上肢外侧(手背方向)为三条阳经，分别称手阳明大肠经，手少阳三焦经，手太阳小肠经，阳经其在上肢走行由手到头(面)，所以上肢分布有 6 条经脉(图 1-1)。在下肢有 6 条经脉，即足三阴和足三阳。三条阴经分布在下肢内侧，由前到后分别为足太阴脾经，足厥阴肝经和足少阴肾经，走向为从足到腹胸，在三阴交穴处交汇后继续上行到腹胸部；下肢前、外侧、后部三条阳经分别为足阳明胃经，足少阳胆经和足太阳膀胱经，其走向分别由头面部下行经躯体到足趾(图 1-2)。各经脉相互连接或交会，手三阴在手部交手三阳，手三阳在头部交足三阳，足三阳在足部交足三阴，足三阴在胸部交手三阴。在头部，有以上的手、足三阳 6 条经脉及任脉、督脉共 8 条经脉。

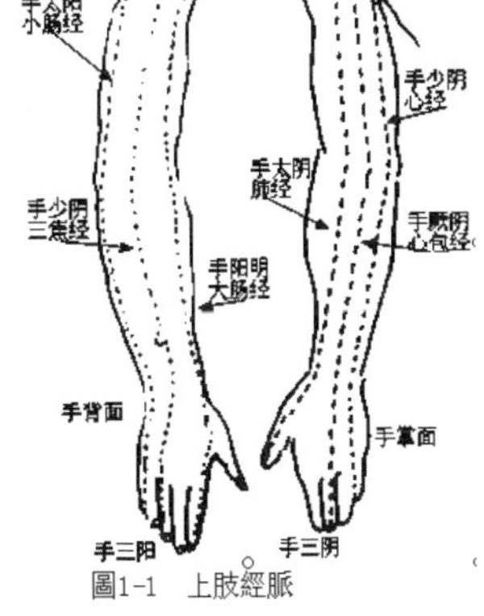

圖1-1 上肢經脈

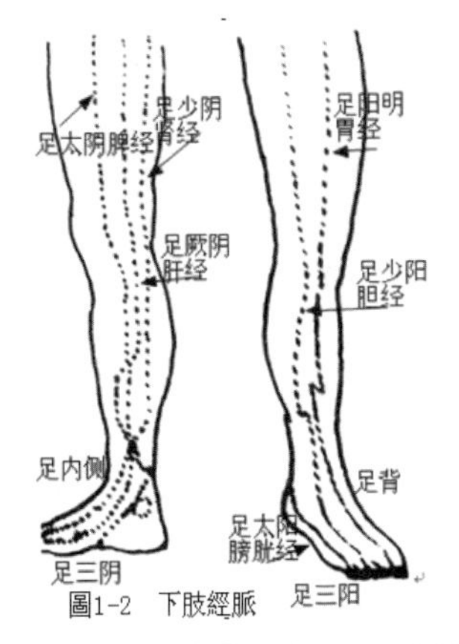

圖1-2 下肢經脈

(三)经脉的运行 经脉的运行是以手太阴肺经为起点，足厥阴肝经为一个周期的终点，然后进入下一个运行周期循环不断。在一个运行周期内，各条经脉运行顺序依次为：手太阴肺经→手阳明大肠经→足阳明胃经→足太阴脾经→手少阴心经→手太阳小肠经→足太阳膀胱经→足少阴肾经→手厥阴心包经→手少阳三焦经→足少阳胆经→足厥阴肝经→手太阴肺经，依次循环不息。十二正经发出十二经别、十二经筋，络脉于筋肉、关节、骨骼。其中，十二皮部为十二经脉功能反应于皮肤部位，与十二正经同行。

除十二正经外，在头、躯干正中线的两条奇经，前面为任脉，起于小腹，下出于会阴，沿正中在线上行到口唇下颏唇沟中点(承浆穴)，向上分支环绕口唇，经面部止于眼下承泣穴。总任一身之阴经，又称为“阴脉之海”。督脉出会阴后行于骶、腰、背、项、头正中线，直至口腔上齿龈正中点(龈交穴)。此脉总督一身阳脉又称为“阳脉之海”。

十二正经和任脉、督脉共有 361 穴位均为晋代所列。本身无单独穴位的阴、阳跷脉，阴、阳维脉，带脉，冲脉等六条经脉，对十二正经脉起调节作用。此外，尚有十四经脉分支的别络，加上脾之大络共十五个络脉。由络穴别出的络脉将两个表里经脉横向联系起来，手太阴经(里)的列缺穴别出的络脉故名为列缺，联系手阳明经(表)，同样手阳明经的偏历穴别出络脉也称为偏历，联系手太阴经。两条表里经脉通过两条络脉密切联系。相应的表里经脉及其络脉见表 1-1。

表 1-1 十五络脉表※

序列	里经(臟)	络脉(络穴)	表经(腑)	**络脉(络穴)**
1	手太阴肺经	列缺	手阳明大腸经	**偏历**
2	足太阴脾经	公孙	足阳明胃经	**丰隆**
3	手少阴心经	通里	手太阳小肠经	**支正**
4	足少阴肾经	大钟	足太阳膀胱经	**飞扬**
5	手厥阴心包经	内关	手少阳三焦经	**外关**
6	足厥阴肝经	蠡沟	足少阳胆经	**光明**
7	任脉	鸠尾	督脉	**长强**

※大包，足太阴脾经之大络

络脉的小分支称为孙络，其分支浮于肌表的称为浮络。络脉系统与十四经一道组成遍布全身的经络系统。

(四)经络功能 经络功能大致有以下几个方面：

(1)联络机体各部分，维持人体整体机能：经络遍布全身，内属脏腑外络肢节。联系脏腑器官、四肢百节、筋骨皮肉，将人体各部有机地联系起来，使人体成为彼此密切相关的有机整体，维持人体完整的生理功能。

(2)转运作用：遍布于人体的经络系统是身体各部位必需的气、血、营养的运输系统，通过经络的运行作用，供养全身以维持正常生理活动所需营养。

(3)调节平衡抵御疾病：人体生活中难免受到内外致病因子作用而发生各臟腑功能失调，引发疾病。经络系统对脏腑功能进行调节，使其保持正常功能活动，抵抗外邪入侵，维持正常生理功能。

(4)反映机体病理变化：某脏腑发生病变时，通过五行生克关系就有可能使其它脏腑及相关经脉受影响，并通过经络传导在人体特定部位出现异常，有助于诊断和治疗。如《灵枢.病传》篇所述〝…正气横倾,淫邪泮衍,血脉传溜,大气入臟,…病先发于心,一日而之肺,三日而之肝,五日而之脾…”。又如手阳明大肠经病可出现口、鼻、牙齿疾病表现，手少阴心经病时可表现出胸、心、神志等方面病变。古代医书，文字不太好懂，笔者认为：对于普通民众知其意即可，不必强求记忆。

第三节 穴位

(一)穴位概述 穴位是经络的重要成分之一，一般文献也称为俞穴、腧穴、孔穴或穴道，包括十四经脉的传统经穴，位于十四经脉以外的经外奇穴和阿是穴三类。除经脉经穴外，一些具有良好治疗效果的非经脉穴位称为经外奇穴。一般传统针灸书籍中仅有数十个，但建国以来，随着针灸学科的发展，发现了大量的新奇穴，仅仅在两部“针灸经外奇穴图谱”中列出的已達一千五百多个，远远超过传统的经络穴位数。经络系统病变时可出现不固定的反应点，称为阿是穴。阿是穴经过反复应用证明具有固定位置及治疗作用，则可定为新的经外奇穴。所以，经外奇穴是在不断变化中。十四正经的固定穴位是传统针灸的诊断治疗的基础穴位。传统穴位为脏腑经络之气注于体表的部位，能反应脏腑功能变化，其与体表深浅差异较大，浅者如无名指侧的关冲穴仅 0.1 寸(1 分)，深者如臀部的环跳为 2-3 寸。穴位是针灸治疗和按摩治疗中的重要部位，在自我按摩中也常用。经外奇穴和手、足、耳的全息穴位与疾病反应区一样是疾病的局部反应点或反应区，其中面积小呈点状者为反应点或经外奇穴，呈面积较大的片状者为反应区。在自我按摩中都有一定意义。由于现在穴位数目数以千计，若要全去记忆，即使普通医生也是比较困难的。对于普通民众来说，记忆数以千计的穴位更是困难。数目庞大的穴位，自然会影响到对普通民众的推广应用。因此，有必要对这些穴位和它们的治疗作用进行整理分析。找出其规律，以便普通平民也能应用。

(二)穴位分布 传统针灸穴位共有 361 个穴位，其中十二经脉有穴位名称共 309 个。因为人体十二经脉左右对称，故有穴位 618 个，人躯体正中前后各有任脉和督脉。任脉和督脉均为单数经脉，两者共有穴位名称 52 个。人体十四经脉穴位名称 361 个，实际穴位数 670 个。大体上自晋代以来至今变化不大。尽管现今发现的穴位数目已数以千计，但是传统针灸穴位仍然是人们最常用。670 个穴位按人体部位分布如表 1-2。从表中大致可以看出，相对比较各部位所占穴位数目构成率，下肢、胸腹部和头颈部所占的比率相对较高。躯干后部(腰背骶部)最低。但按照人体不同部位体积比例，头颈部最低仅占 10%，躯干最高占 50%(前后部位各 25%)，上肢占 10%，下肢占 30%。如果考虑到在人体中所占的比例，头颈部单位体积(按 1%计)所占的穴位数最高为 13.1，上肢为 12 居第二位。这可能和头部是中枢神经系统所在部位有关。此外，头部有较多的神经皮支浅出，其中重要的有颈 2、颈 3 和三叉神经皮支，在头颈部位形成密集的神经皮支网络，尤其在头颅和耳郭及其周围。丰富的神经皮支末梢，构成了较为密集的感受器分布群，成为穴位密集分布的基础。躯干部位虽然总体上穴位分布不多，但是也十分重要。躯干的穴位分布不均匀，主要集中在躯干中轴区域，形成密集的穴位分布带(图 1-3)。这些穴位密集带集中了任脉、督脉、足太阳膀胱经、足阳明胃经和足少阴肾经等人体重要经脉。也是人体各个脏器相对应穴位分布区域，历来是针灸治疗的重点。穴位分布区域有很多常用重要穴位，如背腰部的大椎、肾俞、命门以及胸腹部的膻中、中脘、气海、关元、天枢等，都是常用的重要穴位。人体所有重要脏器都在这两条穴位密集分布带有相应穴位。

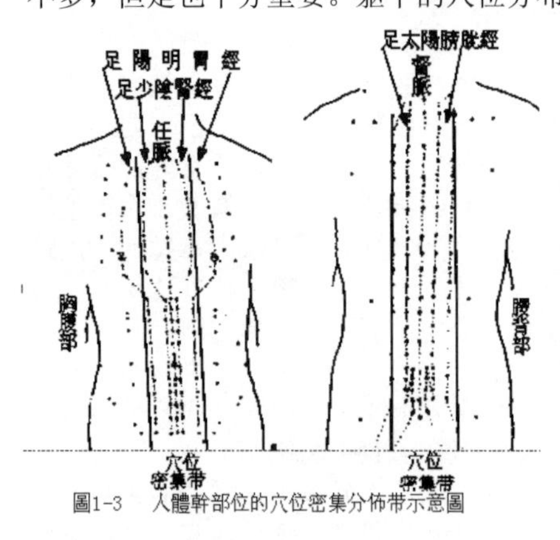

圖1-3　人體幹部位的穴位密集分佈帶示意圖

表 1-2　670 个穴位按人体部位分布单位体积(按 1%计)

部位	占人体体积%	穴位数	构成率%	单位体积穴位数
头颈	10.0	131	19.5	13.1
躯干前	25.0	141	21.1	5.6
躯干后	25.0	118	17.6	4.7
上肢部	10.0	120	17.9	12.0
下肢部	30.0	160	23.9	5.3
合计	100．0	670	100.0	6.7

(三)人体不同部位穴位的治疗作用规律　传统的经脉穴位一般是以经脉的走向来展现其功能。但在对经脉穴位作用分析后，笔者注意

到，人体不同部位穴位的治疗作用，是有区别的，且有一定的规律。肢端穴位，大多有远程治疗作用；人体躯干部位的穴位，多有局部或邻近部位疾病的治疗作用。四肢近端的穴位则处于两者之间，即过渡阶段。尽管很多穴位都有局部治疗作用，但在躯体不同部位的穴位，这种局部作用都很明显，这些穴位可属于不同经脉，但只要在同一部位，不同经脉穴位的作用，都基本相同或相近。无论是足阳明胃经、足少阴肾经还是任脉，它们在胸部的穴位，都有明显的治疗胸部疾病的局部作用；在腹部则有治疗腹部疾病作用。凡是经过下腹的经脉，在下腹部位的穴位都有治疗泌尿、生殖疾病的作用。这种情况是躯体部位的穴位作用特点。但躯体部位的穴位基本上无治疗相对较远部位疾病的作用。至于肢体远程穴位，虽然有些也对所在局部疾病，有一定的治疗作用，但对经脉全程疾病，特别是远程部位疾病的治疗，有相当明显的作用。因此，在大部分情况下远程的穴位，多在不同程度上对本经脉各部位疾病有治疗作用。经脉穴位距离躯体渐近，这种远程治疗作用也就渐减弱。因此，肘膝以上的四肢部位的穴位，处于过渡区域，这些穴位往往有局部作用，有些还有一定的远程治疗作用，如委中穴，除治疗局部疾病外，对腰背疾病也有良好的治疗作用。

(四)常用穴位 经脉穴位数自古以来说法不一，现代确定的 361 个穴位，是南京中医学院等五所中医高校编写的书中所述(按照国家卫生部要求，编写的中医学院教材“针灸学讲义”一书)。此书结合古代中医文献及现代各学院教学和临床经验编写，出版后为我国中医针灸临床和教学的重要参考书。我们按照书中针灸处方整理注意到不同穴位在方中出现的差异很大，相当一部分穴位在临床处方中未出现。但有些穴位则在不同处方中频繁出现如合谷、足三里、三阴交等。我们按不同穴位出现情况整理，将出现 1 次及以上的穴位，到出现 20 次以上者，列为常用穴位。如表 1-3。

表 1-3　361 个穴位名在教科书处方中出现次数分布

组别	1	2	3	4	5	6	合计
出现次数	0	1	3	5	10	20 —50	0—50
穴名数	172	94	38	29	19	9	361
构成率%	47.65	26.04	10.53	8.03	5.26	2.49	100.0
入选频次	低	较低	中	較高	高	很高	

同时，对一些虽然处于第 1 组的穴位但确实对某些疾病有较好疗效的穴位，以及某些有特殊作用的经外奇穴，也应作为常用穴位处理。

为方便读者在实际工作中应用。现将一些常用的穴位列表于下，以便选用(见表 1-4、表 1-5、表 1-6)。

表 1-4 手三阴和手三阳经脉的部分常用穴位表

手三阴	部位	主治
太渊	掌后内侧横纹头	咳喘，吐血，咽肿喉干，目痛目翳，心痛
列缺	拇指侧腕上 1 寸五分	咳嗽，头痛，咽肿，中风，尿频，尿不利
少商	拇指甲内侧角约 1 分	咳嗽，咽喉颔肿，鼻衄，身热，中风
尺泽	肘窝横纹头	咳喘，咳血，胸满，喉痹，虚劳，身热
中冲	中指末端去指甲 1 分	心痛，烦满，中风，舌强，热病
劳宫	手掌中心	心痛，烦燥，口渴，食欲差，呕逆
大陵	掌第一横纹中点	心痛烦，呕逆吐血，喉痹，热病，癫狂
内关	腕横纹正中后上二寸	心痛烦，癫狂，胃不适，胸肋痛，疟疾
间使	大陵后 3 寸	心痛，惊恐，烦热，暴喑，呕吐，腋肿，肘抖颤
通里	掌后一寸陷中	心悸，心烦，热病，暴喑，喉痹，肘臂手内缘痛
少府	握拳，小指尖与第四指尖间掌部处	心悸，烦闷，胸痛，阴挺，阴痒痛，尿不利
神门	小指侧腕横纹头陷中	心胸痛烦闷，癫痼，神经衰弱，吐血，目黄，胁痛
少海	屈肘时肘横纹尺侧尽头	心痛，键忘，头痛，目眩，呕吐，瘰疬
极泉	腋窝正中部动脉搏动点	心痛，胁肋痛，干呕，目黄，抑郁，臂肘痛
鱼际	拇指本节后内侧，赤白肉贴际间	咳嗽，吐血，咽肿，喉痛，胸背痛，肘挛，身热头痛
手三阳		
商阳	食指指甲角桡侧 1 分	青盲，聋，耳鸣，牙痛，喉痹，颔肿，中风，疟疾
阳溪	腕拇指侧两筋间	目赤翳，头痛，耳鸣，耳聋，牙痛，喉痹
手三里	曲池下二寸	牙痛，面颊肿痛，上肢瘫，中风，急性吐瀉
合谷	第一、二掌骨间凹陷中	牙痛，面肿，喉痹，耳聋，目翳，鼻衄，中风，热病无汗，多汗，中风，经闭
曲池	屈肘按压肘横纹外凹陷中	喉痹，肘臂手痛，半身不遂，月经少，瘰疬，瘾疹
肩髃	举臂肩前凹陷中	肩臂痛，上肢瘫痪，瘾疹
迎香	鼻孔旁 5 分，鼻唇沟陷	鼻疾，口眼歪，面痒，浮肿

	中	
关冲	无名指指甲外侧角外 1 分	头痛晕，目翳，喉痹，口干，心烦
阳池	手背腕横纹陷中	腕痛，肩背痛，糖尿病，喉痹，耳聋，目红，疟疾
外关	阳池上 2 寸两骨间陷中	头痛，耳聋，耳鸣，瘰疬，热病，手颤，肘臂指痛
翳风	张口，乳突下陷中	耳聋，耳鸣，口眼歪斜，口噤，颊肿
丝竹空	眉毛外端陷中	偏正头痛，目疾，面掣目跳
少泽	小指指甲外角 1 分处	头痛，目翳，喉痹，舌强，项强，鼻衄，乳痈，中风，催乳，疟疾，热病
听宫	耳珠前张口凹陷中	耳聋，耳鸣，聤耳
后溪	握拳，小指、手掌横纹尽头陷中	头项强，鼻衄，耳聋，疟疾，热病，目红
腕骨	第五掌骨外侧近端与腕骨间陷中	头痛，项强，耳鸣，目翳，胁痛，黄疸，指臂痛，热病
阳谷	第五掌骨外侧腕骨后隔一骨陷中	耳聋，耳鸣，牙痛，颔肿，胁痛，舌强，热病
小海	屈肘肘内侧两骨间陷中	耳聋，牙痛，颊肿，颈、颔、肩、上肢外侧痛

表 1-5 足三阴和足三阳经脉的部分常用穴位表

足三阴	**部位**	**主治**
公孙	足大趾内侧本节后	胃痛，腹胀，呕吐，足痛，面肿
隐白	踇趾趾甲内角旁1分	腹胀，呕吐，暴泻，足冷，癫狂，月经过多
三阴交	内踝上三寸胫骨后缘陷中	消化不良，腸鸣腹泻，月经失调，遗尿，遗精，尿不利，足痿，足肿痛，阴茎痛，失眠
阴陵泉	胫骨内侧上端后缘	腹寒，食差，胁下满，腹水，尿不利，腰腿膝痛，遗尿遗精，前阴痛
血海	膝上内侧	月经不调，经量大，腿内侧风疮、痛、痒，荨麻疹
涌泉	屈足趾，足底前三分之一处凹陷中	头顶痛，咽肿喉痹，头旋目花，心悸失语，鼻衄咳血，尿不利，口干，黄疸，便秘，腹泻
然谷	内踝前高骨下陷中	喉痹，吐血，月经不调，癃闭，阳痿，阴挺，遗精，阳痿，多汗，足肿，黄疸，糖尿病
太溪	内踝后跟骨上陷中	咽肿，牙痛，吐血，乳痈，心痛，月经不调，阳痿，疝，肢冷，热病，嗜卧

照海	内踝下 4 分陷中	月经不调，阴挺，阴痒，疝，失眠，嗜卧
复溜	内踝上 2 寸	尿失禁，腸鸣痢疾，口干水肿，腰痛盗汗，肢肿
大敦	蹞趾趾甲外角旁 1 分	血崩，阴挺，阴缩，阴痛，疝，淋疾，遗尿
行间	蹞趾与次趾骨间陷中	血崩茎痛，癃闭目红肿，口歪，胁痛，呕吐，失眠
太冲	蹞趾与次趾本节后两骨尽处	血崩，阴痛缩，癃闭，疝，内踝痛，淋浊
曲泉	屈膝，膝横纹上端两筋间	阴挺，阴痒，少腹痛，遗精，睾丸痛，下肢痛，目眩痛
期门	乳头下二肋间	胸胁痛，胸满，目青，呕吐酸水，饮食下
足三阳		
頬车	面頬，咬牙时弹起处	口噤，口歪，牙痛，面肿，失音，项强
内庭	足次趾外侧本节前陷中	口噤，口歪，牙痛，喉痹，鼻衄，腹胀，胃痛，痢疾
丰隆	外膝眼和外踝尖联机中点	哮喘多痰，胸腹疼痛，呕吐，头痛眩晕，喉痹，肢痿痹麻
足三里	膝眼下 3 寸，胫骨旁 1 横指	胃炎，腹胀腸鸣，便秘，呕吐，腹泻，中风，目疾，喉痹，腿膝酸痛，热病。全身性强壮要穴
天枢	脐旁 2 寸	呕吐，腹泻，食不化，腹胀，腹痛，便秘，水肿，月经不调
承山	小腿腓肠下部肌肉结合处	腰痛，转筋，痔，便秘，膝肿，腿酸
昆仑	外踝尖后跟腱间陷中	头痛，项强，目眩痛，鼻衄，肩背腰脚痛
委中	腘窝腘横纹中点	腰腿膝足肿痛，半身不遂，吐泻，心腹绞痛，热病，遗尿
肾腧	第二、三腰椎间棘突外 1．5 寸	遗精，阳痿，尿血，五淋，白浊，月经不调，腰痛，水肿，耳聋，目昏，糖尿病
大杼	第 1 胸椎下棘突外 1．5 寸	咳嗽，感冒，头痛，身热，肩胛酸痛，颈项强急
窍阴	第四趾趾甲外侧角旁 1 分	头痛，目痛，耳聋，喉痹，舌强，胁痛，恶梦
悬钟	外踝上 3 寸	鼻衄，喉痹项强，胸腹胀，胃热，腰痛，腿膝痛，半身不遂
阳陵泉	腓骨小头前下方凹陷处	头面肿，口苦，胁肋痛，半身不遂，膝红肿，股膝外侧麻痹

表 1-6 任脉督脉及经外奇穴常用穴位

穴名	部位	主治
命门	第二胸椎下，平脐眼	头痛，热病，脊强，腰痛，赤白带下，阳痿，遗精，白浊，腸风，壮元阳
大椎	第一胸椎上陷中，与肩平	虚劳，寒热，咳嗽，肺胀，胁痛，背痛，项强
风府	正坐，项后枕骨下凹陷处	头痛，目眩，鼻衄，项强，咽喉肿痛，暴喑
长强	尾骨端与肛门之间凹陷处	便血，腹泻，二便难，痔漏，五淋，遗精，腰脊痛
百会	正坐，双手从耳尖直上头正中处	脱肛，头痛，耳鸣，目眩，鼻塞，健忘，中风
水沟	人中沟上三分之一处	中风，口噤，口眼歪斜，面肿，糖尿病，腰脊痛
中极	仰卧，脐下 4 寸，或横骨手缘 1 寸	月经不调，尿频，尿不利，遗精，阴挺，绕脐痛，阴痒，阴痛，阳虚，白浊，疝瘕，水肿
关元	脐下 3 寸	月经不调，不育，尿频，尿不利，尿血，卒中脱症，诸虚百损，遗精，腹泻，脐下痛，淋浊，
气海	脐下 1.5 寸	月经不调，血崩带下，恶露，疝痛，腹痛，脐痛睾丸上缩，心痛，水肿，虚脱，四肢冷
神阙	脐	卒中虚脱，腸鸣，腹泻，腹痛，霍乱，脱肛
中脘	仰卧，脐上 4 寸	胃痛，腹胀，反胃吐酸，呕吐，消化不良，痢疾
巨阙	中脘上 2 寸	反胃吐酸，心痛，膈食，呕吐，惊悸，健忘
膻中	两乳联机或第四肋间隙胸骨中点	哮喘，短气，噎膈，胸痛，乳少
天突	仰卧，胸骨上缘凹处	咳嗽气喘，喉鸣，咯脓血，暴喑，咽肿
廉泉	喉结上横纹中央 2 分处	舌下肿，暴喑，舌根缩，吞咽难，糖尿病，流涎，咳嗽
印堂	两眉间中点	急慢惊风，鼻疾，搐搦，强心，镇惊，醒脑
太阳	眉稍与眼外角之间后约 1 寸凹处	头痛，目红肿，清热，醒脑
二白	腕横纹上 4 寸，大筋间	痔疮，痔出血，为治疗痔疮的要穴

	和筋外两穴位	
胆囊	腓骨小头前下方2寸压痛点	胆囊疾病，胁痛，下肢麻痹，食积等
癌根 1	第一跗跖关节向内一横指	食道、胃、肝，淋巴转移癌，慢性粒性白血病
癌根 2	第一跗跖关节后向内一横指	食道、直肠、宫颈癌，淋巴转移癌
癌根 3	距跗关节向内一横指	鼻咽、食道、肺、乳腺、肝癌
截根	然谷穴下 5 分	喉、鼻咽、食道、胃、乳腺、子宫、肝、直肠、肺等癌
再生	足底正中线后 1／4 和前 3／4 交点	脑部恶性肿瘤，鼻塞，鼻出血
止呕	廉泉和天突间中点	食道癌，止呕，化痰
通气	颈部，下颌角前下 8 分处	喉、鼻咽、食道、胃、乳腺、子宫、肝、直肠、肺等癌

(五)穴位的区域主治及其意义 应用医学统计方法对穴位的治疗作用进行统计分析，并按人体相应部位制作分布图，可见每个疾病都有一定的比较集中的可用于治疗的穴位分布区域，形成相应疾病的主治区域，应用这些区域可较方便地找到治疗部位。如一般躯体疾病的治疗区域以躯体局部为主，再配合临近穴位和肢端的敏感穴位区即可。如果对这些治疗区域进行按摩，也可起到一定的治疗或保健作用。应用这些治疗区域，就不必再去记忆那些数以千计的单个穴位。因而有利于按摩学科在普通民众中推广应用。表 1 -7 为簡易的区域主治表，较详细内容将在以后章节中介绍。

表 1 -7 局部及邻近区域主治

部位	主治
眼周	眼疾
耳周	耳疾
上下颌	口、齿、颜面
胸、上背	肺、心、支气管、气管
上腹、下背	肝、胆、脾、胰、胃
下腹、腰、骶	胃、肠、肾、输尿管、膀胱、生殖、肛门
上肢	上肢局部
下肢	下肢局部

第四节 中医按摩治疗对人体作用

(1)对经络作用 从中医学来说，按摩通过手法以疏通经络起到通经活络作用，从而推动气血在经脉中运行，影响所属脏腑组织的功能活动，以达到治疗作用。《黄帝内经》之《素问.举痛论》述:〝寒气客于背俞之脉则脉泣,脉泣则血虚,血虚则痛,其俞注于心,故相引而痛,按之则热气生,热气生则痛止矣〞。表明寒邪停于背部俞穴时会引起经脉涩滞而疼痛，进行按摩产生温热则可驱散寒气而止痛。跌打外伤时常会气血郁滞经络不通而肿痛，采用按摩治疗可以疏通经络，气血恢复正常运行而使肿痛逐渐消失。局部经络运行不畅导致疼痛，可通过按摩手法加以疏通而止痛。对于经络系统障碍出现的非固定区、点的疼痛或反应点，可通过对阿是穴按摩治疗而消除。这在按摩和针灸治疗中是经常应用的手法，实际上也很有效，甚受今人重视。

(2)调节营卫气血运行 营为营养物质，卫起护卫机体作用，气为人之真气，血在气的作用下循环运行全身，以营养脏腑、躯体和四肢。正常时共同维持身体正常生理机能，抵抗外邪入侵。当营卫气血循行障碍时可产生疼痛；外伤可致局部软组织营卫失调，气血凝滞而出现肿痛。按摩治疗可起到通郁闭之气，促循环，散瘀结等作用而得以治疗。故按摩具有调节营卫气血，改善生理机能，从而消除病痛。

(3)调节脏腑功能 脏腑正常生理活动是维持人体健康的基础，当某脏腑发生障碍则通过五行生克原理，影响其它脏腑，乃至发生全身性障碍。一旦内脏有病就会通过经络反映体表。因此，应用按摩手法对体表皮肤按摩，可以疏通经脉并对脏腑活动及时进行调节，如胃肠功能失调时，点按足三里、脾俞、胃俞，可以调节胃肠功能使其恢复正常；在心脏功能失调及高血压时，按压内关，可调节心脏活动和血压，恢复心脏功能，降低升高的血压。

(4)其它 筋骨损伤、骨节病变等致关节肿痛不利，通过按摩治疗，可利关节消瘀肿；常按摩迎香、风池可增强抗感冒能力；按摩印堂、太阳，可致精神振奋、消除疲劳；局部疼痛，可采用局部和邻近穴位按摩以止痛；神经损伤引起的肌肉麻痹萎缩，可用局部肌肉按摩减轻或控制肌肉萎缩等。这些亦与通经活络、调和气血以及改善营养状况有关，也是临床上常用的治疗方法。

第二章 自我按摩的现代医学基础

第一节 人与环境

人类在地球上生存是离不开环境的。自古以来，年有春、夏、秋、冬四季更换，即使一日之内也有早、中、晚的频繁变化。风、寒、暑、湿、燥变化万千，在一定条件下都能引发疾病。外环境中的各种病原性微生物和寄生虫以及吸血昆虫都有可能引发人类疾病。人类的生存环境是变化多端的，由环境因素引发的疾病也十分复杂。即使已进入都市生活的现代，环境污染也非常严重，城市噪音、空气污染、电磁波污染、装修污染、日光不足、活动空间少等对于日常生活的影响也都是很常见的。在人的一生，从出生到老年的数十年中，经历了婴幼儿、少年、青年、壮年及老年的不同阶段，如果想健康地生活，无论何时都必需适应生活环境的变化。这就是人们所说的生存环境，即外环境。人体必需适应它的变化，随时与外环境维持平衡，才能健康地生活下去。简单地说，在寒冷的冬天，环境温度低了就得多穿衣服以御寒，否则就为着凉生病。夏天天气炎热就必需脱去多余的衣服，否则就有可能中暑。

除外环境外，人体体内的内环境，也是在不断的变化。细胞是人体的最小生命单位。在健康的活细胞，细胞内和细胞外都充盈着液体。细胞内的为细胞内液，细胞的生理、生化活动都在细胞液内进行。细胞外周为细胞外液(包括组织液)，细胞不断从细胞外液中获得营养成分和氧分子，同时把细胞内产生的废物，以及所产生的特定的生活活性物质，如某些内分泌细胞产生的激素，排到细胞外液中，以确保生命活动正常进行。因此，通常把细胞外液(组织液)称为内环境。人体维持正常功能活动必需保持细胞外液即内环境的相对稳定。这种稳定是依靠人体血液循环来达到的。血液在微循环中通过毛细血管壁和组织间液进行物质交换，将氧和营养物质送到组织液中，把细胞代谢产生的废物及有用的生活活性物质回收到血液，通过肺和肾分别将废物排出体外，把生活活性物质运输到人体需要的部位。确保人体在平稳的内环境中进行基本的生理、生化活动。为了及时反应体内外环境变化，人体必需有很灵敏且反应迅速的监测体系。人体有难以计数的感受内外环境变化的结构——感受器，不断监测内外环境变化，并把信息反映到中枢神经，以及时进行调节。

第二节 感受器

(一)概述 感觉是神经反射活动的第一步。一般分为躯体感觉、内脏感觉和特殊感觉三种。特殊感觉包括视觉、听觉、平衡、嗅觉和味觉等由眼、耳、鼻、舌等产生的感觉。与躯体及内脏感觉不同，特殊感觉由分化为专门感觉器官来产生。感受器是躯体感受各种不同刺激的结构。也是人体感受各种内外环境变化的结构。按感受器距体表距离可分为浅和深两类。浅感觉的感受器主要分布在皮肤及其附属器，感受外环境变化也称为外感受器，分别为触觉、压觉、冷觉感受器(感受 32℃以下)、热觉感受器(感受 34℃—44℃)和痛觉感受器(又称伤害性感受器，感受机械、化学、温度等以及损伤引起的伤害性刺激的感受器)。组织学上多为无髓鞘游离神经末稍或某些特殊结构如环层小体、触觉小体(其内起感受作用的末梢神经也是无髓鞘的神经纤维)。深感觉又称本体感觉，为来自肌肉、肌腱、关节等身体深处的感觉，主要为感知位置觉和运动觉的感受器。其感受器为肌梭和神经肌梭又称腱器官，共同特点是对机械刺激敏感。由于作为痛觉感受器的游离神经末梢稀少，故痛觉远不及皮肤。内脏感觉主要为痛觉(伤害性感受器)、机械(压力、容量、牵张等)和化学感受器(PH、O_2、CO_2、葡萄糖浓度等)。这一类存在于体内器官及组织的感受器，其作用是感知各种体内环境变化也称为内感受器。正常情况下无自我感觉，仅引起人体体内调节反射。当受伤害性刺激时如空腔器官过渡扩张，炎症时产生化学物质刺激可引起内脏痛感。与躯体感觉不同的是内脏痛觉主要为慢痛，但有时也可为剧烈疼痛，一般定位不准确，常可有附近或远处的牵涉痛，如胆囊炎、胆结石，除引起右上腹疼痛外还可出现右肩部疼痛。各种感受器不停地工作，它们是人体神经调节的前哨。通过神经活动感知外环境对人体的作用以及体内内环境变化，并通过中枢神经系统的调节作用维持人体与内外环境的平稳。在疾病或外来刺激时起到警告作用。

(二)感受器的生理特性 各种感受器都有一些共同的生理特性。(1)专一性：一种感受器只能对其相应刺激有感应作用，如温度感受器只对温度变化有感应作用；(2)刺激阈：各种感受器一般都有一个敏感的刺激阈值，如热觉感受器的感受阈值是 34℃，低于这个温度就无反应；(3)迭加效应：感受器对一些持续的在阈值以上但较弱的刺激，有一定程度的迭加效应，达到一定程度就可以产生感应；(4)感应产生的脉冲振幅相对恒定，刺激强度只能改变脉冲频率；(5)转能作用：各种感受器都有一个共同能力，即把相应的刺激能转化为生物电脉冲；(6)

感受适应现象：感受器对于反复多次刺激有不同程度的适应性，使其对刺激的感受能力下降。在实际工作中应注意这些问题。如在针灸时要有一定的间隔时间，以避免产生适应现象而降低治疗效果。

(三)感受器与穴位关系　感受器对相应刺激感应产生生物电脉冲，穴位是能够接受刺激产生相应反应的治疗点，两者在人体上实际上是一致的。因此，针灸学的穴位可能也是属于感受器聚集区，所不同的是感受器对刺激有专一性，穴位对温度、针刺、按摩都有反应。因此，穴位的局部可能是多种感受器共存的区域。

第三节　奇妙的神经传导通路

感受器接受刺激产生相关的感受器电位，经过传入途径传到中枢神经系统。躯体感觉传入神经细胞(元)为位于脊神经节的细胞，其周围突组成脊神经传入通路，末端与躯体各感受器相连。各感受器的感受部份实质上为周围突的末梢纤维或特殊结构。外来刺激产生的电位经过脊神经传导到达脊神经节细胞，接着经由这些细胞的中枢突组成的脊神经后根传入脊髓。人体有 31 对脊神经与相应的脊髓部位连接,每对脊神经的皮支分布于相对应的人体皮肤区域，与相应感受器连接。这样,使人体躯干皮肤感觉呈节段性，头部皮肤感觉也相同，在人体处于膝俯位时最明显(图 2-1)，手足部因发育过程中手足结构复杂化变形而失去规律。

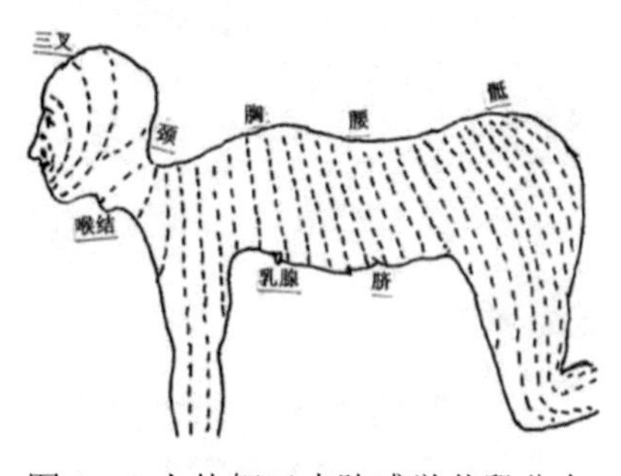

图 2—1 人体躯干皮肤感觉节段分布

进入脊髓部位的脊神经分别进入脊髓背部的后角区，同时进入的还有内脏自主神经(交感和副交感神经)的内脏感觉信息传入纤维。内脏神经和外周神经，两者细胞体同处于脊神经节或脑神经节。一个脊神经元的周围突神经纤维可有分支分别到达躯体和内脏，而且一条脊神经往往包含多个器官的感觉传入纤维。显然内脏和躯体神经在最初

传入途径中即有相互之间的联系。可能为内脏疾病在躯体体表的痛觉过敏或感觉异常的原因之一。

脊髓横断面中央为蝴蝶状灰质，其外围为白质。灰质区域有大量细胞群，白质区为传导神经纤维构成。脊髓背部的后角区有好多细胞群，分别发出上行和下行纤维，一部分起到连接上下节段间作用，一部分进入上行传导通路，同时还有部分纤维交叉进入对侧横向联络神经元。在节段内和节段间及运动神经元间联络。

应注意的是：(1)上行或下行纤维存在交叉上行及不交叉两种情况；(2)在脊髓感觉纤维传入上行途中呈非对等性更换神经元，即 1 个轴突同时与多个神经元组成突触联系，呈辐射式联系，使 1 个信号引起多个神经元兴奋或抑制，多次换元后则导致感觉信号泛化；(3)传出神经纤维换元呈聚合式联系，即多个来源的不同神经元的信号传给一个神经元的树突，这样不同神经元信息在一个神经元上进行整合。该神经元发出传出轴突末梢到效应器，有利于效应器准确反应；(4)中枢神经系统存在大量中间神经元，相互间可呈环式或链式联系；(5)脊神经与脊髓节段基本吻合，每对脊神经与邻近脊神经均有交叉覆盖现象，节段性及交叉覆盖在体表反映明显；(6)体脏伴行：躯体及内脏神经在脊神经中伴行，尤其是血管(内脏自主神经)与躯体四肢分布基本一致。这样，使中枢神经系统构成巨大的功能复杂的网络体系，致使一处刺激除引起相应脑皮层区域兴奋外，同时波及全身其它部位，尤如一石块投入池塘中，除引起投入点的波浪外，引起的水波传到池塘不同地点，我们称此现象为感觉刺激的水波现象。水波现象可能与针灸、按摩治疗区、点(穴位)有一定关联。这就解释了针灸治疗时，除局部穴位外，还可采用临近穴位(上行和下行纤维相互联络)，病处对侧穴位(对侧相互联络)。在长距离的上行传导中，也把同一传导通路的相对较远部位联系起来。因此可以采用远程穴位来治疗疾病。人类脊髓有 2 个膨大段，即颈膨大和腰膨大，分别接受上肢(颈 4—胸 2 脊髓节段)和下肢感受器(胸 1—骶 3 脊髓节段)信息。这两个膨大处脊髓细胞群最多也最复杂。脊髓细胞区(灰质)大致可分为十个板层。其中 1—4 板层位于灰质后角区，主要接受来自脊神经后根的感觉纤维，为皮肤感受外界信息的中间神经细胞。其发出的中枢突纤维部分参与脊髓上行节段内和下行节段的反射通路，部分组成上行纤维束。没有四肢的蛇类就没有这两个膨大。人类上肢的脊髓节段主要在颈膨大区，即中

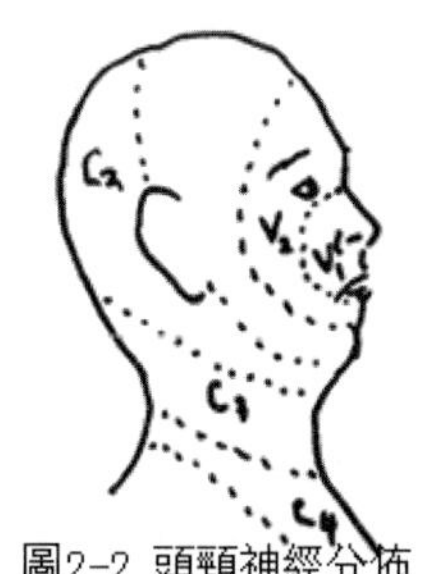

圖2-2 頭頸神經分佈

医针灸学的手三阴和手三阳与颈膨大密切相关；而足三阴和足三阳则与腰膨大密切相关。6 条阴经都处于人体前(内)处的；足三阳则在背或外侧。头面部感觉(痛、温度觉)由相应感受器主要经三叉神经节细胞的周围突所组成的三叉神经感觉纤维传到三叉神经节，经三叉神经节细胞中枢突组成的三叉神经根进入脑桥与颈髓之间的三叉神经脊束核，此核团为长条状，其上端为口鼻区(V1)，下端为耳周区(V3)，中段为眼区(V2),受损时头部皮肤可呈葱皮样环形感觉障碍(图 2-2)。

耳部皮肤神经来源较多，包括颈神经、三叉神经、面神经、舌咽神经和迷走神，将在以后讨论。内脏感觉传入通路同躯体感觉神经一样，内脏感受器受刺激后产生的感受器电位，经交感、副交感神经传至位于脊神经节或脑神经节内的神经元，再由其中枢突所组成的神经纤维传入脊髓、脑干部位。头部经络多为阳经，即手三阳和足三阳及督脉，仅任脉在口部与督脉衔接。所以头部为人体阳气最多之处。也是中枢神经系统最为复杂的司令部—大脑所在之处。经络现象可能是存在的，但无法找到穴位和经络结构。针灸时如病人的局部神经被麻醉或损伤，针灸穴位治是不可能有“得气”感的，同时也没有治疗效果。表明完整的神系统是经络治疗的必要条件。有趣的是幻肢痛，一个已失去的“肢体”，却仍然让病人感到那个已经不存在的幻肢的剧烈疼痛。针灸对幻肢痛有一定效果，在残肢端针灸时，病人可有得气感，且还向已经不存在肢端传导。这就难以从解剖学上解释。只可能与中枢神经及脊髓内的感觉信息传导有关。提示，经络现象的基础可能存在于人体信息传导体系中。

第四节 神经反射

(一)神经反射概述 反射是神经活动的基本方式。简单地说，人体内外环境变化的刺激，引起感受器产生神经兴奋冲动，通过传入神经进入中枢神经系统，经过中枢神经系统整合后发出信息，经过传出神经到达相应的效应器(肌肉、脏器、腺体、皮肤等)引起相应反应，以调整体内外变化所引起的改变，恢复正常机体状况。通常人们把这个径路称为反射弧。人体通过这种方式维持体内外环境平衡。

(二)自我按摩与神经反射 自我按摩通过手法技巧作用于肢体，引起感受器兴奋可导致不同形式神经反射方式，改变局部或全身生理状况，起到保健与治疗疾病作用。这些反射活动大致有局部轴突反射、邻近反射、远程反射和多处反射迭加效应。

1 局部轴突反射：在按摩局部常见到局部皮肤充血而显红润，使局部组织血流量增多，代谢加强，从而使局部病变得以减轻，疼痛得到缓解，此为局部的轴突反射所致的血管舒张反应。轴突反射是一种不经过中枢神经系统的局部反射，当局部皮肤受按摩强刺激(泻法如单指掐)或反复多次按摩后，局部皮肤感受器兴奋，产生感觉神经冲动信号，通过传入神经纤维向中枢神经传导，同时也可通过这些神经在外周末梢的脊髓背根舒血管神经纤维，传到局部微动脉使微动脉平滑肌舒张，血管腔扩大血流量增多，呈现局部皮肤变红。

2 邻近反射：除局部轴突反射外，按摩的刺激可引起邻近组织器官反应，如按摩腹部可使胃肠蠕动增强，按摩下颌骨内侧可使邻近的下额唾液腺分泌增加。这些反射活动为具有完整反射弧的反射。以腹部按摩为例，对腹部皮肤进行按摩时往往引起胃肠蠕动增强，消化功能加强。其反射弧可简要概括为：腹壁皮肤感受器兴奋产生神经冲动，沿胸 8—胸 12 脊神经传入脊髓上行，到大脑经整合后，由大脑额叶皮质传至下丘脑更换神经元，下行到内脏运动神经核和脑干网状结构；再通过网状脊髓束至脊髓内脏运动核，通过交感和副交感神经到达消化系统，影响肠神经系统，导致其胃肠蠕动增强和消化腺分泌增多，而促进胃肠功能。临床上，对于消化功能不良的病人，用按摩腹部的方法治疗，往往可以获得较好的治疗效果。

3 远程反射：远程反射指局部刺激引起较远部位的反射，也是一种全身性反射活动。如用捏法刺激合谷穴可很快使牙痛缓解，按摩耳部降压沟，使血压下降，刺激足底涌泉穴使头痛减轻，这种现象在人体较普遍存在。在临床上出现足底、耳壳、手、鼻等区域性综合治疗区，各区都有很多相应治疗全身不同部位的穴位。同样在传统十四经中，涉及远程治疗点如上述涌泉等穴位也很多。刺激局部引起远程反应(反射)也是通过中枢神经网络而实现的，即某个穴位和反应区存在着相关联中枢神经系统感觉传入的网络路线，经中枢神经系统整合后通过内脏自主神经传出神经信号到效应器平滑肌或腺体，调控其生理功能。

4 反射的迭加效应：与针灸疗法引起伤害性刺激不同，自我按摩的刺激强度相对较轻。为引起有较强刺激效果，往往采用同一手法反复多次在同一部位作按摩操作，使感受器不断受所加的刺激作用。此外，为达到更有效迭加效应，往往采用对与疾病部位多处有相关联系的穴位或反射区进行按摩，以期获得更好迭加效果。如对胃肠功能障碍按摩时，除采用腹部按摩手法外，还可加足三里及腰背区按摩，使这些与胃肠功能有关部位，分别在按摩时产生对效应器官的效应，并在胃肠部位进行迭加，以获得更好效果。

5 其它：除反射活动引起的作用外，按摩的机械作用也对治疗起到良好作用。(1)改善微循环：微循环是人体组织器官与血液进行物质交换处。是血液循环的基本功能单位。组织器官中血流大部分通过直捷通路到微静脉，仅有约 1/5 经真毛细血管到达微静脉。流过真毛细血管的血液，只有通过管壁极薄的真毛细血管壁的才能进行细胞与真毛细血之间进行物质交换，以将营养物质和氧分子带给组织液以营养细胞，组织液中的细胞代谢产物及二氧化碳则进入血液，通过肺和肾排出体外。肌肉等组织直捷通路丰富，血流直接由微动脉进入微静脉，其物质交换能力差。按摩使局部组织真毛细血管开放增加，局部组织得到较多营养，同时也促进代谢，废物排泄。临床上，一些长期卧床及肌肉萎缩病人，通过按摩对于改善肌肉组织营养状况，控制肌萎缩都有一定作用。(2)促进局部体液循环：宏观上看，自我按摩尤其是对肢体肌肉一弛一张的捏拿有促进肢体静脉和淋巴回流作用。以下肢为例，肌肉舒张时，静脉、淋巴管压力降低，有利于血液从毛细血管进入静脉，使静脉血管充盈；同样淋巴液也从毛细淋巴管充盈到淋巴管。捏拿时对肌肉捏拿力也挤压静脉和淋巴管，使血管腔和淋巴管腔压力上升，因静脉管和淋巴管都有瓣膜，血液和淋巴液不能反流，只能顺着管腔向心脏方向推进。反复按摩则促进了体循环，同时也减轻了心脏负担。在上肢顺着静脉和淋巴管行走方向由肢端向躯干按摩也能促进静脉和淋巴回流。按摩以后的肌张力松弛，也有利于周围血管淋巴管扩张，降低循环阻力。故临床上四肢推拿对于下肢回流障碍、水肿、血瘀、气滞、肿痛等的康复都有积极意义，其机理如上所述，与改善局部循环和组织营养水平有关。(3)改善骨关节功能：骨骼部位按摩可刺激骨膜，促进骨膜成骨活动，有助于骨骼损伤的恢复。对关节部位按摩能增强肌腱、韧带的活动能力和弹性，促进关节内滑液分泌，以加强关节活动功能，起到利关节及防止关节囊退变作用。此外，按摩可对体液发生影响，有人发现按摩后可有白血球增加，淋巴细胞成分上升，从而提高人体抵抗力。自我按摩，集按摩人和被按摩者于一身。按摩活动是有一定程度的体力活动，在一定程度上有控制人体脂肪蓄积作用，起到减肥或控制肥胖作用。面部按摩促进了面部皮肤微循环，在一定程上有延缓面部皮肤衰老的美容作用。

第三章 疾病的皮肤反应区

第一节 常见疾病的内脏牵涉性痛

临床上，常见到一些病人发生疾病时，在体表皮肤某些区域可出现疼痛或痛觉过敏被称为牵涉性痛。一般来说此现象多见于内脏疾病，如心脏病发作时，可有心前区和左上臂内侧区域疼痛；胆囊炎时可有胆区及右肩区疼痛。有时也见于一些躯体神经支配的深部肌肉组织，如横膈肌疼痛时也可引起肩或颈部疼痛感。在躯体的内脏疾病皮肤反应区，检查时可有局部感觉过敏、肌肉僵硬、汗腺分泌异常、皮肤电阻变化等。从临床角度看，实际上这些牵涉性痛也可有一些变化，如心脏疾病疼痛感，有时可为腹痛，或颈部痛或牙痛；阑尾炎的疼痛，早期可为上腹痛或脐周痛，后转移到右下腹痛。这类牵涉性痛的发生机理至今并不是很清楚的，有人认为是由于脊神经节神经元的周围突分叉同时可达内脏和躯体部，当内脏发生疾病时，疼痛感在传导到脊神经节神经元时，可能与同时到达的躯体皮肤传入神经纤维相混，而误以为是体表局部疾病所引起的疼痛。或患病脏器的感受器受过度疾病刺激发出过多信息扩散到相关的感觉神经上传到大脑皮质产生相应的皮肤感觉。还有可能是疾病的内脏感受神经与相关的皮肤躯体，在中枢神经系统某处有相对固定的突触联系，使内脏的疼痛信息同时经相应的皮肤感觉神经传到大脑皮质，而误以为是皮肤疼痛。笔者则倾向于后者，因为内脏疾病的牵涉性痛，虽然有所变化，但一般情况下还是相对固定的，尽管难以找到解剖学上的直接联系，内脏所在的部位与躯体皮肤在神经节段上大体是相同或相近的，内脏感受器感受到的病痛所产生的神经信息，在传导过程中与同一节段或相邻的皮肤脊神经节神经元传入神经纤维，通过突触联系而互换信息，以致于在内脏疾病时相应的皮肤区域也有疼痛感，这种感觉在同一节段是较明显，而相邻区域则较弱而显得模糊。因此，牵涉性疼痛往往是难以确定涉及区域的边界。

鉴于内脏牵涉性痛反应区或反应点与脏器之间的联系并非为直接的联系通道，临床常表现为模糊的难以确定的反应关系，这也是导致反应区界限难以确切界定的原因。为此，在临床治疗中，除那些自古以来反复印证的穴位外，在反应区或反应点的治疗上，往往依赖于实时检查，即寻找压痛点、敏感点。然后针对压痛点或敏感点施治，

也就是说寻找阿是穴。阿是穴是中医针灸中常用穴位，但是它不是很固定的。当然,某个找出的阿是穴，如果相对固定且经治疗实践证明有确实的临床效果，该穴也可上升为一个新穴或经外奇穴。表 3-1 为常见内脏疾病局部反应区(压痛区)及脊神经节段表。从表中，人们不难看出这些脏器都有相应的牵涉性痛反应区或反应点，但这些反应区或反应点在脊神经节段分布上和相应脏器之间并不完全一致。

内脏疾病时的牵涉性痛反应区或反应点是客观存在的现象。临床上，常用来作为对相关疾病的辅助诊断，如当病人出现右肩区疼痛或不适时，就应当考虑有无胆囊疾病的问题；突然的左臂内侧剧烈疼痛时应当注意心脏的问题。在保健方面，因为这些内脏牵涉性痛反应区或反应点，既然与相关内脏有客观存在的联系，那么在对某个脏器疾病治疗时，尽管当时可能还没有出现相关的牵涉性痛，但对这些反应区或反应点部位的按摩或针灸治疗，是否也有可能会影响相关内脏的功能调节，从而起到某些保健功效。也就是说，应用它们之间的这种关系，通过对反应区或反应点进行刺激，来反向调节脏器功能。当然，在这一方面的目前还不是很清楚的，还需要进一步作更多的研究。

表 3-1 内脏疾病的牵涉性疼痛

内脏疾病	牵涉性疼痛部位和脊神经节段
肺、支气管	颈项，脊背上部，胸壳局部(胸 2-6)
心脏	左胸乳头以上到锁骨下，左上臂内侧，左季肋，上腹(颈 8-胸 5)
胆囊	右肩，右肋弓中内段，心窝部(胸 4-10)
胰	左上腹，上腹，脐周围，背腰(胸 4-10)，
肝	右肝区，右上腹，背腰(胸 7-10)，
胆	右上腹，背腰(胸 7-10，颈 3-4)
胃	胸腹正中平乳头间联机到上腹部，后背下部(胸 6-9)
十二指肠	心窝部，右肋弓下，脐，胸骨与第四肋交点(胸 9-11)，
小肠	脐周(胸 7-10)
阑尾	脐右下，右下腹，右小腿阑尾穴(胸 9-12)
膀胱	耻骨联合区，下腹部，骶 2-4，胸 11-腰 2
子宫，前列腺	骶髂部，下腹部(子宫体胸 10-腰 1，子宫颈骶 1-4)
肾脏	腰部肾脏区(胸 11-腰 1)
输尿管	侧腹到小腹(胸 11-腰 1)
直肠	骶部(骶 1-4)
升结肠	右侧腹(胸 9-12)

降结肠	左侧腹(胸 9-12)
膈	颈部(颈 4)
睾丸，卵巢	胸 10

第二节 肢端的远程部位反应(射)区、点

除内脏牵涉性痛反应区或反应点外，在肢端的远程部位也可出现某些反应(射)区、点，如足、手、耳壳等处都有很多反应(射)区或点。在一个局部区、点，却和身体其它部位有关联的现象。这与牵涉性痛不同，内脏牵涉性痛反应，主要发生在躯体部位，且与相应皮肤神经节段有关。后者为肢端的一个局部区域或点，同距离相对较远处的一个或几个部位，也包括内脏有联系。当这个部位受刺激时可对相应的一处或多处的疾病有治疗作用。对这些受刺激的部位检查时，可找到一些敏感度高的反应(射)区或反应点。通过针对这些反应(射)区、反应点治疗，也有一定疗效。这些反应区或反应点的出现并不是固定不变的，不同文献之间描述有一些差异。对于人体远程的反应区或反应点，显然用牵涉性痛是无法解释的。此现象在肢端(手、足、耳)较明显，现已发展为全息治疗方法，可能与神经网络结构有关。即肢端的这些区、点通过神经网络结构与相关部位之间存在相对固定的神经网络联系。在传统的经脉穴位中也有此现象，有些穴位的主治范围较广，可能与这个穴位有较多的感受器，它们形成的神经纤维网络，分别与很多部位的神经纤维发生联系，以致刺激一个穴位可以影响到很多部位，从而起到一个穴位治疗多个部位疾病的效果。为有别于传统的穴位，将这些反应区或点称为全息反应(射)区或反应点，其中成片状为反应区，呈点状为反应点。编者倾向于中枢神经系统的网络状结构为其形态学基础。即某一脏器或局部的疼痛刺激传入中枢后，在中枢神经系统的感觉传导过程中，感觉兴奋扩散到一定部位而引起误觉，由于这种误觉有相对的网络状结构支持，故在出现误觉区域可以产生一些反应的表现，即除疼痛以外可见的肌紧张，局部植物神经反应性活动，如出汗、微循环改变等,表明疾病部位与反应点之间存在一定的神经网络联系。故同样在反应区或点施以刺激，也可通过这种网络通路影响到相应脏器活动，改变其局部微循环和代谢活动。通过逆向调节作用，起到对病变脏器或局部组织的治疗作用。中医学的手、足部穴位也与相关的脏器之间，同样存在这种由于神经网络状结构之间的联系。从这些情况分析，笔者倾向于称其为反应区或反应点，因为并不存在确切的反射弧。因此，刺激穴位或反应区或反应点，都可以获得对脏器功能调节与治疗作用。有趣的是内脏疾病的反应区点多位于肢端的内侧(手掌、足底、耳廓前面)，中医针灸学与内脏有关肢端穴位

也位于肢端内侧(手掌和足内侧的阴经)。这种现象可能和人类自远古时代的生物进化有关。在远古时代，人类的远古祖先是生活在海洋中的。那时候，他们的身体与鱼类相同，没有四肢，而有与鱼类一样的尾巴。后来，人类祖先从海洋登上陆地，才渐渐进化而出现四肢。人的胚胎发育基本上反映人类进化史的缩影。在人胚约 4 周时，躯体节段明显且有鳃和尾巴而无四肢。后在未来发生手足部位处出现肢芽，肢芽逐渐发育成上肢和下肢(在生物发展史上鱼类没有四肢,只在两栖类才开始出现四肢)。人的外耳约在胚胎第八周开始发育(在动物界，鱼、两栖类、爬行类和鸟类都无耳廓，只有进化到高等的哺乳类才有耳廓)。从人体穴位分布按比例看，四肢远多于躯干，成为重要的疾病主治区域。尤其是四肢末端的手、足以及耳等部位穴位分布密度高，提示在生物进化史上，后发生部位比相对原始部位，穴位分布更多，这可能和后发生部位，在中枢神经及网络结构中，除自行发育的外，还对古老部位的原有神经网络进行连接。使得这些在进化过程中新形成的部位，通过这些神经网络结构，对身体原有的各部位联系更为广泛。在解剖学上，可以很清晰地看到，脊髓的与下肢相应部位，即第一腰节到第三骶节，神经元数量相对较多而形成的膨大(腰骶膨大)；同样在第四颈节到胸一节段的脊髓也形成膨大(颈膨大)，相对节段为上肢对应节段。在组织学上也显示，这些膨大部位的神经细胞团非常多，远远超过脊髓的其它部位。

第三节 耳手足的全息按摩区

一. 耳部反应区、点及其意义 耳廓前后两面都分布有很多反应区和反应点。疾病时相应区和点可出现压痛、变形、变色或导电性变化,为内脏或躯体疾病时的反应表现,一般称为压痛点、敏感点、反射点或良导点,也是耳部治疗的主要治疗点。通过寻找这些点可以找出内脏疾病时的反应区、点,再针对反应点治疗。

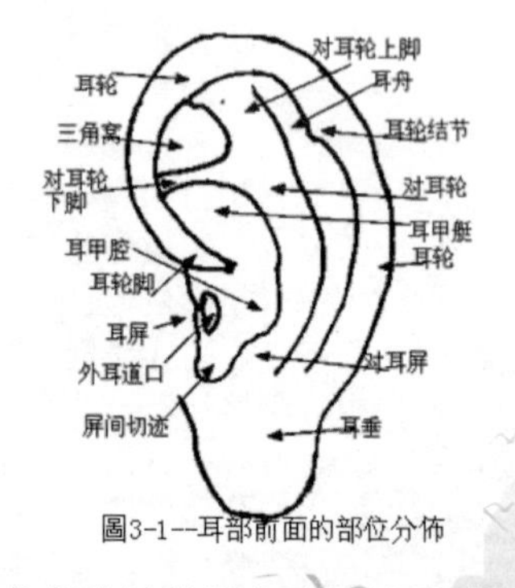

圖3-1--耳部前面的部位分佈

(一)耳的解剖学简况 耳位于头部两侧,分为外耳、中耳和内耳 3 部分。外耳又称耳廓是大部分哺乳动物特有的收集声波的器官,外耳为由弹性软骨支撑而成的片状器官,其表面覆有含丰富血管和神经的皮肤。耳廓血管一般隐于皮内,疾病时可显露。耳部神经主要来自颈神经丛、三

叉神经、面神经、舌咽神经和迷走神经。这些神经在耳内形成密集的网络，神经网络发出很多神经纤维，其末梢则为感觉神经的感受器。耳的这些密集的感受器，成为耳皮肤分布有密集的反应区、点的解剖学基础。人类耳廓肌肉多已退化,。除耳垂外，皮下组织很少。耳廓的前面有很多隆起、凹陷、沟纹形成若干区域,耳廓背面也有一些相对于耳廓前面凹陷区的隆起,但总体上较前面为平坦(图 3-1)。耳部按摩操作方便，因为耳朵面积较小，按摩时可用手指作按、压、捏、揉、掐、抹等方法。

(二)耳全息反应区 耳廓前后两面都分布有很多反应区和反应点。在耳廓前面部位分布类似于倒立人体(头部在下,躯干居中,肢端在上)，即耳全息反应区。其中，耳垂区主要为头面部疾病的反应区、点；中部的耳腔部位则为内脏，上部的三角窝为骨盆区，对耳轮及其上下支为脊椎与四肢区。在耳背部中心区域以内脏为主，外周为脊椎骨盆区。各反应部位在耳部，就像一个倒卧在母体子宫内的胎儿，面向脸的部位以内脏为主，外周为背腰四肢。疾病时相应区和点可出现压痛、变形、变色或导电性变化,为内脏或躯体疾病的反应性表现,一般称为压痛点、敏感点、反射点或良导点,也是耳部治疗的主要治疗点。通过寻找压痛点或耳壳局部反应点或用导电法等，可以找出内脏疾病时的这些反应区、点，再针对反应区、点治疗(图 3-2)。总体上，耳部全息反应区按区域分布主要集中在耳面，小部分分布在耳背部。全息反应区的命名一般采用相应人体局部名称命名。因此。在相关疾病治疗或保健时，可直接按相应名称的反应区操作。

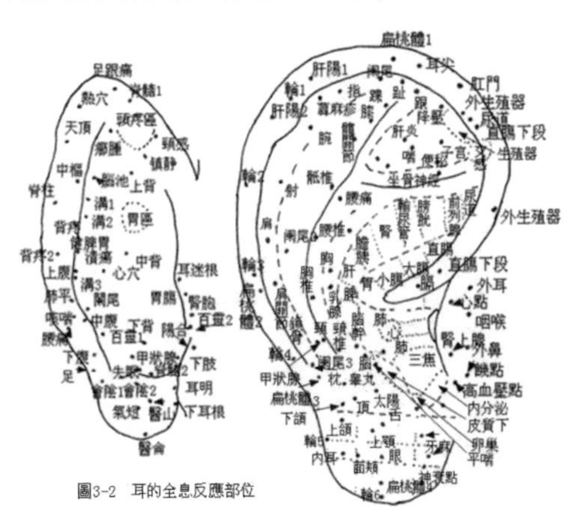

圖3-2 耳的全息反應部位

(三)选穴及操作

1.选穴 耳穴治疗或保健按摩选穴较为简单。主穴可按疾病或保健要求选相关部位名称的穴位,如胃病或对胃保健则选胃为主穴(君穴),配穴可按中医理论根据病情选择，如眼病用眼和目穴外可配肝，因为肝开窍于目,皮肤病可选肺穴，因为肺主皮毛。还可按现代医学知识选穴如胃溃疡可加交感,高血压选降压沟，低血压选肾上腺。一个病

征有多个同名穴位时可选 1 到数个作治疗用或以其中一个最敏感的穴位作为君穴,也可全用。

2.操作手法 耳穴按摩用手法也较简单,单个穴位多用点掐或点揉,力度不宜过大,以可耐受为准,常以食指或拇指的指端,点掐时用指甲缘(注意指甲不要太长，且甲缘应磨平滑以防掐伤皮肤),手法多用间断法即一掐一松交替进行,每穴六十次左右。多穴联合可采用按、摩、捻或擦等手法如檫耳根、捻耳垂、按摩耳轮。耳为片状器官,一般可将拇指垫于耳背,以食指在耳面操作;若对耳背按摩则以食指固定耳面,用拇指在耳背操作如擦降压沟、擦耳背。耳穴按摩应注意找敏感点,并对其作治疗。一般作健身时可对耳的不同解剖部位进行按摩,如内脏保健按摩耳甲部位。对某一部位按摩常可同时对所包括的多个穴位起作用,如按摩三角窝可同时对子宫、生殖器、神门、降压点等穴位起调理作用,从而对妇女病、高血压、阳痿、遗精等进行调理,同时有安神、止痛、消炎等作用。

由于全息图中反应区、点数目很多，图中显得较为复杂，不便一一寻找。为此，将图面各区域的反应区、点，按区域进行分类整理，以便于疾病时进行寻找。现将整理后的耳部主要全息反应区按部位分布表列后，供使用时参考(表 3-2，表 3--3)。

表 3-2 各系统疾病的耳部全息反应区点

疾病类别	反应区、反应点
消化系统	交感、神门、胃、大肠、小肠、腹、肝、胆、胰、脾、盆腔、直肠下段
呼吸系统	交感、神门、平喘、支气管、气管、肺、胸、肾上腺、咽喉、枕
心血管疾病	交感、神门、心、肾、皮质下、降压沟、高血压、肾上腺
泌尿生殖系统	交感、神门、肾、膀胱、尿道、输尿管、内分泌、肾上腺、生殖器
神经精神疾病	神门、皮质下、心、胃、肾、枕、额、脑干、脑、太阳
妇产科疾病	内分泌、皮质下、肾、脑、子宫、神门、腹
皮肤科疾病	神门、内分泌、肺、枕、肝、肾上腺
耳疾病	神门、肾上腺、内耳、外耳、肾、枕
鼻疾病	内鼻、外鼻、肺、内分泌、额、肾上腺
咽喉疾病	咽喉、扁桃体、内分泌、神门、枕、轮 1-6、心、屏尖

眼疾病	眼、目 1、肝、肾、目 2
口腔疾病	口、舌、枕、面颊、颌、脾、胃、肾

表 3-3 主要耳部全息反应区、点按部位分布表

部位	**全息反应区、点**
耳垂区	目 1、目 2、眼、舌、内耳、面颊、上颌、下颚、牙、神经衰弱点、扁桃体 4
对耳屏	皮质下、腮腺、脑点、脑干、平喘、太阳、额、枕、牙疼点、睾丸、扁桃 3
耳屏	屏尖、肾上腺、咽喉、内鼻、外鼻、内分泌、高血压、心脏点
耳甲腔	心脏、肺脏、支气管、口、食道、贲门、气管
耳甲艇	胃、十二指肠、小肠、大肠、肝、脾、胰、胆、肾、输尿管、膀胱
三角窝	盆腔、子宫、神门、便秘、生殖器、降压
对耳轮	颈、胸、腹、颈椎、胸椎、腰椎、骶尾椎、乳腺、臀
对耳轮上脚	髋关节、膝关节、踝关节、跟
对耳轮下脚	交感、坐骨神经
耳轮	膈、耳尖、扁桃体 1-3、肛门、轮 1-6、尿道、外生殖器、直肠下段
耳舟	锁骨、肩关节、肩、肘、腕、指
耳背上部	上背、中背、下背、降压沟、胃、足跟、脊柱、背、头、脑、镇静、颈
耳背下部	心、腹、肺、腰、足、阑尾、甲状腺、会阴、胃肠、坐骨神经、气短、失眠等

二．手的全息反应部位

(一)手的解剖学简况 手位于上肢末端，手在结构和功能方面都很复杂。在解剖学上手包括手指、手掌和手腕三部分。(1)手骨：手有27块骨，包括8块腕骨5块掌骨和14块指骨。是人体在骨的结构和功能上最为复杂的部分。在手腕、手掌和手指处形成复杂而灵巧的关节。这些关节大体上可分为腕、掌和指关节三大部分。其中，指关节在人的生活中特别重要。在复杂的骨、肌肉、韧带的组合下构成了人类最为灵巧的手。手有丰富的血液供应。来自桡动脉和尺动脉的动脉血管形成复杂的血管网确保手部血液供应。手的神经主要来自臂丛的三个分支，即尺神经、桡神经和正中神经，在神经节段分布上，属于脊神经的颈5-8和胸1，有些人也可有颈4与胸2-3参与。手的掌面皮肤有丰富的感受器，是人体皮肤感觉最灵敏部位，其中以指尖部位感觉最为灵敏。手背的皮肤感觉不及掌面，但也高于上臂、躯干和大腿。无论是手掌面还是手背面，都有很多全息反应部位。

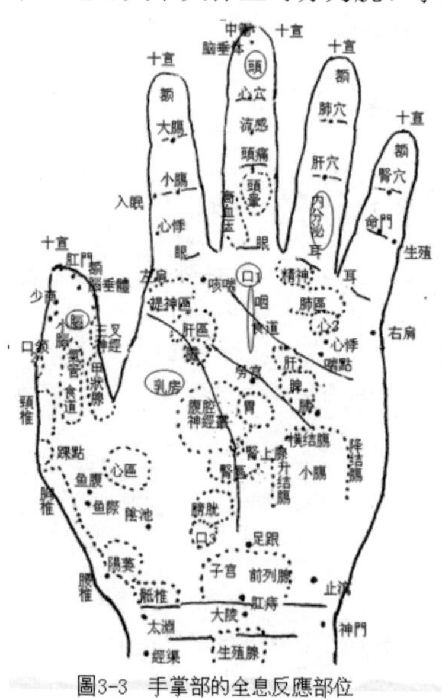

圖3-3 手掌部的全息反應部位

(二)手全息反应区

1.手掌区： 手掌面以内脏反应区为主(图3-3)，其上部多为头面反应区，中部有胸腹区，涉及心、肝、脾、肺、肾、胃等重要脏器。下部和腕部则为人体的下腹和阴部以生殖为主的反应区点。拇指侧为头颈到腰骶的中轴骨反应区。手指部大体上也是以内脏反应区、点为主，头部也占有较多的反应区、点。总的来说，手面区与针灸学的手三阴经脉大体吻合，都以内脏为主。不同的是，手掌的全息反应区、点数要比手

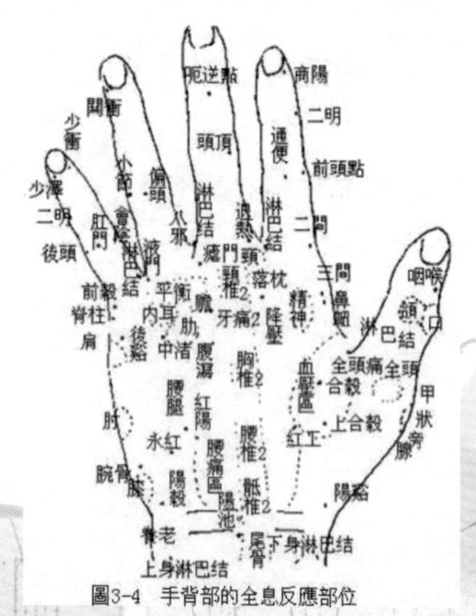

圖3-4 手背部的全息反應部位

三阴经脉的穴位更多。因此，在内脏疾病时以手掌为主进行按摩，当然也应配合手的其它与内脏相关的穴位和反应区、点。

2.手背区：手背部以手背正中线，至手腕的中区带，从指到腕分别为颈椎、胸椎、腰椎、骶椎和尾骨，以脊柱、头、骨盆、四肢、背、腰等人体躯干区域的反应区、点为主，在中轴线区域的两侧，分布一些其它部位的反应区、点，以及一些传统针灸学的穴位，大体上与手三阳经的手部穴位相似，但数目远远超过手三阳的穴位数。手背小指侧，为从头到膝的反应区。手指背面则多为头的不同反应区或反应点。

手的内外两个侧面都是中轴骨反应区。因此，在脊柱骨有疾病时，可用按摩手的两个侧面同时加上手背中轴区域进行按摩。手部全息反应区的命名主要采用相应人体局部名称命名名。因此。在相关疾病治疗或保健时，可直接按相应名称的反应区、点操作(图 3-4)。

由于手部反应区点很多，加之手的针灸学的常用穴位，其分布显得比较凌乱，为便于读者寻找，现将手的各部位全息反应部位，连同针灸手部常用穴位按部位整理，列于表 3-4。

表 3-4 手的各部位全息反应区

部位	反应区、反应点
拇指腹	额、垂体、脑、小脑、鼻、口颔、颈椎、气管、食道、甲状腺、三叉神经
拇指背	咽喉、口、颔、淋巴结、全头、全头痛
2-5 指腹	额、心穴、肺穴、心悸、头、脑垂体、生殖、命门、流感、头痛、头晕、入眠、耳、眼、肾穴、小肠、大肠、肝穴、高血压、十宣、中冲
2-5 指背	二明、前头痛、通便、淋巴结、呃逆点、头顶、退热、偏头、小节、肛门、后头、会阴、八邪、少泽、少冲、前谷、关冲、液门、商阳、二间、虐门
手掌远端	左肩、提神区、口、精神、牙痛、肺区、心 1、心 2、心悸、咳喘、喘点、右肩、肝区、胆脾区、胰
手掌近端	腹腔神经丛、胃、肾区、肾上腺、输尿管、膀胱、心区、鱼腹、鱼际、升结肠、横结肠、降结肠、小肠、少府、阴池、阳萎、口 3、足跟、
手腕腹面	生殖腺、骶椎 1、止泻、子宫、前列腺、肛痔、太渊、大陵、神门、经渠
手背远	颈椎 2、胸椎 2 平衡器官、内耳、胆、胸肋、腹泻、颈、落枕、精神、鼻衄、降压、血压区、三间、合谷、中渚
手背近端	腰椎 2、骶椎 2、尾椎、腰腿、聋哑、红阳、永红、腰痛区、

	红工、上合谷、甲状旁腺、上身淋巴结、下身淋巴结、阳谷、养老、阳池、阳溪
手拇侧	鼻、口、颔、踝点、颈椎、胸椎 1、腰椎 1、骶椎 1、感冒、少商、太渊、经渠
手小指侧	脊柱、肩、腕骨、肘、膝、后溪

三．足的全息反应部位

(一)解剖学简况 足位于下肢末端是人体距离心脏最远的部位。足部是步行及承担全身量的部位。因此，与手功能要求灵活不同，足的结构需要适应其功能，则不需要过多的活动，而以稳固和富于弹性为主。同手一样足部也有很多较小的骨块。在复杂的韧带连接下构成足部复杂的关节，大体上包括距骨小腿关节、跗骨间关节、跗跖关节、跖骨间关节、跖趾关节以及趾关节。其中距骨小腿关节承受人体重量，并垂直向下传到足。因此，此关节只能作适当的背屈活动及较小的左右摆动；跗骨间关节、跗跖关节、跖骨间关节，基本上不能活动，共同组成足弓使足在站立时能稳定地支撑人体，行走时有一定的弹性。同时保护足部血管神经不受压迫。跖趾关节和趾关节可做适当的活动，但也远不及手部关节。足部的皮肤节段性神经分布，支配神经主要来自腰膨大的第四腰段到第二骶神经节段。足背内侧有部分为腰 4 节段。足部皮肤分布有丰富的感受器，通过神经网络结构与身体各部及内脏联络,参与人体生理活动调节。疾病时,患病部位通过神经网络反映到足部相关联部位。从形态学上分，足部大致可分为足腕、足底、足背、内侧和外侧等部分。足底部位从远到近又可分为足趾、足跖和足跟三部分。足跖中心的足弓区域，也是反应区分布最密集区域。全息反应区的命名大多采用相应人体局部名称命名。因此。在相关疾病治疗或保健时，可直接按相应名称的反应区操作。足部反应区(点)近四十年发展较快,特别是上世纪六十年代前后,随着针刺麻醉开展发现了很多新穴位。近年发展起来的全息理论在足部保健上也有较大进展,并提出了相应保健和治疗方法。但鉴于时间较短,与传统针灸穴位、经外奇穴之间的吻合度尚不理想,有待今后进一步验证。

(二)足全息反应部位 足部是人体全息反应区点较多的部位（表 3--5）。虽然还无准确数据，也达到数以百计，如果加上近几十年发现的经外奇穴，则其常用穴位已在百个以上。尤其是足底部位反应区很多，这与传统针灸不同(图 3-5)。传统足部穴位仅仅有 33 个，其中有 32 分布在足背部及两侧,足底部位仅仅有涌泉(足少阴肾经)一个穴位。但在足的全息反应图中可以看到，足底的反应区数目远远超过足背，

足底部位的常用数目约在六十个以上，加上足两侧和足背部的反应区就更多了。实际上，足底的全息反应区几乎涉及到人体各个系统的部位或器官。为此,我们将针灸穴位与足部反应区同时列出，以利于相互比较取长补短。鉴于一些新穴用”区”命名而实际上只是”点”,故本书中将这些”区”改为点以区别于反应区。它们分布有一定规律。在足底部，从趾端到足跟，如果将左右两足底合并，这些反应区、点的分布，犹如一个仰卧在足底上的人体内脏分布图。两大趾趾腹大致相当头部，足弓前部相当于胸部，足底中区相当于腹部，足底后部及足跟区则相当于小腹和盆腔。足内侧缘与人体脊柱相应。足背和足外侧缘与胸、肋、肩、肘、膝相关。足部全息反应区、点的命名大多采用人体疾病时的相应的人体局部名称。因此，在相关疾病治疗或保健时，可直接按照疾病部位相应名称的主要反应区选用治疗点。这样，在疾病时可以让一些对按摩还不熟悉的病人，能比较方便地选用所需的相应反应区、点，并进行自我按摩治疗。此外，在实际使用中，也应注意这些反应区、点的作用除针对主要部位疾病治疗作用外，还有一些可以治疗其它部位的疾病的治疗作用。因此，对于一些有兴趣爱好者可以在以后进一步了解这些全息反应区、点的更详细的作用。

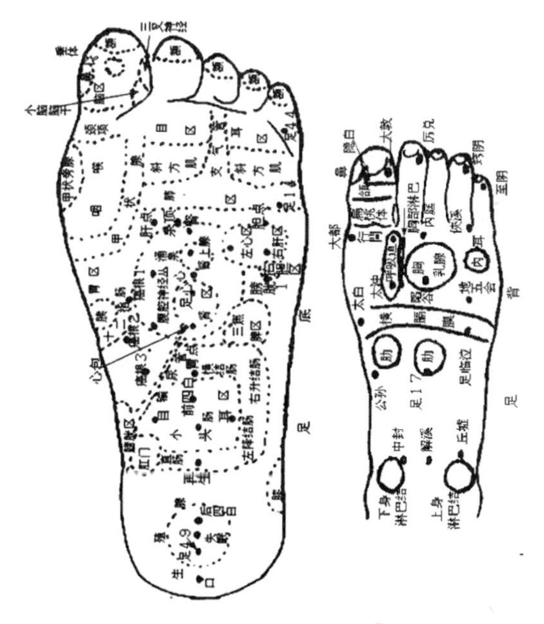

图 3—5 足底足背全息反应区、点

表 3—5 足各部位的主要全息反应区

部位	反应区、反应点
趾背面	鼻、颌、扁桃体、隐白、大敦、厉兑、窍阴、至阴、侠溪
趾底面	额、垂体、脑、颈项、小脑、脑干、三叉神经、目、耳等
足底前	颈项、目、耳、甲状腺、甲状旁腺、咽喉、斜方肌、支气管、肺区等
足底中心	胃区、胰、十二指肠、癌根 1、癌根 2、肝点、泉项、肾、肾区、肾上腺、心包、输尿管、胃点、胆点、胆区、肝区(右)、心区(左)、膀胱 1、脾区、三焦、腹腔神经丛、涌泉
足底后	癌根 3、输尿管、膀胱区、肛门、横结肠、升结肠(右)、降结肠(左)小肠区、小肠点、目、耳、直肠、再生、前四白、后四白、生殖腺、失眠、口、膝、截根等
足背	呼吸道、降压、胸、乳腺、内耳、横膈膜、肋、上身淋巴结、下身淋巴结、大都、行间、内庭、太冲、陷谷、地五会、太白、公孙、足临泣、中封、解溪、丘墟、冲阳、商丘
足内侧	鼻、颈项、甲状旁腺、胸椎、腰椎、膀胱区、骶椎、坐骨神经、子宫、前列腺、然谷
足外侧	至阴、通谷、肩关节、肘、膝、生殖器、坐骨神经、京骨、束骨
足腕足跟	生殖器、坐骨神经、失眠、膝、臀、髋关节、下腹、上身淋巴结、下身淋巴结、昆仑、仆参、中封、解溪、丘墟、申脉、水泉、大钟、太溪、尿道、阴道、骶椎、照海

第四章 简易自我按摩的基本手法

自我按摩主要靠自身双手应用适当手法，对身体某些部位施以不同程度力而产生治疗或保健作用。按摩手法不同书籍有一定差异。有的归纳为推、拿、按、摩、揉、捶、摇、震等八法；有的有 10 多种：推、平推、揉、摩、拿、按、捻、抹、搓、摇等。多者有 30 多种手法。如安徽医学院出版的“中医按摩学简编”简编一书中较详细地介绍了按、摩、推、拿等 29 种按摩手法，简要叙述了捻、刮、捺、挲、摇等 5 种手法，认为最常用的为按、摩、拿、揉、捏、掐、振、擦等手法。我国卫生部规划教材“中医学”中列出了一指禅推法等 22 种按摩基础手法。提出用温、补、和、散、通、泻、汗、清等治疗大法，与药物治疗法相呼应。自我按摩手法不能硬搬按摩学技法。因人体形态结构所限，有些传统按摩手法在自我按摩中无法做到，这也是自我按摩的不足之处。根据个人体验，常用自我按摩手法可用 16 字概括：按、揉、点、掐；摩、擦、推、拿；捏、拧、梳、击；抠、抹、刮、耙。其中最为常用的有按、揉、掐，摩、擦、耙(搔)、推(抹)等。现简要介绍于后，每种手法分别列相应例图。

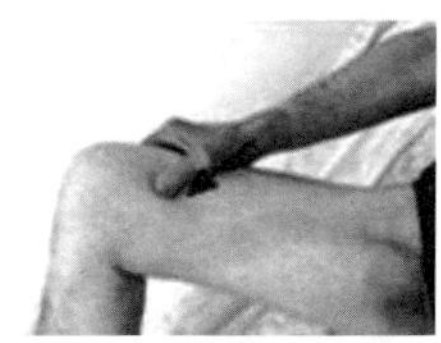

图 4-1 指按大腿

（一）按法（图 4-1） 自我按摩主要用手按一般用拇指或中指腹，亦可手握拳以食指基节或中指第一节为着力点，按压穴位或一定部位，由轻而重逐渐加力至自感局部或穴位有得气感(酸、麻、胀、重等感觉)，然后维持一分钟左右。亦可按下与放松交替进行每分钟六十次。单用中指腹按压的文献又称指压、指针或点穴疗法，每次主穴 1-2 个，按 3-5 分钟，配穴 3-5 个，各 1 分钟。

(二)揉法 用指腹或掌根部紧贴皮肤作顺或逆时针回旋揉动或指腹作屈伸式活动使治疗区皮下组织和肌肉随之滑动(图 4-2)。揉单个穴位时采用单手拇指或中指，成片区揉时可将四指并用或用掌根，如揉腹部。亦常用于缓解掐、按等操作后所引起的酸、胀、痛感。一般用力由轻渐重，每分钟约六十次，揉 1-3 分钟。本法为自我穴位按摩时的常用手法，其特点是使皮下组织滑动摩擦，由于用力较缓和，刺激的力度也较缓和，为补法。可减轻酸胀、疼痛、

图 4-2 揉上腹

缓解痉挛、活血消肿，在外伤红肿但皮肤无破损的康复期亦可用此法(皮肤破损或有内出血早期禁用)。自我按摩常将按与揉法结合称为按揉，即紧压于穴位同时作来回或旋转揉动。

(三)掐法　是一种以手指甲为着力点，施于一定穴位或部位的手法(图 4-3)。也有文献将“点”法列入此中称屈指掐。常用为单指掐，用拇指或中指指甲掐穴位；用中指掐时中指伸直指甲置于所掐部位，拇指食指相助。普通按摩常用拇指掐作为急救措施，如掐人中穴，此时用力要突然，清醒即止，继以揉法缓解急掐的强烈刺激。自我按摩使用掐法时也应由轻及重，逐渐增强作用力，直至有得气感(酸、麻、胀重)。此外，用指甲掐可代替针刺，起到强烈的刺激作用，故又称为“以指代针”。刺激强度大于指压。

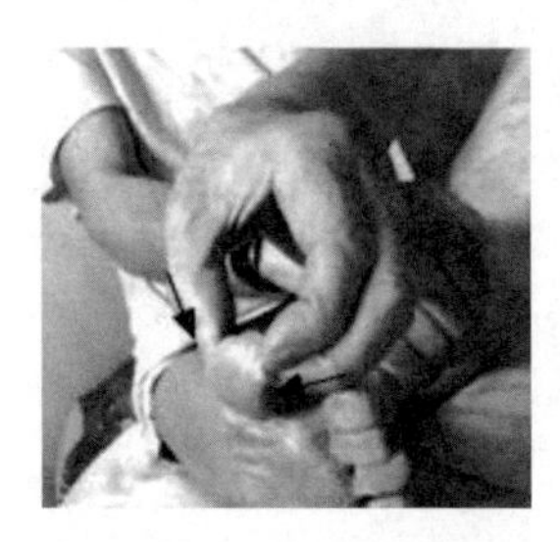
图 4-3 指掐拇趾侧

附 屈指掐 ：文献又称点法，为手握拳后用拇指的指掌关节或食指或中指的第一指关节紧压穴位，用力由轻渐重至得气。有止痛、解痉挛、通经活络、转移疼痛作用。掐法为强刺激，属泻法。无论用何种掐法，均不宜过长，一般不超过 1 分钟。

(四)摩法　是一种局部面积较大范围的按摩手法。可以包括指掌在内的双手或单手，在施术部位作盘旋摩擦运动(图 4-4)。小范围时亦可单作手指或掌部、掌侧或掌根等操作。每分钟在六十圈以下为缓摩属补，起按抚止痛、促进胃肠蠕动，有消积导滞作用，用以治疗胃肠功能不良。当施术速率在一百二十圈以上为急摩或快摩，属泻，有化淤、止痛作用。施术后应继以揉法来减轻刺激作用。按摩时要控制好力度，防止损伤皮肤。自我按摩多用缓摩。主要用于胸腹部，以调节胃肠功能为主。操作时应注意用力均匀、平稳、柔和，仅在皮肤表面移动，不带动皮下组织。

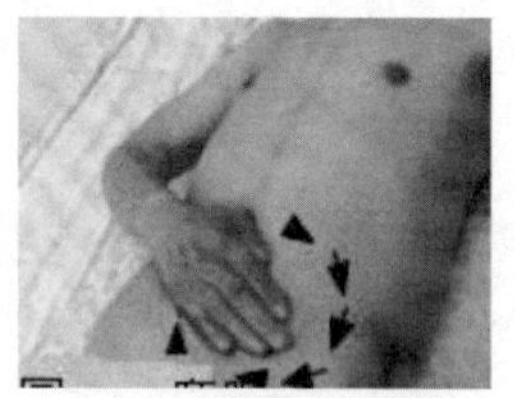
图 4-4　摩腹壁

(五)擦法　又称平推法，用手指、大小鱼际、拳、手掌或掌侧，在皮肤表面作上下往返的直线摩擦，为一种与摩法相似的操作手法(图 4-5)。速率约每分钟六十至一百二十次。可用于躯

图 4-5　掌擦右胁

干，也可用于手足部，如用擦背脊两侧以治感冒；对肢端麻痹处用指擦手法治疗指、足趾麻痹等。擦时可产生明显热效应，皮肤充血发红即可。一般刺激强度较大，属泻法，速度过快注意不要擦破皮肤。有行气、活血、祛风、散寒、温通经络、止痛、消结、改善指端麻痹处代谢作用等。

六)推法 为按摩中重要手法之一，不同手法有一定差异。1.拇指推法：握拳以拇指腹或拇指侧置于穴位，以腕、手指关节作快频率摆动。作用点面积小，力度可深透到皮下及肌肉组织，有利于改善局部循环而起行气活血、疏通经络作用；2.拇指尖推法:多用于病痛点如头部不适推头部，用拇指尖在头疼部位推，操作时手指移动不大,靠拇指关节屈伸摆动。以腕及指力作用于深部，得气为度；3.多部位推法：用指端(图 4-6)、掌根或大、小鱼际、肘后突(鹰嘴突起)为着力点，作缓缓的向一定方向推动，推时距离较长，顺势返回再推，速度为每分钟三十至六十次。不论用何手法均应取先轻后重且着力均匀。推法有通经络、行气、消肿、止痛，使深部组织血管扩张，改善代谢。推法适用于全身，常用于头面、胸腹部。

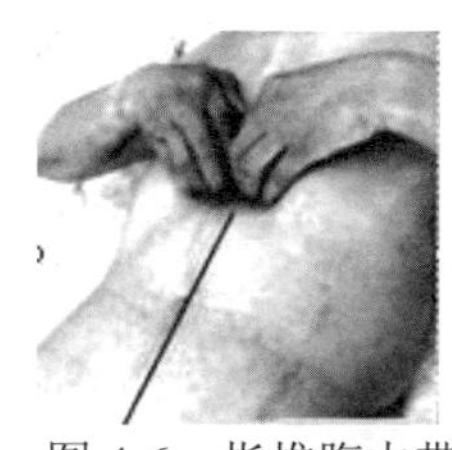

图 4-6 指推腹中带

(七)拿法 本法为按摩重要手法之一。是用拇指与其它手指形成钳形(2 指拿、3 指拿、5 指拿)拿取肌肉或筋腱的治疗手法(图 4-7)。拿时要对称用力，由轻到重，紧松相间，以缓和节律进行。刺激力度较强，每次拿放时间不一，短者 1 秒，长者可达三十秒，为较强刺激属泻法。主要用于四肢及躯体肌肉丰满处，起泻热开窍、祛风散寒、疏通经络作用。对改善肌肉循环，解除肌肉疲劳或痉挛有良好作用。适于全身各部位，自我按摩中用于拿肩、胸大肌及四肢肌肉。

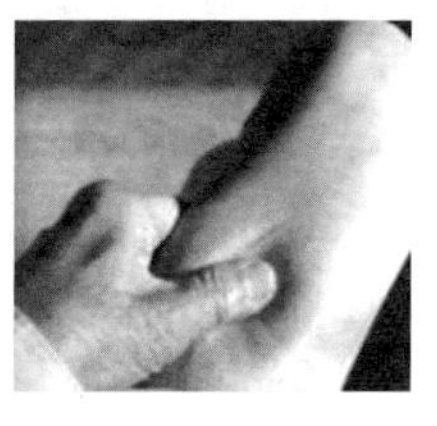

图 4-7 拿大腿肌

(八)捏法（图 4--8） 本法与拿法类似，拇指在上与食指(或更多指)将施术区的皮肤及皮下组织捏起，连续捻转挤捏，松开一处继续向前捏。常用于捏脊，也可用于四肢、腰、胁、肩部。有止痛、驱风散寒、退热、助消化作用。其手法较为柔和，为补法。自我按摩可用于肢、肩部、骶及腰部，为保健常用手法，自我按摩无法作腰脊部捏脊。单手拇、食指、中指指

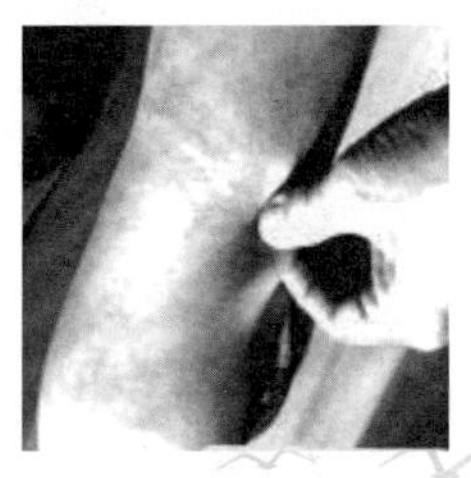

图 4--8 捏上臂内侧

腹，捏手指或手部关节。也可用于足趾、耳等处，操作时用力均匀，动作宜缓和。

(九)拧法 又称扯法或捻法，也是和拿法类似的手法。为用拇、食两指指腹，夹起治疗区皮肤提起后稍捻转即放回的手法(图 4-9)。或将食指与中指稍弯曲，以指背作钳状夹起治疗区皮肤，提起后稍捻转即放回的手法。反复操作直到局部皮肤发红为止。有驱风散寒、退热止痛之效，在腹部施术有改善胃肠功能作用，用于项部有治疗感冒头痛作用。一般以单手操作为主的方法。

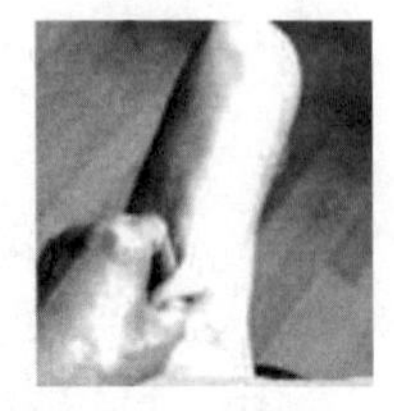

图 4-9 拧大腿肌

图 4-10 指梳颅后带

(十)梳法 本法用手指指腹或梳头用的梳子，在头部梳理头皮的方法(图 4-10)。头部是人类大脑所在部位。头皮除头发外，还有密集的末梢神经网络，对头部施术有疏通经络，改善局部血液循环及安神、止头痛作用，也起到自我保健作用。

(十一)耙(挠)法 用挠痒耙(老人乐)，在局部皮肤表面进行挠耙的方法(图 4-11)，是笔者推出的新方法。主要用于脊背部位疏通经脉，因为自我按摩时，按摩者是无法自行按摩脊背的。用挠痒耙(老人乐)可以方便地进行后背部位按摩，起到疏通经络，改善局部血液循环，调理内脏活动功能，起自我保健作用。挠痒耙(老人乐)是民间常用家庭用品，用于自我按摩不增加额外负担。

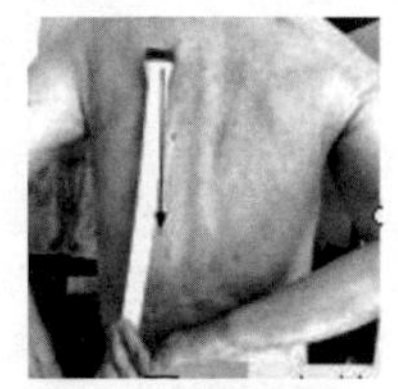

图 4-11 耙背腰

附 挠法：挠痒是一般人都会的方法，那处皮肤痒就会用手去挠痒，笔者将此也列为一种自我按摩手法，主要用于穴位分布密集的手掌和足底部位。这些部位分布了很多全息区点，可以用挠痒的方法，同时刺激多个穴位，多用于保健按摩时，如挠足底、挠手掌。

图 4-12 指叩鼻端

(十二)击法(叩法) 为一种用拳、掌根、小鱼际、指端击打身体一定部位的手法(图 4-12)。一般用力平稳并由轻渐重。刺激强度可强可弱。自我按摩多采用中等强度，快慢交替，手法有弹性，产生震动力，

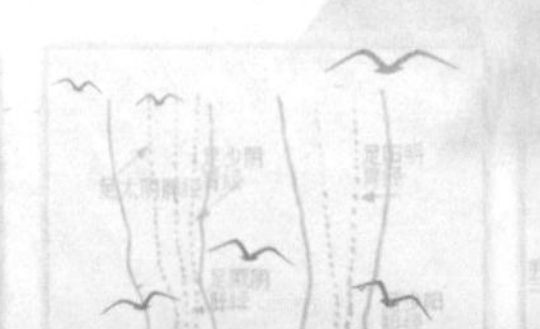

，对神经起一种良性刺激，促进局部血液循环，缓解痉挛，通经止痛，解乏安神。其手法力度由轻而重，包括指叩、手拍、掌捶、拳捶 、棒击等。应用较广泛，多用于躯干、大腿等处，视病情而用。文献有单列，分别称拍法、击法、捶法等几种方法。实际上是一种方法不同刺激程度，即以不同力度击打身体某些部位的一类按摩手法。

(十三)抠法 用单手或双手 2-5 指屈曲以指端抠施术部位。所施术部位一般可于手指、足趾、腋窝、肋缘等部位(图 4-13)，抠与放松相结合。如足全息按摩时，同时用单手 2-5 指抠对侧趾端的额区，用一个手法同时按摩多个足趾。单人独处发生急性心痛时，在无人能助的紧急情况下，可用右手中指端抠左腋窝极泉穴以自救。钩法：类似于抠法，手指屈曲呈钩状，用单手勾对侧小腿胫骨外缘，按摩足阳明胃经；或以此法固定小腿，便于对足部按摩。

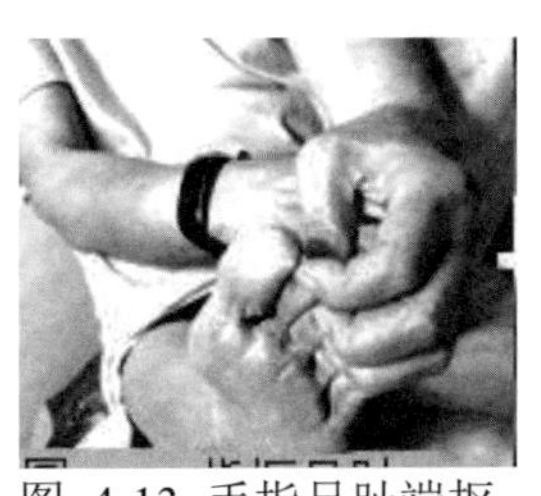

图 4-13 手指足趾端抠

(十四)抹法 用单手或双手的拇指腹，或食指、中指并拢，贴于待施术部位作左右或上下方向的缓缓抹动。多用于头面、颈项、上肢、下肢等部位(图 4-14)。刺激力度较轻、平和。具有理气活络、解痉挛、止疼痛作用，在头部用双手抹印堂—太阳穴，有清醒头目、消除疲劳之效。本法刺激力量小而平缓，属补法。久坐办公室可用以清醒解乏；也可作为神经衰弱、失眠的治疗手法之一，在临睡前施用。

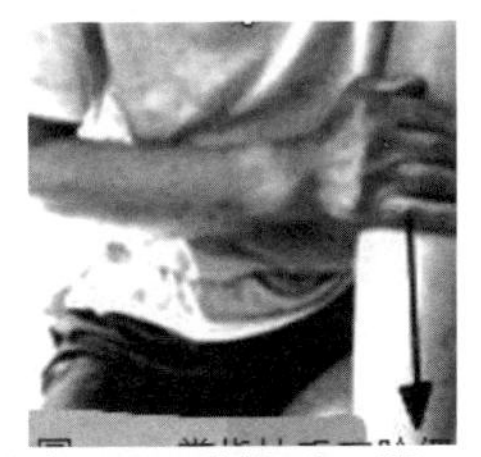

图 4-14 手抹手三阴

(十五)刮法 手指屈曲呈半握拳状，食指中节或拇指侧面缓缓刮被施术部位皮肤(图 4-15)。可用于头面、颈等部位，如刮眉以明目，咽喉、气管疾病时，刮颈前气管部位。也有人以吃饭用的小匙在待施术部位刮皮肤，这多见于民间，应注意不要刮破皮肤。

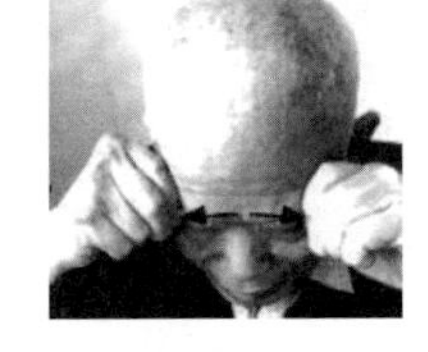

图 4—15 刮双眉

除以上手法外还有辗转拿，用手指拿住肌肉后再辗转一下；抖动拿，拿住肌肉或组织后作轻轻抖动；弹筋法，拿住肌肉或肌腱后，向一侧拉起再放开使肌肉滑脱。此法手法重，当时可感到很酸胀，但松开后即感轻松，一般每处以 1—2 次为宜，拿后即以揉法缓解，可用于肌肉劳损、痉挛、软组织损伤等。

以上简要介绍自我按摩常用各法。具体操作时常采用综合应用，灵活施治，以 1—2 种为主，辅以其它手法。一般根据实际情况，先轻后重，刚柔相济，发力均匀，根据原理，灵活应用，不要免強生搬硬套。如擦小腿前部，可用手擦，也可改用另一只脚的足底来回推擦效果会更好。此外，一般按摩中有些手法在自我按摩中难以实施，如脚踩、摇法、背法、扳法、蹬、拉等等，在此不作介绍。

第五章 自我按摩应用有关的事项

第一节 自我按摩优点

自我按摩是一种自然治疗和保健方法，与其它疾病防治方法相比较具有独有的优点，可简要归纳为以下几点。

(一)经济 自我按摩一般来说不需要特殊的医疗设备。因可自行操作也无需挂号、诊疗费用，除需购买一把“老人乐”外，不用花费其它任何费用。是医疗保健中最经济的一种兼具自我治疗和保健作用的方法，基本上可以做到零花费。这是目前任何一种治疗方法都不可能做到的。

(二)简便 自我按摩操作简单，几种手法掌握后即可自行操作，操作随处可做，卧室、办公室(工休时)、教室，甚至田间地头休息时都可进行，不需要特殊治疗室。操作过程中不伤害皮肤，故也不需要采取消毒措施。因此也是一种最简单方便的治疗方法。

(三)安全 与药物治疗相比不需要考虑药物副作用和过敏问题；与针灸相比，不存在晕针、滞针、折针及刺破大血管、刺伤心肺等重要器官的安全问题；与拔罐疗法相比，不存在治疗中皮肤局部烧伤问题；与普通按摩相比，不存在按摩师用力过猛时发生的扭伤、撕裂伤及手法过重引起的痛苦等。因此，自我按摩是一种最安全的可自我控制的安全疗法。

(四)自我治疗操作 一般治疗方法都需要有专业人员操作，自我按摩是唯一由病人自己对自己进行治疗的方法。因此，是一种易为社会公众掌握的保健及辅助治疗方法。

第二节 适应症与禁忌

一. 适应症 同按摩治疗一样，自我按摩的适应症是比较广的，如一般常见的头痛、头晕、失眠、消化不良、便秘、普通感冒、关节炎、阳萎、高血压、胃疼、乳腺炎初期、乳腺增生症、手术后粘连、褥疮的预防、痛经、月经不调、子宫脱垂、脱肛、盆腔炎、软组织损

伤、肌肉劳损、视力疲劳、耳鸣、鼻炎、咽喉炎等等。一般来说，对于慢性疾病和功能性疾病治疗效果较好，对于一些如感冒、急性功能性疼痛如肠痉挛等，也有较好疗效。根据按摩学目前发展水平，编者认为主要以慢性和功能性疾病为主。在临床上自我按摩亦是配合疾病治疗和康复的辅助治疗方法。鉴于本书主要对象不是医学工作者而是一般社会公众，因此作治疗性按摩时，请首先经过医生检查明确诊断后进行为好。对于急症如心脑血管疾病、消化道出血、咯血等更应尽快取得医务人员救治，以免耽误病情。同其它治疗方法一样，自我按摩不可能包治百病,故不排除其它医疗措施，如某病经自我按摩效果不好时，应改用其它有效措施。自我按摩也可配合其它治疗措施，如病后康复可将自我按摩和其它治疗措施同用。

二.注意事项及禁忌症

(一)自我按摩注意事项

1.合适的环境：室内按摩时注意空气流通和室温。室温一般在22—28℃之间较好。室温太高按摩时易出汗，太低时穿衣服太厚，影响按摩治疗效果，而衣服太单薄又易感冒。因此，在不同季节，按摩部位应有所选择，以便于操作。在夏天，环境温度较高，穿着衣较单薄，躯体部位按摩比较方便。冬天天气寒冷，不适于作躯体部位按摩(当然，在有暖气的房间，室内温度较高可不受季节影响)，自我按摩可采用头面及手、足和耳部全息反应区按摩。不同季节应灵活应用。

2.选择合适体位：按摩过程中体位要舒适，根据按摩部位不同采用合适的体位，如腹部和胸部按摩多采用仰卧位；腰骶部按摩用坐位或侧卧位；背腰部可用坐位或站立；足部和小腿按摩可用坐位；头部和上肢按摩可比较灵活。总之，以操作方便为原则。

3.保持皮肤清洁：按摩前应先洗手。指甲不宜太长，剪指甲后按摩应把指甲磨平滑，以免损伤皮肤；如戴有戒指或手表及其它装饰物，应摘去后再作按摩，以免划伤皮肤。

4.按摩时保持身心放松：手法由轻渐重，用力恰当。按、摩、擦、抹、推等涉及速率的手法，原则上以中等为好，速率过快易伤皮肤，以自觉舒适为宜。

5.循序渐进原则：初次按摩选择部位宜少，手法操作次数控制在反复十到十五次左右，以后逐渐增加到六十次左右。

6.可在晨起或晚上睡前进行按摩：其它时间也可进行，但过饥、过饱不宜进行，进餐后需间隔两小时再进行。

7.面部口以上疾病作肢体按摩时以病部对侧为主，如右面部面瘫以则以按摩左侧肢体穴位和全息反应区为主，右侧为辅。

(二)禁忌症

尽管自我按摩适应范围较广，但同传统按摩一样，有一些情况是不适于作按摩的，应予以禁止：

1．各种急性传染病，应首先进行医学隔离和治疗，这些疾病传染性很强，必需尽快控制传播，其引起发病的病原体，是无法通过按摩来消除的；

2．病程已久，体力衰弱久病患者，无力也经不起按摩者，这些病人在病情有所好转，体力能适应按摩时，可以作一些较轻的按摩，适应一段时间后逐渐增加力度；

3．外伤出血、骨折早期、心脑血管疾病早期，应尽快控制病情。特别强调的是下肢深静脉血栓形成及下肢静脉曲张患者，不能进行按摩。因为按摩可能导致血栓脱落，引发肺栓塞而危及生命；

4．怀疑有内脏出血或损伤者，以及按摩后可能引起出血的疾病；

5．急性感染病人，如疮、痈、化脓性关节炎、急性阑尾炎、肺炎等；

6．各种出血性疾病，如尿血、便血、咯血、衄血等及有出血倾向者应慎用，禁止在病变局部按摩；

7．诊断尚未明确的严重心、肝、肺病等疾病；肿瘤病人在肿瘤局部不宜按摩，以防扩散转移，有些病人在病情控制情况下，可选用一些病灶远处的抗癌穴位按摩以助康复。

8．孕妇、妇女月经期间及产后恶露未净者；

9．烧伤及溃疡性皮炎的局部(健康皮肤区可酌情进行)；

10.皮肤黑痣及其邻近带应尽可能避免按摩，特别是不能作刮、擦等强刺激，以防激发引起恶变；

11．精神病及无行为能力者；

12.酒醉和极度疲乏者不宜按摩。

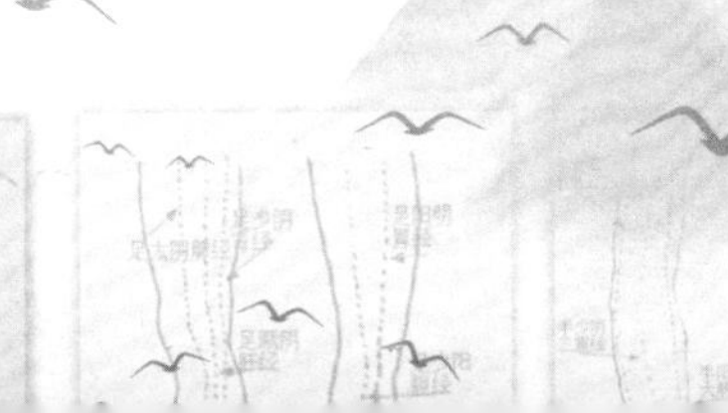

第三节 补泻问题

按摩为中医学的外治疗法之一，其指导原则是“调其阴阳，不足则补，有余则泻”(内经)。即通过按摩手法来调整其失常的阴阳，使其恢复平衡，补虚以扶正，泻实以去邪。自我按摩作为保健手段，是通过手法使人体处于阴阳平衡，正气充实，能抵抗邪气侵犯，从而起到健身作用。作为治疗措施，其基本治疗原则为“补虚泻实，扶正祛邪”。应用补泻原则，采用相应的手法，来达到康复的目的。如寒气停于某经络部位时，则经络凝滞而疼痛，采用按摩生温热、通经络、散寒气则痛止。又如外伤后局部气血郁滞而肿痛，按摩相关经络疏通郁闭之气起到疏经通络，行气活血，散结止痛的作用而达到治疗目的。

自我按摩主要通过手法将力作用于自身的局部穴位或区域从而起治疗作用。作用力及其方向和频率是刺激力度相关的要素，根据刺激力度大小，大致可将按摩手法分为补法、泻法及介于两者之间的平补平泻。现将有关补泻内容简要划分列下，供参考。

表 5-1 自我按摩补泻列表

手法	力度	方向	深度	缓急	时间	得气感	兴奋性	举例
补法	弱、轻	顺经络	浅	缓	长	轻或无	兴奋	轻推
平补平泻法	中等	无	中度	适中	适中	中度	--	中等力推
泻法	强、重	逆经络	深	急	短	强烈	抑制	击、掐

(一)补法：即补益之法，常用于虚证。导致虚证有两个因素即先天不足和后天失养，导致正气不足。如久病之后，长期营养不良，过度劳累等多呈现机体功能衰弱的表现，呈现气虚、血虚、阴虚、阳虚。按脏器分又见有心虚(心气虚、心阳虚、心血虚、心阴虚)；肺虚(肺气虚、肺阴虚)；脾虚(脾气虚、脾阳虚、脾气下陷、脾不统血)；胃虚(胃阴虚、胃阳虚)；肝虚(肝血虚、肝阴虚)；肾虚(肾阳虚、肾阴虚、肾精不足等)及小肠虚寒等。此外，还有两个或以上脏腑互相影响所致虚证，如心肺气虚、肺脾气虚、肝肾阴虚等等，临床上各种虚证主要表现为正气不足，脏腑、肌肉功能减弱。常呈现面色苍白或萎黄、瘦弱乏力、心慌、气短、精神不振、失眠、肢凉怕冷、心烦、出虚汗、大便稀薄

或干燥、少气懒言、脉搏虚弱无力、肌萎缩等。虚证是较常见的证侯，根据“虚则补之”原则，按摩采用补法为主的手法，用按、揉、摩、轻拿等手法以轻缓柔和的轻刺激为主。如补脾胃(适于慢性胃肠炎、胃肠功能失调、慢性腹泻、便秘等)，采用双手摩腹、轻推腹中区；按或揉天枢、中脘、关元及足三里等穴，或梳腰骶椎区等。经常进行这些操作就能恢复胃肠功能，使消化吸收正常，在自我按摩的保健及治疗中有较大意义。肾为先天之本，人因一些慢性疾病易出现肾气不足，表现为腰膝酸软、下肢阴冷、头晕耳鸣、听力减退、性功能减退、失眠多梦、气短等。应以补肾为主，多采用揉肾区、腰骶部，梳腰脊，摩下腹，揉气海、关元，按足三里、三阴交，擦足底，涌泉等手法，以补法为主，以补肾气。伴有头晕、失眠、听力障碍的加按或揉印堂、神庭、听宫、风池、神门、内关等穴。

慢性疾病长期卧床者常有肌肉废用性萎缩，某些神经性疾病所致肢体麻痹肌肉萎缩亦多为虚证，也可采用补的手法对局部进行轻揉的按摩。

(二)泻法：用于实证，多为外感病邪或内脏功能障碍及代谢障碍所致邪气过盛而正气未衰的一些急性或发作性病症。可有发热、腹部胀痛、胸闷、呼吸急促、痰涎壅盛、便秘、小便不畅；或病邪侵犯经脉，因经脉不通而致疼痛、夏季高温中暑；或食积火盛，下腹胀满，二便不畅等。实证主要采用泻法。一般来说发病较急，往往自己无力处理，最好由专业人士进行诊治。自我按摩对于一些属于下焦(下腹部)不很急剧的实证，可以自行施治。如下腹胀、便秘，可双手沿任脉推腹中区、摩脐周，顺时针方向摩腹部，按揉天枢、大横，可配下肢足三里，骶部揉八髎、掐长强，伴有尿不利者可按或揉曲骨等。但虚弱者如长久卧床所致便秘不宜用泻法，对肢体局部实证病者可在病部或邻近循经取穴，以掐、击、拿等强刺激手法施治，如足踝关节扭伤剧痛，可急掐绝骨穴，使剧疼缓解。自我按摩为自己给自己进行治疗，一般多用于慢性疾病。因此，补法或平补平泻是最常用手法。邪气过盛的突发性病证多非自身能处理的，即使自己还有能力处理，缓解后仍应找专业医师诊治，以防耽误病情。

第四节 自我按摩操作部位选择

医学上，疾病是有一定规律的。大体上，人们按照人体解剖学体系，将疾病进行分类，每一个系统的疾病都有其共性。通常分为消化系统、呼吸系统、循环系统(心血管)、泌尿生殖系统等。为此，本书

也将这些数目繁多的全息反应区、点，按照通常的疾病分类(科)进行整理归纳，以便发生疾病，需要进行按摩以辅助治疗或在康复过程中进行按摩，方便这些病员在进行自我按摩时能尽快寻找到相应的反应点或反应区。因为针灸穴位和手、足部反应区、点一样，在按摩中都有治疗疾病和保健作用，按摩这些穴位同样有较好治疗或保健作用。因此，将常用手、足部穴位也一并列入表中，以供需要进行按摩时选择。

一．常用耳部反应区、点的选择：在疾病时，选择按摩用的耳全息部位，可根据不同系统疾病时的耳部反应区点选用相关反应区或反应点，进行按摩。为方便自我按摩者使用，现按疾病类别进行整理归纳如表 5-2，以便于寻找相应的反应点或反应区。

表 5-2 各类疾病常用耳反应、区点

疾病类别	反应区、反应点
消化系统	交感、神门、胃、大肠、小肠、腹、肝、胆、胰、脾、盆腔、直肠下段
呼吸系统	交感、神门、平喘、支气管、气管、肺、胸、肾上腺、咽喉、枕
心血管疾病	交感、神门、心、肾、皮质下、降压沟、高血压、肾上腺
泌尿生殖系统	交感、神门、肾、膀胱、尿道、输尿管、内分泌、肾上腺、生殖器
神经精神疾病	神门、皮质下、心、胃、肾、枕、额、脑干、脑、太阳
妇产科疾病	内分泌、皮质下、肾、脑、子宫、神门、腹
皮肤科疾病	神门、内分泌、肺、枕、肝、肾上腺
耳疾病	神门、肾上腺、内耳、外耳、肾、枕
鼻疾病	内鼻、外鼻、肺、内分泌、额、肾上腺
咽喉疾病	咽喉、扁桃体、内分泌、神门、枕、轮 1-6、心、屏尖
眼疾病	眼、目 1、肝、肾、目 2
口腔疾病	口、舌、枕、面颊、颌、脾、胃、肾

二．常用手部反应区、点：手部反应区、点也是全息按摩时较为常用的。为便于在疾病时找所需的按摩部位，现按常见各系统疾病，列出相应反应部位，参见表 5-3。由于手部还有很多可用的经络穴位，在表中也予以列出以供选用。

表 5-3 各类疾病常用手全息反应、区点(含传统针灸穴位)

疾病类别	反应区、反应点及常用穴位
消化系统	腹腔神经丛、神门、胃、肠、小肠、止泻、肝、胆、胰、

	脾、肾穴、腹泻、通便、结肠区、食道、肛门、肛痔、呃逆点、前头点
呼吸系统	太渊、鱼际、少商、经渠、鼻、咳喘、支气管、气管、肺区、肺穴、胸椎、肾上腺、咽喉、阴池、喘点、鱼腹
心血管疾病	少府、少冲、神门、太渊、大陵、劳宫、中冲、心区、心穴、心悸、肾、降压、血压区、高血压、肾上腺
泌尿生殖	神门、肾区、肾穴、命门、生殖、子宫、前列腺、生殖腺、膀胱、尿道、输尿管、肾上腺、生殖器
神经精神	神门、少泽、少冲、前谷、后溪、合谷、劳宫、大陵、中冲、精神、心穴、心、胃、肾、头晕、额、脑垂体、头、头痛、前头痛、脑、额、小节
妇产科疾病	生殖腺、生殖、脑垂体、肾、脑、子宫、神门、腹、心悸、命门、前谷、少泽、少府
皮肤科疾病	神门、肺穴、心穴、肺、肾上腺、脾
耳疾病	神门、商阳、前谷、后溪、腕骨、液门、中渚、阳池、肾上腺、耳、内耳、肾、聋哑
鼻疾病	少商、二间、合谷、少泽、前谷、后溪、鼻、肺、额、肾上腺
咽喉疾病	咽喉、太渊、鱼际、少商、经渠、商阳、三间、二间、合谷、阳溪、少泽、前谷、大陵、液门、中渚、阳池、关冲、后头点、阴池、感冒
眼疾病	眼、二明、退热、商阳、三间、二间、合谷、阳溪、神门、少泽、后溪、腕骨、液门、中渚、阳池、关冲、养老
口腔疾病	口、牙痛、劳宫、颌、前头点、咽喉、感冒、肾穴、少商、中冲、少泽、阳谷、二间、合谷、上合谷、商阳、三间

三．常用足部反应区、点：为方便病员在进行自我按摩时能尽快寻找到相应的反应点或反应区以及针灸穴位，将常用足部全息各部位及针灸穴位列入表 5-4 中，以供需要进行按摩时选择。

表 5-4 各类疾病常用足反应、区点(含针灸穴位)

疾病类别	**反应区、反应点及常用穴位**
消化系统	胃区、足 5、足 11、癌根 1、癌根 2、癌根 3、胆区、脾区、脾、胰、十二指肠、胃点、横结肠、降结肠、升结肠、小肠区、小肠点、大腸点、肛门、直腸、腹腔神经丛、内庭、陷谷、解溪、隐白、大都、太白、公孙、商丘、束骨、涌泉、行间
呼吸系统	肺区、支气管、肺、咽喉、鼻、呼吸道、足 49、三焦、

	再生、足45、涌泉、太溪、大钟
心血管病	心、心区、降压、足17、足51、肝区、肾区、胆区、胸、太冲、行间、太溪
泌尿生殖	肾区、肾、输尿管、膀胱区、子宫、前列腺、尿道、阴道、骶椎、腰椎、生殖器、生殖腺、上身淋巴结、下身淋巴结、足44、通谷、然谷、大钟、大敦、行间、太冲、中封
神经精神	额、三叉神经、小脑、脑干、脑、骶椎、坐骨神经、心、颈椎、垂体、失眠、头、厉兑、冲阳、解溪、隐白、京骨、束骨、涌泉、大钟、照海、行间、仆参
妇产疾病	阴道、骶椎、腰椎、生殖器、生殖腺、乳腺、垂体、甲状腺、子宫、隐白、下腹、胸、通谷、然谷、太溪、水泉、照海、地五会、大敦、太冲
皮肤疾病	脾区、肾上腺、脾、肺、垂体、甲状腺、
鼻疾病	鼻、颔、三叉神经、足49、再生、膀胱区、厉兑、内庭、京骨、通谷、涌泉、至阴
耳疾病	耳区、耳、内耳、额、三叉神经、膀胱区、束骨、侠溪、窍阴
咽喉疾病	咽喉三叉神经扁桃体足8肝足45厉兑内庭涌泉大钟照海窍阴然谷太溪
眼疾病	目区、目、肝区、额、三叉神经、解溪、京骨、至阴、通谷、涌泉、水泉、丘墟、足临泣、地五会、窍阴、侠溪
口腔疾病	口、额、三叉神经、颔、肾区、胆区、足14、足45、厉兑、内庭、冲阳、太溪、大钟、侠溪
癌	癌根1、癌根2、癌根3、再生、截根(然谷下5分)

四．经络穴位的区域主治：穴位的区域主治是一个方便应用的方法，现对各部位的区域主治区点列表以供使用中参考。

表5—5 常用各部位疾病主治区、点

部位	躯体前	头面	上肢	躯体后	下肢
头	局部	项上部	腕和手背	背上部	足背-外踝
脑	局部头顶	百会-项部	内关，神门，劳宫	大椎周围	外侧，踝周围
项颈	局部	局部	腕和手背，内关	背上部	外踝
眼	眼周围	枕部	手背	足少阴腹部段	足小腿外侧
鼻	鼻及周围	头顶，枕项	手背内外	大椎周	内庭，厉兑

			侧	围	
耳	耳周围	耳-枕	手背三阳经脉	肾腧	足背外侧
咽喉	项颈	后头	腕和手背，内关	背上部	外踝
面頬	局部	医风，风池	手臂背侧，合穀	--	解溪，厉兑
口	周围	风池，天柱	手背阳明经	--	内庭，足内侧
牙	下关，頬车		腕手桡侧	--	足内侧
语言	廉泉	哑门，风池	腕腹区	肩井，肺腧	--
食道	天突-上腹	--	内关	膈腧	足三里
胃	上腹	--	内关，大陵	膈腧—三焦腧	足三里，足内侧
肝	上腹-肝区		腕骨，神门	肝腧，脾腧，至阳-命门	阳陵泉，小腿内侧
胆	上腹，关元	迎香，四白	腕内侧	肝腧，脾腧，至阳-命门	阳陵泉，足三里
胰脾	--	--	--	剑突下，脾腧，胸11	--
肠	局部	--	手阳明前臂上段	腰骶部	小腿前侧内侧
肛门	骶部	头顶、百会	二白		承山，承筋，束骨
心	局部，上腹	项上部	前臂下段—腕	心腧，大杼，肩井	足内缘，足三里
肺	局部，天突	风池	手太阴经穴	后背	丰隆
胸胁	局部，邻近	--	腕，掌，内关，阳谷，青灵，天泉	肝腧，膈腧，胆腧，带脉，魂门	足少阳(小腿足外侧)行间
乳腺	局部	--	少泽，前谷	膻中，膺窗	临泣，太溪，地五会
肾	--	--	--	下腹，肾腧，腰骶	小腿内侧

膀胱	--	--	--	下腹，肾腧，腰骶	小腿内侧
尿道	--	--	--	关元，中极，曲骨	足腿内侧
生殖	--	--	--	下腹腰骶	足腿内侧
盆腔	局部	--	--	下腹腰骶	足腿内侧
腰背	局部	水沟	--	肾腧，腰骶	腘窝

中编 健身部分

本编含第六章和第七章两章，适用于正常人及患有某些疾病的康复期间健身活动所用。通过自我按摩及自我按摩操，刺激经络穴位调节人体生理活动机能，使失调状态得改善，从而达到增强人体抵抗力及保健康复目的。

第六章 人体各部位的保健性自我按摩

人体是一个统一的整体，日常生活中常因受各种内外环境的影响，在自身调节功能失调时而发生疾病，自我按摩则通过对经络穴位刺激，调节人体生理活动机能，使失调状态得以改善从而达到保健康复目的。按摩者可根据自身情况灵活掌握，离退休人员时间较富裕，可根据身体状况和需要，适当多做一些，以延缓衰老。中年人工作忙可选择一些部位和穴位按摩，按摩时间可短一些。初练者按摩的穴位或反应区及重复次数应少一些，刺激力度宜轻，应有一个循序渐进的过程。按摩时间可安排在起床前后或晚上入睡前，进行较为系统的全身性或有针对性的局部按摩，重点部位可多作一些，非重点部位可少作或不做。现按人体主要解剖局部部位分别叙述如下。

第一节 头部的自我按摩

头部位于人体顶端,12 条经脉中的 6 条阳经和任、督二脉都在头部交汇。从现代医学看也是中枢神经系统最高端的大脑及人体特殊感受器官(视、听、嗅、味和平衡)所在部位，为自我按摩重要部位。按照局部器官分布，头部包括颅脑、眼、鼻、口、耳等 5 个部位。

(一)颅脑部位

颅脑是人体最高部位，富有血管、神经、淋巴管、毛囊、皮脂腺、汗腺的头部皮肤覆盖于脑颅骨之上。由额、顶、枕、颞等 8 块扁骨和不规则骨构成了颅腔容纳并保护着脑。颅脑的感觉神经分布主要为颈 2 和三叉神经，也呈现明显节段性分布。且与其深部的大脑皮层有关联，刺激局部皮肤对大脑皮层有一定影响。适于四十岁以上人群，以增强大脑功能延缓衰老。

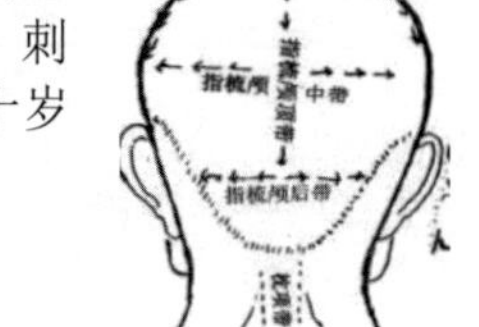

图 6-1 指梳颅三带

(1)指梳颅前带 (图 6-1)

姿势：坐式。

操作：双手 2-5 指稍屈曲，2、3 指按于发际内，4、5 指按于发际下前额部，两手分别以手指由头中线梳向两侧耳上方六十遍。

意义：颅前带深部为脑额叶和颞叶，涉及鼻、心、肺、气管、食道、胃、生殖系统、头面的感应区，同时涉及记忆、听觉及听觉语言中枢。常做除调节内脏外，有延缓智力、听力衰退作用。

(2)指梳颅顶带 (图 6-1)

姿势：坐式。

操作：双手 2-5 指稍屈曲，分别置于头顶中心两侧，由头顶部向双侧太阳穴方向梳理六十遍。

意义：此带深部为大脑中央前回、中央沟和中央后回，为脑皮层运动和感觉中枢，颞叶前部有听觉中枢，梳理此带对相应范围有一个定的保健作用。

(3)指梳颅后带(图 6-1)

姿势：坐式。

操作：双手 2-5 指稍屈曲，手指尖置于枕骨粗隆(头后部高骨)上，由中央向两侧梳至耳后各六十遍。

意义：此带深处有脑枕叶、小脑等，大脑枕叶皮层有视觉中枢。其保健范围为视觉、视觉语言及平衡区。

(4)梳头安神

姿势：坐式。

操作：双手指稍屈曲，从前额向后用手指尖梳至枕部六十遍。

意义：梳理足太阳膀胱经、督脉、及足少阳胆经经脉，按摩三经脉在头部穴位。对头、项、目、鼻疾病及神志病等有一定的治疗作用。

(二) 眼部自我按摩

眼是人感知外景的特殊视觉器官。眼感知外界的活动包括光线投射径路、神经传导、视觉中枢的综合作用及眼球调节作用。眼部神经有视、动眼、滑车、三叉、展及面神经等颅神经。景物光线穿过眼球透明的角膜层，过瞳孔并经晶状体聚焦后穿过玻璃体到达眼底部视网膜的视觉细胞，通过眼的内调节作用使光线作用能最佳满足视觉要求。除眼球自身调节外，还通过眼球的 6 条肌肉活动进行方位调节，使瞳孔对准所要观察的景物。这些调节都是由相关神经进行的，若调节失当则可引起近视、远视、视物模糊、视力疲劳等视力障碍，继而引发其它眼疾如青光眼等。

(1)穴位按摩 (图 6-2)

姿势：坐式。

操作：双手中指相继按揉印堂、攒竹、鱼腰、鱼上、丝竹空、太阳、瞳子髎、承泣、晴明。每穴顺时针方向揉三十圈，逆时针方向揉三十圈。

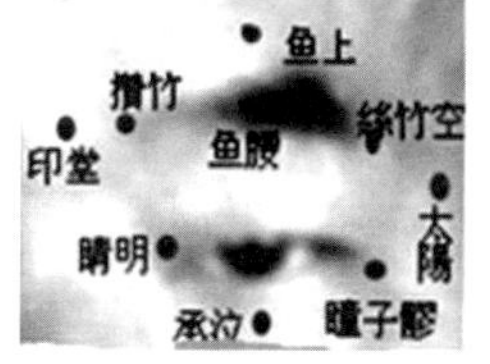

图 6-2 揉眼周穴

意义：此眼周围要穴，有和目、消除视力疲劳作用，其中印堂、太阳二穴尚有醒智、调血压、祛郁火、疏风止痛作用；睛明穴尚有疏导鼻泪管、泻火等作用。

(2)抹眉带 (图 6-3)

姿势：坐式。

操作：双手半握拳，以食指第二指节，自眉心沿眉向外至双耳轮处，各抹六十遍。

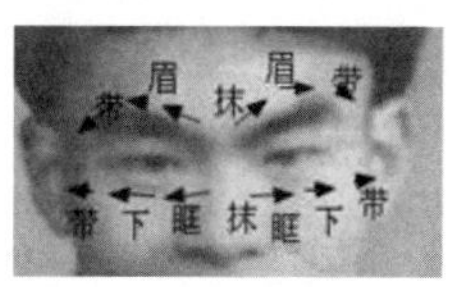

图 6-3 **抹眉带眶下带**

意义：疏调眼、额、颞等部经络，改善局部皮肤循环，兼具美容作用。

(3)抹眶下带 (图 6-3)

姿势：坐式。

操作：同抹眉带手法，自鼻两侧沿下眼眶向外至耳屏抹六十遍。

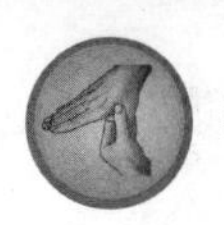

意义：和目，改善眼袋区微循环，起护目、美容作用，同时对上颌窦也有保健作用。

(4)眼球活动：闭目 2 分钟，睁眼后分别尽可能地向上、向下看各 3 次；同样尽可能向左、向右分别看三十遍；静观远景 3-5 分钟。调眼球活动缓解眼疲劳

(三)鼻部自我按摩

鼻位于面部正中部位，大体上分外鼻、鼻腔和鼻窦 3 部分。功能有嗅觉、呼吸及语言辅助作用。外鼻表面被覆皮肤为呼吸道起端，深部经咽与口腔相通。嗅觉感受器位于上鼻甲及相应的鼻中隔旁的粘膜内；鼻通过鼻泪管可将眼泪排入鼻腔。鼻中隔将鼻腔分成左右两腔。鼻腔的侧壁有上中下三个鼻甲，分隔出上中下三个鼻道。鼻有 4 组骨性鼻窦(上颌窦、额窦、蝶窦和筛窦)都开口于鼻，在发音时起着共鸣作用。在鼻咽部还有与内耳的鼓室相连的咽鼓管。鼻粘膜有丰富的毛细血管，使吸入的空气变得温暖湿润，而保护气管和肺，但血管也脆弱，易受外伤破裂而出血，也易受微生物感染。鼻的神经分布主要为三叉神经和部分面神经。鼻及鼻周皮肤分布有较多穴位。对穴位主治分析显示头部有三个面积较大的主治区。分别为：鼻区 1，位于鼻及其周围区域；鼻区 2，位于头顶前部；鼻区 3，位于枕项部。

1 按摩鼻区 1

姿势：坐式或卧式。

操作：中指按揉印堂、鼻根、鼻背、颧髎、迎香各穴，用中指叩打鼻尖(素髎)各六十遍。

意义：对鼻腔、鼻窦有保健作用，同时对邻近的眼、口腔也有一定保健作用。

2 三指抹鼻

姿势:坐式。

操作：单手中指按于印堂穴，食指和无名指分别按于两侧，向下经山根(鼻根部)鼻梁及两侧至鼻尖和两侧迎香穴止，分别抹六十遍。

意义：鼻区自印堂以下有三十余个涉及内脏的新穴，此术除有鼻保健作用外，尚有调节内脏功能意义。

3 指疏鼻区 2

姿势：坐式。

操作：双手 2-5 指并拢自额部向上用指尖梳至颅顶部六十遍。

意义：前额到颅顶为鼻和鼻窦的反应区，此法对鼻和鼻窦都有保健作用。

4 指梳鼻区 3

姿势：坐式。

操作：双手 2-5 指并拢自头后发际至枕部分别向两边梳六十遍。

意义：此处为鼻反应区并有风池、风府、天柱、哑门等多个穴位，对感冒、鼻炎有较好的防治效果。

5 捏鼻

姿势：随意。

操作：单手捏松相间地捏鼻翼六十遍(图 6-4)。

意义：鼻翼和鼻腔前端有很多穴位涉及呼吸、消化、泌尿生殖及血压调节等。此法对相应部位都有调节作用。

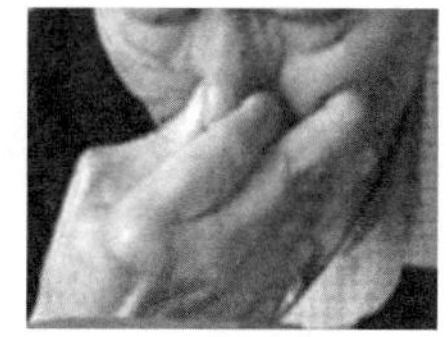

图 6-4 捏鼻

(四)口腔自我按摩

口腔为消化道的起端，由唇、颊、腭及底部围成并与外界相通，其后部形成咽与食管接续。牙弓将口腔分成口腔前庭和固有口腔两部分。牙弓包括牙槽突、牙龈和牙齿，牙齿将食物咬啐嚼烂，为食物消化的第一步。舌为位于口腔底部的肌性器官，兼有味觉感受、消化和言语功能。舌肌肌束在舌内呈不同方向交织状分布，使舌具有灵活活动的能力，一方面使口中食物与唾液搅拌混匀并将其推向食道吞咽入胃；另一方面灵活的舌和嘴唇一起成为说话必需的器官。分布于舌的颅神经有 5 对，其中舌下神经支配舌的肌肉组织，受大脑皮层运动性语言中枢控制；三叉神经负责舌一般感觉；面神经负责舌前 2/3 区域的味觉；舌咽神经和迷走神经主要负责舌后部及舌根的味觉和一般感觉。舌的多神经分布使其与大脑皮层有较多联系，在智障患者中往往有舌功能特别是语言功能的不同程度障碍。对舌活动训练在改善语言能力同时，智力也有一定程度提高。口腔表面除牙齿外均复有粘膜，分泌的粘液与口腔附属腺(腮腺、下颌下腺和舌下腺)的分泌液共同构成唾液，起到消化和湿润口腔功能。口腔粘膜较薄弱，易发生溃疡。

(1)穴位按摩

姿势：坐式。

操作：指按人中、颊车、下关、地仓、承浆、廉泉各按揉六十遍。

意义：健齿、通经、活络、生津、行气、消肿等作用。

(2)叩齿(咬牙)

姿势：随意。

操作：闭口，上下牙有节奏地叩齿或咬牙六十遍。

意义：健齿及牙槽骨，利于下颌关节。

(3)擦外齿龈圈

姿势：坐式或卧位。

操作：闭口，单手食指、中指按于上、下牙列齿龈部从面部一边擦向另一边各三十遍。若缺齿较多不必做，以免擦伤粘膜。

意义：健牙龈、护齿、健脑。

(4)推下颌骨

姿势：坐式。

操作：双手拇指按下颌骨内侧，用拇指腹沿下颌骨内侧自颏(下巴)推至下颌骨角六十遍。

意义：护口腔粘膜，减轻口腔粘膜溃疡痛感。

(5)舌抹内齿龈圈

姿势：同上。

操作：闭口，用舌尖顶牙龈内面，抹内面牙龈三十圈(缺牙较多者不做)。

意义：健牙龈、护齿、健脑。

(6)舌活动

姿势：随意。

操作：闭口，舌在口内上下、左右活动各三十遍，顺时针及逆时针绕口腔活动各三十遍。

意义：健脑、延缓脑衰老。

(五)耳部自我按摩

耳是人体的位、听觉器官。耳的解剖学结构包括外耳(耳廓、外耳道和鼓膜)、中耳(听小骨、咽鼓管)和内耳(耳蜗、前庭和半规管)。外耳的耳廓为以弹性软骨为支架的由皮肤包裹的片状器官，通过外耳口与外耳道相连，有收集声波作用。声波经外耳道传到鼓膜引起鼓膜震动，再通过与鼓膜相连的 3 个听小骨组成的骨链传入内耳。中耳有咽鼓管开口，直通鼻咽部起到平衡鼓膜两侧大气压作用。此外，颞骨乳突的气性小腔通过鼓窦开口于鼓室后壁，腔面均有粘膜覆盖并与鼓室粘膜延续。因此，咽喉炎症可通过咽鼓管波及中耳引起中耳炎，中耳炎又可通过鼓窦引起乳突和鼓窦炎。一旦发生中耳炎也易由此侵入颅内。内耳由颞骨岩部内的复杂管腔组成可分为骨迷路和膜迷路。膜迷路为套在骨迷路中的膜性管和囊，内充淋巴液，其中蜗管的基底膜螺旋器(Cort¡ 器)为听觉感受器；内耳前庭的椭园囊斑和球囊斑能感受静位置及直线变速刺激，3 个半规管内壶腹脊为位置觉器，可感受旋转变速刺激。位听感知冲动由第八对脑神经(位听神经)传入中枢。此外，耳及耳周神经分布还有迷走神经、三叉神经、面神经、舌咽神经及来自颈 2(耳大神经)、颈 3(枕小神经)与交感神经等多条神经。在耳廓形成较为密集的神经网及感觉神经末稍网。传统中医学认为“耳为宗脉之聚”，耳廓皮肤上形成了大量的与人体各部位有密切关系的反应点，成为耳针治疗的基础。

(1)穴位按摩

姿势：随意。

操作:双手分别按揉听宫、听会、耳门、风池等穴各六十遍。

意义：耳保健作用。

图 6-5 **擦耳根带**

(2)擦耳根带 (图 6-5)

姿势：随意。

操作：双手食指置耳后缘，中指置耳前缘，上下反复擦耳根前、后带各六十遍。

意义：耳根前后带有四十多个穴位，可疏通经络、健耳。

(3)耳区按摩 (图 6-6)

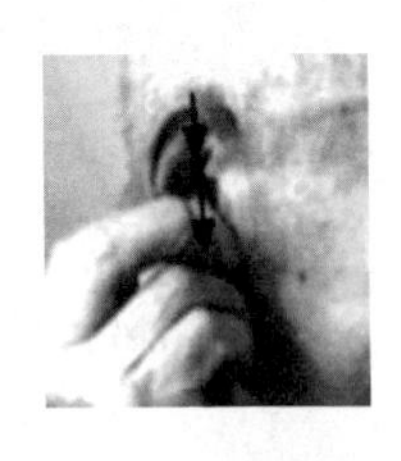

图 6-6 耳区按摩

姿势：随意。

操作：双手拇指垫于耳廓背部，食指自耳尖向下捻摩至耳垂各三十遍。

意义：健耳，调节躯体内脏功能，检查反应点。

第二节 颈和上肢的自我按摩

颈是头部与躯干连接部位，人体 14 条经脉中有 8 条通过颈部。上肢及上肢带在发生学及解剖学上与颈密切相关，如上肢神经主要来自颈神经(颈 5-8 及胸 1)的颈膨大节段脊神经。在临床上颈椎病变也易牵涉上肢。

(一) 颈部

颈部是头部与躯干连接区段，骨性的颈椎起着颈部支撑作用。颈椎为脊柱最顶端，有 7 块椎骨构成，椎骨之间由相邻关节面形成关节。各关节均借韧带结构加固并保持一定活动度，相邻椎骨间有椎间盘相连接。椎体的椎孔排列成为椎管容纳脊髓。脊髓呈明显节段性，每节段发出一对经椎间孔而出的脊神经。当脊椎发生增生病变时，常易导致椎间孔狭窄而压迫神经。在横突的根部有横突孔，为进入颅脑提供血流的椎动脉、椎静脉及神经的通路。椎动脉与颈内动脉一道共同供应脑的动脉血流，其中椎动脉供应脑干、小脑及大脑的后 1/3，颈内动脉供应大脑的前 2/3 区域。无论是椎动脉狭窄或颈内动脉硬化都会影响脑功能。颈前部有咽、喉、气管、食管和甲状腺及颈内静脉、颈总动脉和迷走神经。颈部皮肤皮下组织较薄，是人体易受伤害的敏感区。颈部神经支配主要为颈 1 至颈 4。比较特殊的是膈神经,由颈 3-颈 5 组成，自颈部下行到膈支配膈肌运动，其

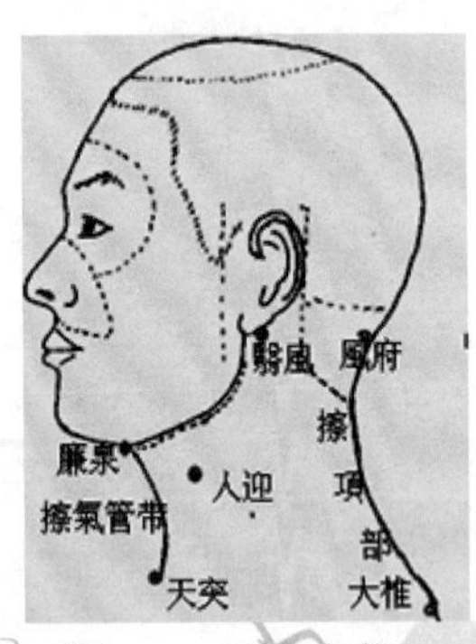

图 6—7 颈部穴位

感觉纤维还分布到胸膜、心包、胆道和部分腹膜。胆囊疾病可通过膈神经在右颈下部出现反应区。此外，颈后项部穴位与鼻、咽、喉、耳的治疗有较密切关系，颈部保健涉及到鼻咽健康。

(1)穴位按摩 (图 6--7)

姿势：坐式。

操作：双手中指或食指揉风府、翳风、人迎、廉泉、天突、大椎各六十遍。

意义：对咽、喉、气管有保健作用，预防感冒，缓解颈部肌肉紧张。

(2)擦气管带 (图 6-8)

姿势：坐式。

操作：单手中指置于气管前，自喉结到胸壳上下相间擦六十遍。

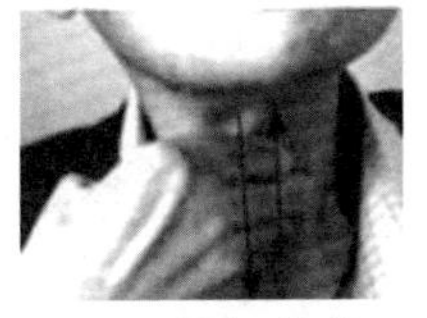

图 6-8 擦气管带

意义：对气管、喉起保健作用。

(3)擦项部

姿势：坐式。

操作：单手中指、无名指并拢自枕部到第七颈椎上下擦六十遍。

意义：缓解项部肌紧张，对鼻、喉、咽有保健作用，防感冒。

(4)转头活动 (图 6--9)

姿势：坐式。

操作：缓缓由左向右，再由右向左来回转头，各三十遍(若颈部活动受限或疼痛者，活动控制在无不适的范围内)。

图 6—9 **转头活动**

意义：活动颈部关节，舒松颈肌，疏通经络。

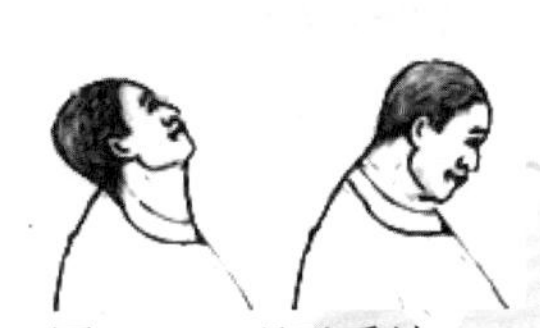

图 6—10 观天看地

(5)观天看地 (图 6—10 侧面观)

姿势：坐式。

操作：正坐位，双手扶膝缓缓作抬头望天，再缓缓低头眼看足部反复三十遍。

意义：同上。

(二)上肢及上肢带

上肢及上肢带的脊神经同样为颈 5-胸 1 所组成的臂丛神经，其中上肢主要为含颈 5-胸 1 的正中神经和同样节段的桡神经。支配肩胛的神经节段主要为颈 5-和颈 6 的脊神经节段。上肢 6 条经脉除心经起于腋窝外都经过上肢带。这一区域的各穴位，除有治疗所在部位的局部及邻近疾病外，多有治疗胸及以上部位的远程治疗作用。因此，上肢保健在一定程度上除对局部的保健外，往往涉及到胸背及以上各部位，特别是头面部的保健作用。近四十多年来，手部发现很多新穴位，其治疗作用涉及全身各部位，特别是与内脏关系密切。手的针灸按摩由于操作方便更为人们注意。

(1)穴位按摩

姿势：坐式。

操作：拇指或中指按揉对侧上肢合谷、商阳、曲池、肩髃等穴位各六十遍。

意义：上肢、肩、头面、项部保健

(2)擦手三阳经 (图 6-11)

姿势：同上。

操作：对侧手 2-5 指并拢稍屈置于手臂背侧，从肩部到手背，往返擦手三阳经脉六十遍。

意义：疏通手三阳经脉，有头面、肩颈保健和抗感冒作用。

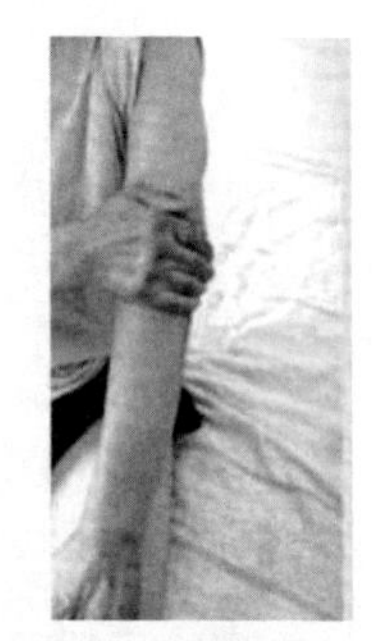

图 6-11 **擦手三阳**

(3)擦手三阴经

姿势：站立或坐式。

操作：对侧手 2-5 并拢稍屈置于手臂腹面，同上法沿手三阴经(手臂腹面)擦六十遍。

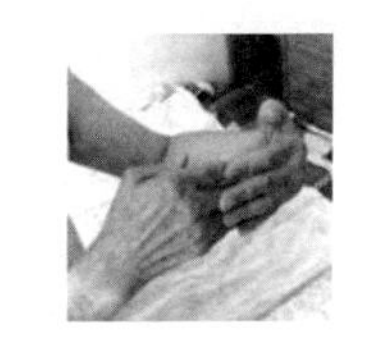

意义：调节心肺，疏通手三阴经脉。

(4)掌擦手背 (图 6-12)

姿势：随意。

图 6-12 掌擦手背

操作：以一手手掌紧贴对侧手背相互擦六十遍，擦完后同法擦另一手。

意义：手掌和手背有百余穴位，此法可同时刺激手部众多部位而起到调节内脏功能。

(5)肩部主动活动

姿势：坐式或站立。

操作：经常作肩部不同方位(前、后、上举、抬肩等)活动，各三十遍。

意义：活动肩部关节，以舒经活络利关节。

(6)肘、腕屈曲和伸展

姿势：随意。

操作：分别作腕关节和肘关节屈曲和伸展活动各六十遍。

意义：局部活动对手腕和肘关节有舒筋骨、利关节作用。

第三节 胸背部的自我按摩

胸背部由脊柱 12 个胸椎和 12 对肋骨及胸骨围绕成胸腔。其下口由膈膜封闭与腹腔为邻,在胸骨到脊柱之间为纵膈，将胸腔分为左右两侧，分别包含左肺和右肺。纵膈有气管、支气管、心包、心脏、食管、主动脉等重要器官。在成年女性胸部有乳房，与妊娠和哺乳有密切关系。

(一)心脏

心脏位于胸腔的纵膈，外包有心包膜，位置偏向左侧。处于胸骨体连接左第 2-6 肋骨区的后方，心后为第 5-8 胸椎。心脏为自主活动的肌性空腔脏器，是人体血液循环的原动力。血液经动脉系统输送到全身各处以供应其所需的氧和营养。心脏本身血液由冠状血管供应。活体心脏进行自主有节律收缩舒张，使血液进行不间断循环。心脏的活动还受交感神经和付交感神经调节，交感神经使心跳加速，心房、心室收缩力增加，同时扩张冠状动脉使心肌供血增多；付交感神经作用与交感神经相反，正常情况下相互作用达到动态平衡。心脏的感觉也与这两种神经有关，由交感神经同行的感觉纤维将其传至脊髓胸段的胸 1—胸 4、5 的灰质神经元中；而与付交感同行的感觉传入纤维则经迷走神经内脏支传到位于延髓的迷走神经背核和网状结构。但感觉冲动最后都经丘脑传到大脑皮质。保健涉及心肌心节律和冠状动脉等，尤其是冠状动脉疾病更值得关注。

(1)按摩心胸 (图 6-13)

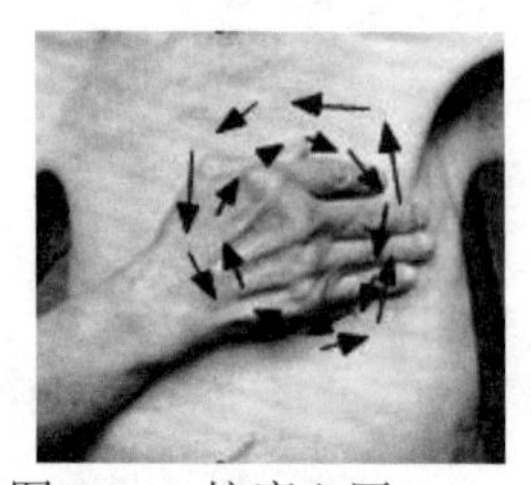

姿势:坐式或仰卧位。

操作：擦胸骨区，擦左肋；右手指按揉膻中、左天池、左云门、左大包、左乳根、左极泉穴各六十遍。

意义：心脏偏左胸，心脏反应区在左胸，按反应区及邻近穴位，以调心气而活血养心。

图 6—13 按摩心区

(2)擦心反应区

姿势：仰卧。

操作：右手 2-4 指并拢，在左胸前擦心反应区六十圈；同时擦左肋部六十遍。

意义：左侧颈 8—胸 5 脊髓节段脊神经分布区为心脏反应区，擦反应区有调节心脏功能作用。

(3)拿上臂心反应区 (图 6-14)

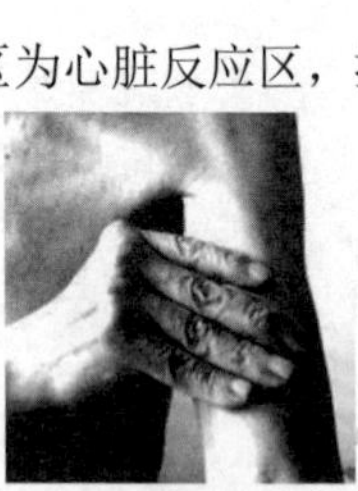

姿势：仰卧位。

操作：右手中指食指和拇指相对，拿左上臂内侧肌群六十遍。

图 6—14 拿心反应区

意义：左上臂内侧亦为心脏反应区，对心脏有调节作用。

(4)心前区按摩(同图 6-13)

姿势：仰卧位。

操作：右手掌按心前区各作顺时针及逆时针按摩各三十圈。

意义：心前区按摩有调节心脏功能作用。

注意：严重冠心病及已做心脏介入治疗者(放支架、起搏器等)暂不做心区及心反应区按摩。

(二)肺部

肺为呼吸系统进行气体交换的重要器官，位于胸腔，左右各一。肺与支气管相连续，支气管入肺后分为肺段支气管，经过分支为终末细支气管、肺泡管及肺泡。肺泡开口于肺泡管，为肺的功能单位，起气体交换作用，人体两肺约有 3 亿肺泡。肺泡壁为很薄富有弹性并有丰富毛细血管的膜性结构，故具有很大气体交换面积。肺的血管有两类，一类为来自右心室肺动脉的血管，以毛细血管分布于肺泡进行气体交换，放出 CO_2 吸收新鲜 O_2，再汇集成肺静脉，起气体交换作用。另一类是肺的营养血管，为支气管动脉和支气管静脉，不参与气体交换。肺神经主要为迷走神经和交感神经分支，在肺门处形成肺神经丛，随支气管和血管分支入肺，分布于支气管树和血管，对支气管和血管起着重要的调节作用。迷走神经兴奋使支气管平滑肌收缩，腺体分泌，而交感神经则相反使支气管扩张，血管收缩。肺和支气管的交感神经来自脊髓胸段 2-7 节侧角；迷走神经源于迷走背核。

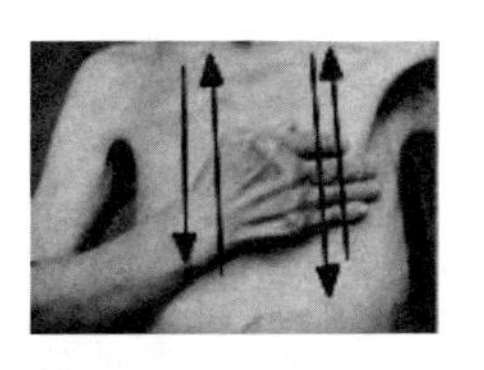

图 6—15 肺部按摩

1)穴位按摩

操作：对侧手 2-4 指按揉：中府、云门、期门；单手中指腹按揉乳根、大包各六十遍。换手再按揉另一侧。

意义：调肺气，通乳，左侧还有健心脏，右侧还有舒肝胆作用。

(2)擦胁 (图 6-16)

姿势：同上。

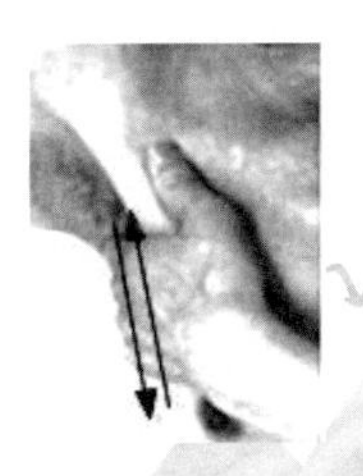

图 6—16 擦胁

操作：单手 2-4 指并拢，擦对侧胁部六十遍。

意义：理肺气。此外，左侧有健心，右侧有舒肝作用。

(3)推胸骨带 (图 6--17)

姿势：仰卧位。

操作：右手或左手 2-4 指并拢由胸骨上部向下推至剑突六十遍。已做心脏介入治疗者(放支架、起搏器等)暂不做。

意义：理气、宽胸、健心。

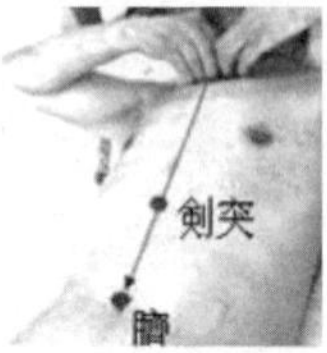

图 6—17 推胸骨带

(4)擦肺区

姿势:坐式或卧位。

操作：以单手掌在对侧胸前从锁骨部位至肋弓缘各擦三十遍。

意义：宽胸理气健肺。此外，按摩左侧还有健心作用，按摩右侧还有舒肝理气作用。

(三)乳房

乳房又称乳腺，为哺乳动物所特有。人类乳房不同于动物，仅保留胸部一对，其余已退化。女性自青春期开始乳房逐渐发育，在妊娠和哺乳期间，乳房处于发育完全阶段，授乳期结束又逐渐萎缩直至下次妊娠开始，更年期以后则发生不可逆转的退化。乳房位于胸大肌表面约第 3 至第 6 肋间。乳头位居乳房中心，一般平第 4 或第 5 肋间，为乳汁泌出处。乳房含有被脂肪组织分割的约 15-20 个囊状乳房小叶，每个小叶都有一个输乳管通向乳头，乳腺结构以乳头为中心呈放射状排列。乳腺神经分布主要为第 2 至第 6 肋间神经及交感神经，除感觉外还有调节乳汁分泌作用。乳腺囊泡随月经周期变化，当性激素水平上升时增加，在两次月经周期之间则减少。乳腺有丰富血液供应，同时也有丰富淋巴网，约 75%淋巴液注入腋淋巴结。乳腺炎、乳腺癌时常引发腋窝淋巴结肿大。

(1)穴位按摩

姿势：坐式或仰卧位。

操作：双手中指按揉乳根、膺窗、膻中、库房、中府各六十遍。

意义：补气、调气、通络。

(2) 乳房按摩 (图 6-18)

姿势：同上

图 6-18 **乳房按摩**

操作：以对侧手先在乳房周围作轻揉按摩，各三十遍；再以一手托乳房另一手在乳房周围，由外向乳头方向按摩，反复各三十遍。

意义：促乳房血液循环，疏通乳腺管，通乳。每次授乳结束后按摩，有防乳头内污染作用，以双手由乳房四周向乳头方向挤出少许乳汁，可防止婴儿哺乳时口腔杂菌通过乳头输乳孔污染残留乳汁。

第四节 腹和盆腔部的自我按摩

腹和盆腔是脏腑集中之处，按系统分有消化系统(胃、肠、肝、胆、胰)、泌尿系统、生殖系统三大系统，现按系统分别叙述。

(一)消化系统

消化系统包括消化管和消化腺器官。位于腹部消化管有胃、小肠、大肠、直肠、肛门，消化腺器官有肝、胆、胰腺。胃是消化管最膨大处，其功能是容纳由食管输送来的食物，并分泌酸性胃液，再经胃蠕动调和食物与消化液以消化食物。胃位于左季肋后及左上腹，其大小形状随充盈程度变化很大。其支配神经为脊髓胸 6-11 节交感神经和来自迷走背核的副交感神经，交感神经抑制胃蠕动，副交感神经则加强胃蠕动。胃蠕动将初步消化的食物流体经幽门送入十二指肠。在此处，来自胆总管的胆汁和来自胰腺的胰液及肠道本身分泌的小肠液相混合，使食物流体由酸性被中和成弱碱性，并被消化成食糜。其中的营养成份被小肠壁绒毛吸收，经门静脉入肝脏进行加工、贮存或转运，

为全身各部位提供营养。肝主要位于右季肋后部，其下面有胆囊。肝细胞分泌胆汁贮存于胆囊，经总胆管排入十二指肠，肝脏有物质代谢、解毒、排泄等重要作用。在小肠末端，被吸取营养后的残渣进入大肠，经水分吸收后成为粪便，由肛门排出。小肠的支配神经有交感和副交感神经。交感神经起自脊髓胸 6-11 节，起抑制肠蠕动作用，副交感神经为来自迷走背核的迷走神经，有加强蠕动并增加消化液分泌作用。结肠起自与小肠连接的盲肠，有肠管相连的阑尾，其位置位于右髂窝，易发生急慢性炎症(阑尾炎)。盲肠上行为升结肠，到肝下方转向左前下方为横结肠。到左季肋后脾区，下转向下行称降结肠，到达髂脊处成为乙状弯曲称乙状结肠，约在第 3 骶椎处接直肠。直肠位于盆腔，末端为肛门，其前方男性为膀胱、前列腺和精囊腺，女性为子宫、阴道。大肠神经支配有交感和副交感神经，其来源不同部位有所差别。在盲肠到横结肠部位，交感神经源于脊髓胸 1--12 段，副交感神经来自迷走神经背核；由降结肠-肛门，交感神经来自脊髓腰 1--2 节段，有抑制蠕动，收缩直肠及肛门括约肌作用，副交感神经来自脊髓骶 2--4 节段，有加强蠕动，抑制直肠和肛门括约肌作用。此外，胰腺除分泌消化液(胰液)外，还有胰岛细胞分泌胰岛素，为对血糖利用的内分泌激素。胰腺位于胃后方约在腰 1-腰 2 椎平面。胰和肝、胆同样有交感神经和副交感神经支配，三者交感神经源于脊髓胸腰节段，负责抑制腺体分泌，副交感神经源自迷走神经背核，起促进腺体分泌作用。

(1)穴位按摩

姿势：仰卧位。

操作：中指按揉：巨阙、中脘、章门、大横、腹泻(脐下 5 分)、肋弓中(肋弓中点下缘)、关元及长强(侧卧，尾骨端下凹陷中)各六十遍。

意义：局部和邻近取穴，对肝、胆、胃、胰、肠、肛门有调节作用。

(2)斜摩腹壁 (图 6-19)

姿势：仰卧位。

操作：右手掌按左上腹斜向右下方按摩腹壁，经脐到右下腹，转向上斜向左上腹，六十遍。

图 6—19 斜摩腹壁

意义：促进胃肠蠕动，调理胃肠功能，对缓解便秘有较好作用，腹泻者不作。

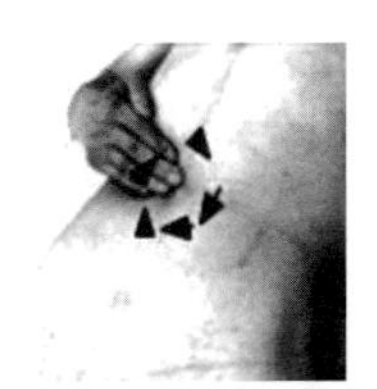

图 6—20 按摩脐周

(3)按摩脐周（图 6-20)

姿势：仰卧位或坐式。

操作：单手按于脐周围，以每秒 2 次节奏顺时针及逆时针方向分别按摩脐周围各六十遍。

意义：有调理胃肠功能作用。

(二)泌尿系统

在腹部，泌尿系统主要包括肾、输尿管和膀胱。肾脏分别位于腹腔后上部的脊柱两旁。左肾位置略高，在第十一胸椎下缘到第二腰椎下缘；右肾在第十二胸椎到第三腰椎。肾脏为实质性脏器，主要功能为生尿，以排泄体内代谢产生的有害成份，同时有调节人体水、电解质、渗透压和酸碱平衡，起着维持人体内环境稳定的重要作用。此外，还能分泌如促红细胞生成素、肾素等激素样物质。肾脏生尿的基本单元为由肾小体和相连肾小管组成的肾单位。肾小体由肾小囊及其包围的毛细血管球(肾小球)组成，人体约有两百万个肾单位。肾小球滤出液的 99%被重吸收，剩余 1%成为尿液。尿液汇集于肾盂，后经输尿管排入膀胱，膀胱充盈后经尿道排出体外。泌尿系统的神经分布有交感和副交感神经两类。交感神经均来源于脊髓胸 11-腰 2，其功能使肾血管收缩，抑制输尿管运动，松弛膀胱壁肌肉；肾脏的副交感神经来自迷走神经背核，有舒张血管及收缩肾盂作用，但输尿管及膀胱为脊髓骶 2-骶 4，其功能是加强输尿管运动，收缩膀胱壁肌肉，使尿道内口松弛而排尿。当尿液含钙过高又排出不畅时，易在肾盂、输尿管、膀胱等处析出形成结石。肾功能受损时血液大分子如蛋白质，甚至红血球也可能进入尿液。

(1)穴位按摩

姿势：侧卧、仰卧。

操作：侧卧，取腰灵(阳关穴旁 1 寸)，仰卧取中极、关元、章门、带脉、维道等穴位各按揉六十遍。

意义：对泌尿生殖有较好的调理作用。

(2)按肾区

姿势：侧卧位。

操作，双手握拳，以第 2 指掌关节处按于脊椎与肋后夹角处，以每秒 2 次按和松开的节奏按六十遍。

意义：补肾壮阳，促进肾、输尿管内尿液转输。

(3)按揉髂脊内：

姿势：仰卧位。

操作：同侧拇指或中指，按于髂前上脊内侧，按揉六十遍。

意义：上述二手法对肾、输尿管、膀胱以及生殖和消化都有一定保健作用。

(三)生殖系统

生殖系统主要位于下腹部盆腔内，分内生殖器和外生殖器，男女差别较大。内生殖器属于脏器，其机能改变会影响生育。男性内生殖器大部分在体腔外，有生精及贮存器官和附属腺体。其中睾丸为产生精子器官位于阴囊内；附睾丸、输精管和射精管为精液输送管道；精囊腺、前列腺、尿道球腺为附属腺，分泌物与精子共同构成精液，起营养与保护精子作用。女性内生殖器基本上位于盆腔内。卵巢为成对实质性器官，童年无功能，青春发育期迅速成熟。成熟后的卵巢大约每 28 天有一个卵泡成熟，并以破溃方式将成熟卵细胞排入腹膜腔，后为邻近的输卵管伞捕获并传输到子宫腔内。在此过程中，若遇到精子则受精成受精卵，在子宫内孕育成一个新生命。输卵管漏斗向内为输卵管膨大处，卵细胞可在此受精，若受精后停留在此则会导致宫外孕。子宫是女性生殖器中主要部位，也是胎儿发育部位，为肌性空腔器官，大小、外形结构随胎儿发育而变化。宫腔内膜受卵巢卵细胞成熟期的激素变化而呈周期变化。卵巢还分泌雌激素和孕激素，其动态变化与女性月经有关。生殖系统的内脏神经支配有交感和副交感神经两类。交感神经男性生殖系统为胸 11-腰 3，女性为胸 12-腰 2，副交感神经均来自脊髓骶 2 至骶 4，大致和直肠肛门相似。因此，生殖系统反应区与直肠肛门有一定相似，也与下肢有关联。

(1)穴位按摩

姿势：仰卧位。

操作：取髂脊内、中极、关元、维道、急脉、气穴等穴，中指按揉各六十遍。

意义：补益元气，摄精固肾，清下焦，调冲任脉。

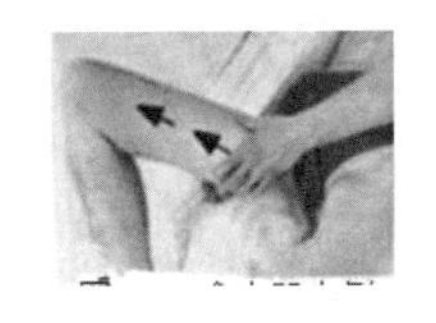

(2)拿大腿内侧 (图 6-21)

姿势：仰卧位。

图 6—21 拿大腿内侧

操作：将右腿屈曲立于床面，以左手拇指与中、食指为钳状，自阴部大腿根拿至膝上内侧共三十遍；互换位置后作对侧。

意义：此处为生殖与泌尿反应区，捏拿通过神经反应起安抚保健作用。

(3)推腹中带 (图 6-22)

姿势：仰卧位。

操作：双手 2-4 指并拢，以指甲背按于腹中线两侧，由剑突下推至耻骨联合六十遍。

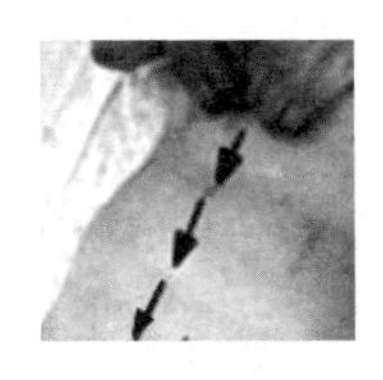

图 6—22 推腹中带

意义：此带为 T8-T12 胸神经皮支出露带，推此带对生殖、泌尿、消化均有调节作用，尤其是脐以下段对生殖效果较好。但已孕妇女不宜作，以免动胎气。

(4)擦八髎(图 6-23)

姿势：站立位。

操作：双手擦骶部八髎穴六十遍。

意义：八髎穴为骶神经出入处，对泌尿、生殖、直肠、肛门均有保健作用。

注意：已孕妇女不作生殖系统自我按摩！

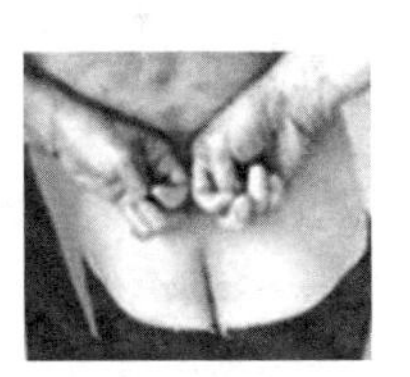

图 6—23 擦八髎

第五节 腰、骶、骨盆与下肢的自我按摩

(一)腰、骶、骨盆

腰骶为脊柱的下段部分。人类腰椎有 5 个椎骨，骶骨虽有 5 个但已相互融合成一个三角形的骶骨，成为脊柱中最坚固的骨块，与下肢带髋骨一道组成骨盆容纳盆腔脏器。骶骨三角的尖端为由 4 块退化尾椎骨融合成的尾骨，成小三角形与骶骨以关节相连，尖端为脊柱最低点邻近肛门。腰椎骨相互间形成关节，并由韧带加强。腰部为脊柱活动度最大的一段，使人体可作前屈、侧弯及旋腰活动。用力过猛等可引起腰椎间盘位置改变，导致腰椎间盘突出而压迫脊神经。老年人腰椎骨可以发生退行性变化而发生骨质增生而影响腰活动，甚而压迫脊神经引起神经压迫症状。腰骶尾脊神经分别组成腰丛、骶丛和尾丛，支配相应区域。其中腰丛由 1-3 腰神经前支及部分胸 12 及部分腰 4 神经组成，发至腰、下腹、腹股沟、阴部等。腰 4 以下腰和骶神经组成骶丛，支配区主要为髋、盆部、臀、阴部及下肢，其中坐骨神经为全身最粗神经。尾丛为骶 5 的一部分和尾神经组成，支配尾骨肌及尾骨背面皮肤，为最小的脊神经丛。

(1)穴位按摩

姿势：站立或侧卧。

操作：单手或双手中指按揉肾俞、命门、长强、五枢、曲骨等穴各六十遍。

意义：补肾壮阳，强腰脊、通任督二脉，有调泌尿生殖系统的功能。

(2)擦腰骶 (图 6-24)

姿势：站立。

操作：双手半握拳，由腰上部沿脊柱两侧擦至尾骨处六十遍。

图 6—24 擦腰骶

意义：按摩脊神经后支，疏调足太阳膀胱经。

(3)腰活动

姿势：站立。

操作：两手插腰，分别作左、右侧弯、前弯，顺时针旋腰及逆时针旋腰各六十遍，腰活动宜慢不宜快。

意义：舒筋、活络、利腰骨节。

(4)耙腰骶 (图 6-25)

姿势：站立。

操作：用挠痒耙(老人乐)，在腰椎、骶椎及两侧上下反复耙三十遍。

意义：脊椎部位为脊髓连接外周脊神经区域，同时是脊神经发出的脊神经后支分布区。

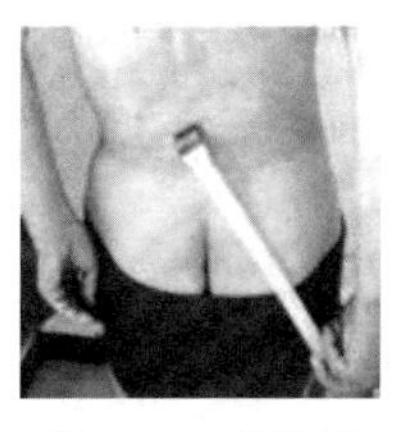

图 6—25 耙腰骶

腰和骶部脊神经涉及泌尿、生殖等多方面病证，耙腰骶对泌尿、生殖等多方面病证的治疗有作用。与现代解剖学的神经分布相应。

(二)下肢同上肢一样，人胚早期无下肢，仅在人胚第一个月末才出现肢芽。以后逐渐发育为下肢及下肢带(骨盆)。下肢及下肢带承受全身重量，骨骼较其它部位粗壮，关节囊坚韧且坚厚，韧带多且紧张，肌肉发达。与上肢带相比骨盆比肩胛骨、锁骨更坚强，髋关节囊比肩关节囊更坚厚紧张，关节臼大于关节头，使股骨头深陷于臼窝中，其活动范围不及肩关节，但更坚固而利于承重。足与手相比，足趾短而足跖长且坚韧成弓形而有弹性，足趾的灵活性差但适于持重和行走。下肢特殊持重与行走功能也反应到脊髓上，支配下肢和骨盆区域的脊髓段相应变粗，被称为腰膨大，大致包括腰 1 至骶 2、3，下肢及骨盆支配神经大体在此范围。无下肢的动物如蛇则不存在腰膨大。表明下肢和骨盆在发生上是同源的。下肢有 6 条经脉，穴位分布密度较大尤其是膝以下部位。下肢穴位除局部作用外，多有远程作用，除对上肢疾病作用不多外，对头、躯干、内脏都有一定作用，是针灸、按摩等治疗方法中常用部位。下肢和骨盆保健除涉及到局部作用外，对全身保健也有重要意义。

(1)穴位按摩

姿势：坐式、仰卧位。

操作：以中指或拇指按揉：革命(腹股沟中)、血海、足三里、阳陵泉、三阴交、涌泉、解溪等各六十遍。

意义：通经活络，调理脏腑。腹股沟中点深处为髋关节，按揉有利关节作用。

(2)擦臀-坐骨（图 6-26）

姿势：坐式、站立。

操作：同侧手自骼翼后上缘-至坐骨往返擦六十遍。

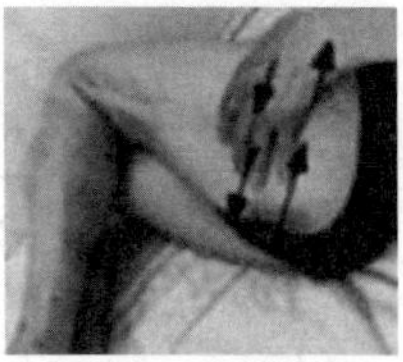

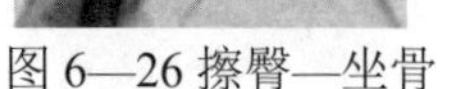

图 6—26 擦臀—坐骨

意义：刺激臀部肌肉，促进骨盆后壁循环，以健骨盆。

(3)拿髋膝带

姿势：侧卧。

操作：同侧手自髋部向膝外侧拿捏三十遍。

意义：刺激大腿外侧肌肉、股骨骨膜，有舒筋活络强骨作用。

(4)拿大腿内侧(见生殖系统，略)

(5)足腿擦（图 6-27）

图 6—27 足腿擦

姿势：仰卧位。

操作：先以右足足根紧贴在左膝部，左足稍内旋，以右足根沿左小腿前方缓缓推到足背处，足根横擦足背部，再将左足稍外翻，然后以右足跟紧贴左足内侧往膝方向抽擦左小腿内侧计六十遍。交换位置后用同样方法，以左足对右腿施术六十遍。

意义：小腿前部为足阳明胃经，从膝部向下行；小腿内侧有足 3 条阴经，从足部向上行，足腿擦有同时疏通 4 条经脉作用。足底含有全身脏腑反应区，对足底摩擦有调理全身脏腑作用。此外，还活动髋、膝、足部关节起到利关节作用。下肢静脉曲张患者不作，以防静脉栓子脱落。

(6)膝腓擦（图 6-28）

姿势：仰卧。

图 6--28 膝腓擦

操作：先屈左膝，将右腿腘窝部搁于左膝，来回抽动右腿使右腿肚部腓肠肌在膝盖上来回擦动六十遍；交换位置后再以右膝擦与左腓肠肌相擦六十遍。

意义：小腿腓肠肌部有足太阳膀胱经通过，借助于小腿本身重力用膝盖疏通此经脉。“人老脚先老”，老人往往呈现腓肠肌困乏。此法促进腓肠肌血液循环，有腿困乏者可较快消除症状，为腿保健要法，但下肢静脉曲张者不作。

(7)踝关节活动

姿势：仰卧。

操作：双足并拢，首先双足同时向左右摆动三十遍，再作前后摆动三十遍，随后作逆时针及顺时针旋转各三十遍。

意义：足踝部有 6 条经脉及足部筋腱、韧带，此法有调经脉、筋腱与韧带而强筋、健骨、通经络作用。

第七章 简易自我按摩健身操系列

第一节 系统自我按摩健身操

本法不以单个穴位为对象，而将相关穴位与躯体内脏反应区带相结合，对一定部位进行按摩，从而压缩操作程序，缩短操作时间，以利上班族自我保健。初练者同样应循序渐进，每个程序可从重复5遍开始，适应后达三十遍或更多，一般不超过六十遍。可在清晨起床前开始做，或晚上入睡前做。若入睡前做可先做坐姿再做卧姿，现按清晨起床前开始叙述。

(一)卧姿

1．头面、颈 (图 7-1)

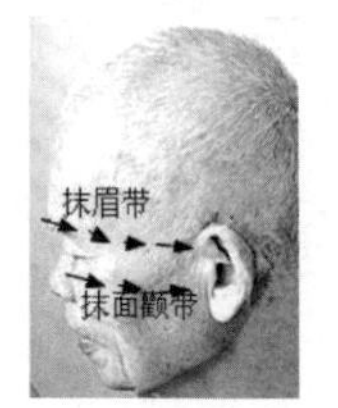

图 7-1 擦头面

(1)抹眉带：双手半握拳，以食指第二节：骨侧面，自眉心抹向两侧直至耳部六十遍。

(2)抹面颧：双手中指指腹，从鼻梁中段向外，缓缓抹动直至耳屏部六十遍。

(3)擦齿龈：咬牙，以食指、中指指腹分别置于上下齿龈带，由一侧向对侧擦动牙龈三十遍。有固齿作用，无牙或已脱落较多者可不做。

(4)舌抹内龈：咬牙，以舌尖在牙龈舌面分别作顺时针和逆时针方向各抹牙龈六十遍。有固齿、健脑作用。

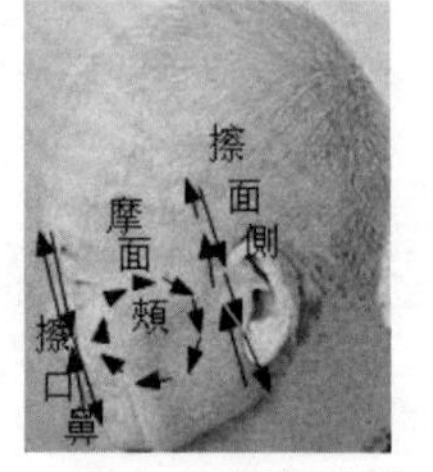

图 7-2 面部按摩

(5)擦口鼻 (图 7-2)：双手中指自眉毛内侧，向下顺鼻两侧直至下颏，上下擦六十遍。有健眼、鼻、口作用。

(6)摩面颊：分别用对侧手 4 指以顺时针和逆时针方向各按摩面颊三十遍，有美容作用。

(7)擦面侧：两手 4 指自颞部向下经耳前到下颌角往返擦六十遍，有降压、健耳、美容等作用。

(8) **擦气管带**：单手食中指并拢在气管前方上下擦动六十遍，有通肺气、利咽喉作用。

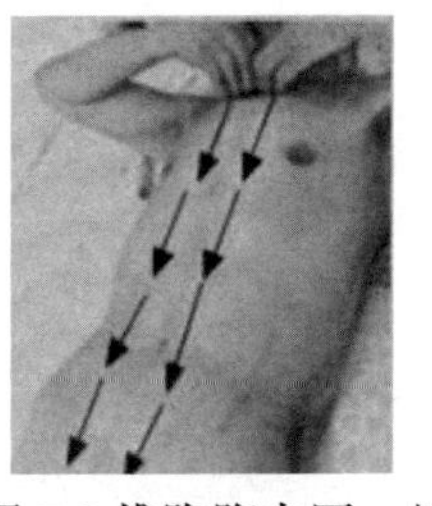

图 7-3 **推胸腹中区**

2．胸腹腰

(1)推胸腹中区（图 7-3）：双手合并以 2-5 指指腹，由胸骨上部缓缓下推至耻骨联合六十遍。有调胸腹脏器，安心、舒肺、助消化及泌尿生殖等保健作用。

(2) **摩乳腺**：以对侧手先在乳房周围作轻揉按摩三十遍；再以一手托乳房另一手在乳房周围向乳头方向按摩，反复三十遍。有健乳房、安心、顺肺气作用（若有乳腺增生硬块，可有疏通散结作用，若怀疑乳腺癌则不作此术）。

(3)擦胁腹：单手全掌指，在对侧胸、腋至髂翼上下擦六十遍，有对心、肺、肝、脾、肾、结肠等保健作用。

(4) **摩腹壁**：双手由下胸部向下外方，摩腹壁各六十遍，有健脾胃、助消化作用。

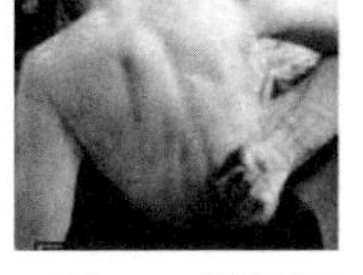

图 7-4 揉肾区

(5) **揉肾区**（图 7-4）：侧卧，单手握拳以拳背按揉脊柱与肋下凹陷区，三十遍，有健肾作用。

(6)拿臀大肌：侧身，单手拿臀部肌肉六十遍,对骨盆及臀部肌肉有保健作用。

3．下肢

(1)推髋膝：侧身，单手以拇指与另 4 指呈钳状，自髋关节上部沿大腿外侧推至膝关节外侧各六十遍。有利髋膝关节，通胆经作用。

(2)抹股内（图 7-5）：仰卧，屈膝，同侧单手由膝关节内侧向腿根部抹六十遍。有泌尿生殖系统保健疏理足部三条阴经的作用。

图 7-5 **抹股内**

(3)腿足擦：以一足跟推对侧小腿前面到足背，再回擦其足、小腿内侧六十遍。有调内脏，调胃经及足三条阴经的作用。

(4)膝腓擦：单侧小腿置于对侧膝盖来回擦小腿肚六十遍，有健膝腿、理足膀胱经作用。

(二)坐姿

(1)**双手梳头**：双手各指稍屈由前额向后项梳头顶及头侧六十遍，有健脑、护发作用。

(2)**擦手三阴**：以一手指掌稍屈，上下反复擦另一手臂内侧六十遍。有调手三条阴经作用。

(3)**擦手三阳**：以一手指掌稍屈，上下反复擦另一手臂，自腕背面经肘到肩手三阳经经络六十遍。有调手三阳经作用。

(4)抹肋缘：双手握拳，以拳自剑突起向外沿肋缘抹至后背腰部六十遍。有调理肝、胆、脾、胃、肾作用。

(5)擦腰骶：双手握拳以拳背上下擦腰脊两侧到骶部六十遍。有调理消化、泌尿、生殖，理膀胱经作用。

(6)**掌擦大腿**：同侧手抚膝，由膝向上到腹股沟反复擦六十遍。有调脏腑、理脾胃、健腿膝等作用。

第二节 七区按摩健身操

近半个世纪研究发现，面、耳、脊椎、手、足等处有很多新穴位，涉及全身各部位。头部与相应大脑区域有关。胸腹正中区域为脊神经前皮枝浅出区，其正中线为任脉，是人体阴经的总任者，为“阴脉之海”；脊背正中区则是脊神经后皮支分布区，其内有督脉，为全身阳经的管理和督促者，称“阳脉之海”。故面、耳、手、足、头、脊背及胸腹中区为涉及全身功能的重要区域。对这 7 区域的重点按摩在人体保健上有一定意义。若仅对这 7 区或其中某些区域进行按摩，则所花时间并不多，适于比较忙的上班族人员。初习者同样采用循序渐进原则，可由每区作十遍开始，逐渐增加到三十遍，一般不超过六十遍。

(一)**双耳捏抹** (图 7--6)：双手拇指在后，食指在前分别捏住耳壳，再以食指指腹前端自耳尖抹耳至耳垂，反复六十遍。意义：中医文献指出，耳为宗脉所聚，与经脉和奇经八脉都有联络，并通过经络与全身脏腑相联系。因此耳虽小却与全身各处息息相关。耳部六十多穴位

与人体各组织器官相对应。按摩耳部可起到全身保健作用。

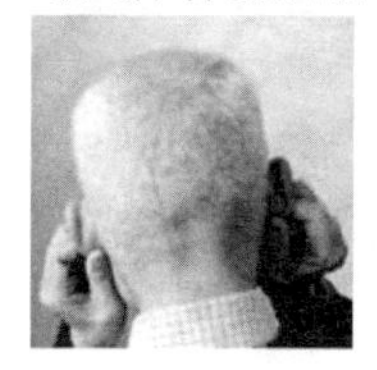

图 7—6 双耳捏抹

(二)颜面三抹（图 7-7）：为颜面部位 3 个按摩程序。1. 双手 2-4 指由下颌向上抹面侧部至颞部，再向前额抹至眉间，转向下顺鼻梁至下颏部三十遍；2. 双手中指由鼻梁分别向外侧抹至耳前三十遍；3. 对侧手指抹面颊，顺时针方向 15 遍，逆时针方向 15 遍，一侧做完再做另一侧。意义：三抹涉及面部绝大部分穴位及反应区，既作用到面部各器官，也同样涉及到全身其它器官组织，起到全身保健作用。此外,按摩也改善面部微循环有利于美容。

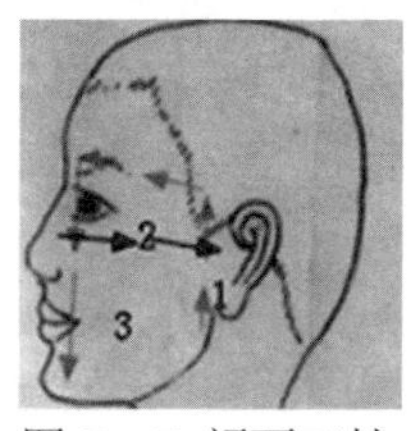

图 7—7 颜面三抹

(三)推心置腹(推胸腹中区，见图 7-3)：双手并拢 2-5 指微弯曲，以指甲背由胸骨柄向下推至耻骨联合处六十遍。意义：两手 8 个手指总宽度约 14-16 厘米，所推区域有任脉和足阳明胃经及足少阴肾经，为胸腹大部分穴位所在区，对心、肺、肝胆、胃、胰、泌尿、生殖都有保健作用。

(四)足底足背擦（图 7-8)：将一脚的足底置于另一脚的足背，将足底自足趾到足跟在足背上往返擦三十遍；两脚交换位置后再擦三十遍。意义：足部有三条阴经和三条阳经，足底和足背有大量穴位和反应区点。足和全身都有密切关系。将两足底并拢,足部反应区像一个正立人仰卧于脚底。此法则可使足底各部位均可擦到，除起到全身保健的效果外，还可疏通下肢经络解除下肢乏力。

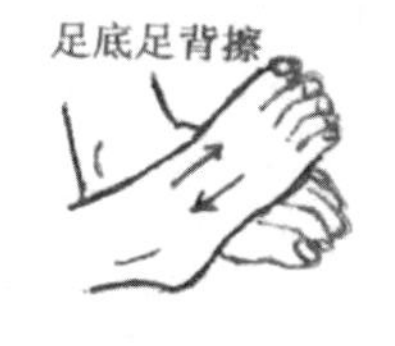

图 7—8 足底足背擦

(五)耙理脊椎（图 7-9)：用挠痒耙(老人乐)，在脊椎及两侧上下反复耙理。一般分两段进行，上段由颈椎

到胸椎，耙六十遍；下段由胸椎到骶部，耙六十遍。

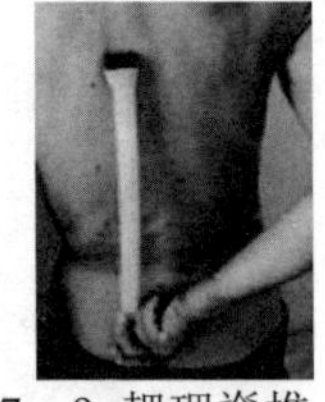
图 7—9 耙理脊椎

意义：脊神经前后皮支都有明显节段性，每个节段脊神经的前支和后支均由同处神经细胞(神经元)发出，相互关系密切。刺激脊椎区则同时调节各脏器生理活动。脊椎部位涉及督脉和足太阳膀胱经，为人体背部穴位集中带，涉及人体全身脏腑。治疗呼吸、循环、消化、泌尿、生殖等方面病证是调节内脏器官的重要部位。

(六)梳头安神：双手指稍屈曲，从头前额向后项用指端梳六十遍。意义：头皮隔颅骨为颅腔，容纳大脑。大脑皮层为中枢神经系统最高级中枢，各功能区的反应区位于头皮不同部位。如头顶部向两侧分别为大脑运动区和感觉区，其分布犹如倒置人体，足在头顶而头在侧面。对全头部梳理除改善局部循环，加强大脑皮层活动的营养供应外，同时也对各功能区进行调理，从而起到全身保健作用。

(七)掌擦手背：以指掌及前臂下端紧紧按于对侧手背，相互摩擦内关到指尖六十遍；交换位置后再擦六十遍。意义：前臂下端(内关、外关穴以下)无论掌面还是背面都有很多穴位，反应全身各部的信息具有全息反应意义。对人体各部位有全面保健作用。此操作同时对手掌和另一手的手背起作用，有事半功倍效果。手为身体暴露部位，即使在寒冷冬天操作也方便。因此，若仅用此法每天多作几次，如起床、睡觉、饭前或工作休息时，抽 2-3 分钟进行一次，坚持下去也有一定保健效果。

第三节 简易按摩健身操

老年人，关节、肌肉、肌腱和韧带活动量相对不足，骨关节障碍则较常见。故应注意如何保持骨关节功能，延缓关节衰老。俗语“流水不腐，户枢不蠹”，人的关节也需要经常活动才能保持健康。适当活动可以促进关节、肌肉、韧带、肌腱等局部组织血液循环，增强代谢活动，以防止或延缓衰老。由于中老年人颈、腰活动不多也易出现问题。为此编排了以活动颈和腰为主兼及其它的简易健身操。此操程序较少，以每程序做三十遍计，完成一套仅需 8-10 分钟。大部分中老年人平时活动相对较少，开始做健身操时也应有一个循序渐进过程。一般开始时用小幅度活动，动作幅度由小渐大，以无不适感为度，每个程序重复 5 遍，以后逐渐增加到三十至六十遍。尤其是原有颈、肩、腰、髋关节等部位功能障碍或疼痛者切不可操之过急，以防活动度过大损伤关节。

(一)左顾右盼 (图 7-10)

姿势：坐式。

操作手法：正位坐，手置双膝，眼睛平视前方，先向左转头，再向右转头，各三十遍。向左转头时眼尽可能往左看，向右转时则尽可能往右看。转动速度宜缓慢。

图 7—10 左顾右盼

意义：头左右旋转主要涉及寰椎与枢椎间的寰枢关节，此关节涉及周围韧带有：齿突尖韧带、翼状韧带、寰椎横韧带等韧带。同时也涉及寰枢外侧关节，对颈关节突关节也有一些作用。涉及肌肉主要有胸锁乳突肌和夹肌，头旋转活动适当对于局部关节韧带、肌肉功能保健有意义。眼球向外转涉及外直肌和内直肌及相关的展神经和动眼神经活动。

注意：严重头晕，脑血管疾病，椎动脉硬化或严重颈椎骨质增生者慎用或不做，以防发生意外。

(二)观天看地 (图 7-11)

姿势：坐式。

操作手法：正位坐，手置双膝，缓缓抬头，目光看天；然后缓缓低头，目光看地或看自己的脚尖，计六十遍。

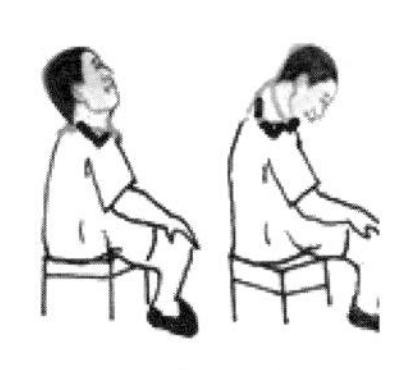

图 7—11 观天看地

意义：抬头、低头活动主要涉及寰枕关节，此为联合关节，由两侧枕髁和寰椎侧块的上关节凹构成，关节囊与寰枕前后膜相连，其它颈关节突关节都有一定作用；背深肌的竖脊肌和夹肌也参与抬头活动，也有一定作用。涉及神经为脊神经和颈神经后支；胸锁乳突肌两侧同时收缩也使头后仰，涉及神经为副神经；低头主要涉及颈深肌的内侧肌群和外侧肌群，收缩使颈、头屈曲。眼向上看涉及上直肌，向下看为下直肌。除锻炼所涉及肌群，还使颈部关节也得到锻炼。

注意：严重头晕，脑血管疾病及严重颈椎骨质增生者慎用或不用，以防发生意外。

(三)左右侧屈颈 (图 7-12)

姿势：坐式或站立。

图 7—12 左右屈颈

操作手法：正位坐，先向右侧屈颈15遍，再向左侧屈颈15遍。

意义：涉及头颈各小关节、肌肉和韧带，侧屈时可听到一些由于肌肉、肌腱、韧带等活动所发出的杂音，这是正常现象。颈部有手三阳和足三阳经及任督二脉通过，颈部活动涉及对这些经脉的调理和疏通作用。坚持活动对一些劳损引起的颈部疼痛有一定效果。

注意：同“左顾右盼”、“观天看地”。

(四)举臂甩手 (图7-13)

姿势：站立，双足分开略大于肩宽。

图7—13 举臂甩手

操作手法：左足向左转约45度，右足尖着地，双手经胸前缓缓上举到最高点；再向两侧作最大程度分开，并深吸气;随后手下落至胸前交叉甩手，双足回归原状，同时缓缓呼气；右足向右转约45度，左足尖着地重复上述动作。左右各做15遍。

意义：此为胸、肩关节、上肢联合运动，涉及胸部及肩关节周围肌群、肌腱及肋间肌等，起到利关节、促进上肢循环、扩大胸廓容量等作用。

(五)弯腰击胸 (图7-14)

姿势站立，双足分开略大于肩宽。

图7—14 弯腰击胸

操作手法：缓缓弯腰，双手向后外侧甩动至极点，再伸直腰同时两手回落并屈肘，顺势以半屈曲的2-5指击胸，弯腰时呼气，直腰时吸气，反复三十遍。

意义：为肩、肘、腰、髂等多关节联合动作，特别是腰背肌肉、椎间关节、韧带等，以及腰腹部肌肉如竖脊肌、腹直肌等给以保健。还促进心、肺、胃肠活动以调脏腑利关节。

(六)转身拍击 (图7-15)

图7—15 转身拍击

姿势：站立，双足分开同肩宽。

操作手法：双足不动，目光左视并向左转身，右手往前摆至左下腹，左手半握拳向后摆动过脊柱击打右下腰；接着目光右视并向右转身，同时左手从右下腰部往左摆动过腹中线击打右下腹部，右手从左下腹右摆过右下腹、脊柱击打左下腰，反复六十遍。

意义：为上肢、腰、联合运动，以横向旋转腰关节，内、外旋转肩关节为主，击打下腰和下腹。对相关关节、肌肉群和韧带肌腱有保健作用，促进腰、肩和下腹部血液循环，起到疏经活络，行气活血作用，具有自我按摩和体操的双重效应。

(七)左右侧腰 (图 7-16)

姿势：站立，双足分开略大于肩宽。

操作手法：双手插腰，双足分开略大于肩宽，先向右缓缓侧弯腰反复 15 遍；同法向左侧弯腰反复 15 遍。

意义：脊椎侧弯主要由单侧竖脊肌和腰方肌收缩所致，包裹这两块肌肉的为腰背筋膜，为易在剧烈运动中受伤的筋膜，是导致腰背劳损的主要原因。缓慢适度的侧腰活动，可加强其血液循环和代谢，以预防此类腰背劳损。此外，腹前、外侧肌群大部分肌肉也参与活动，因而也得到锻炼。

图 7-16　左右侧腰

(八)腰髋旋转 (图 7-17)

姿势：站立，双足分开略大于肩宽。

操作手法：双手插腰，先作顺时针方向旋腰 15 遍，再作逆时针方向旋腰 15 遍，旋腰同时带动髋关节和膝关节。

意义：此动作为腰、髋、膝关节联合动作，除涉及腰椎各关节活动的肌群、韧带、筋膜外，也有腹前外侧肌群和有关髋关节活动的肌肉，如髂腰肌、臀大肌等髋肌前后群深浅层肌肉，以及包括股四头肌在内的大腿前群、内侧群与外侧群多肌肉、肌腱。也是涉及肌肉、关节、韧带、筋膜最多的活动。此活动也应以轻柔缓慢为原则。

图 7-17 腰髋**旋转**

(九)疏通带脉 (图 7-18)

姿势：站立，双足分开略大于肩宽。

操作手法：双手半握拳，由小腹部向上外侧至季肋再向腰脊划动，至两拳在腰脊椎处会合；然后将双手收回至小腹部，反复划动六十遍。

意义：带脉为身体中唯一的一条横向走行的经脉，有如腰带在腰腹之间的横向作用。即协调、约束这些经脉。从解剖看，其深部有小肠、结肠、输尿管、肾、胃、脾、胰尾等脏器，涉及消化、泌尿、生殖等。对腰腹部位保健有重要作用。此外还与肩、肘关节，特别是肩关节的上肢向后背部动作有关，结合其它部位活动使肩关节得到全方位锻炼。

图 7-18 疏通带脉

(十)摩擦腰骶 (图 7-19)

姿势：站立，双足分开略大于肩宽。

操作手法：双手半握拳置于腰部脊柱旁，以 2-4 指掌关节按腰，由上向下再由下向上擦腰及骶部六十遍。

意义：腰骶椎部涉及泌尿、生殖、肛门和下肢等反应区，有强腰脊、强壮全身作用。

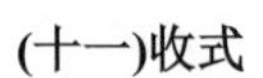

图 7-19 摩擦腰骶

(十一)收式

姿势：站立。

操作：双足分开略大于肩膀宽，头居中位，目平视向远方眺望数分钟。

意义：起远眺舒目、解除视力疲劳作用。

第四节 耳部全息按摩健身操

耳郭有很多反应区(点)，与全身各部位有密切联系。综合的耳反应区(点)对全身具有全息反应特点. 按摩一方面可改善耳部血液循环，增强反应区(点)的反应能力，同时对全身亦有一定的保健作用。耳是

人体暴露部位，操作起来比较方便。例如，晚上休息可边看电视边作按摩操。所以，无论是对上班族还是对退休人员都是可用的。因为耳部皮肤较薄弱，进行按摩时应注意修剪指甲以防损伤皮肤。耳部按摩操也应遵循按摩的注意事项，尤其是孕妇暂不进行。

(一)指抹双轮 (图 7-20)

1. 姿势：站或坐式。

2.操作手法：以拇指腹面垫于同侧耳后，食指腹置于耳轮和对耳轮，用食指和拇指腹沿耳轮走形自屏上切迹—耳轮尖—耳轮尾方向抹耳轮、对耳轮及耳垂面六十遍。

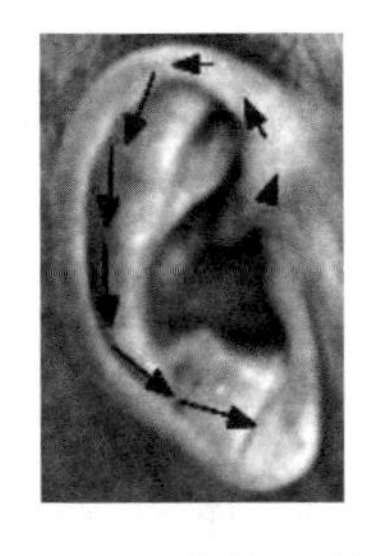

图 7-20 指抹双轮

3. 意义：按摩范围包括耳轮、耳舟、对耳轮、对耳轮窝及耳舟隆起等，涉及耳轮的外阴部位、扁桃体、高血压，耳舟的上肢，及对耳轮的从足趾到头部的人体反应部位，涉及除内脏以外的人体大部分反应区和反应点，有对相应部位的生理活动调理和保健作用。

(二)单指揉窝 (图 7-21)

1. 姿势：站或坐式。

2.操作手法：分别以食指尖端按揉耳上部的三角窝的底部及窝壁部六十遍。

3. 意义：三角窝及周边部位，涉及以盆腔内子宫等为主的脏器及腰骶、交感等反应区和反应点，对内、外生殖器，泌尿系统下部，肛门，直肠和交感等都有一定的调理和保健作用，尤其是对女性的妇科疾病更重要。

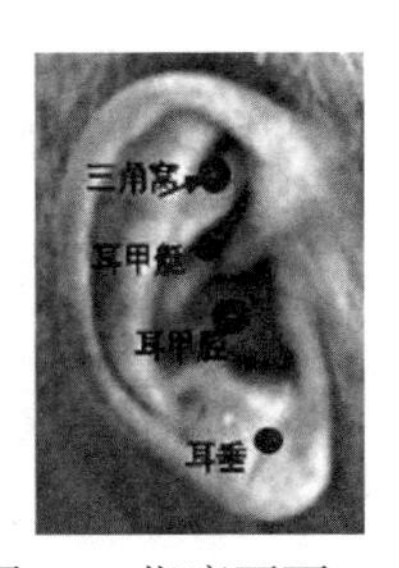

图 7-21 指摩耳面

(三)指摩甲艇 (图 7-21)

1. 姿势：站立或坐式。

2.操作手法：双手食指分别在耳甲艇部，以水平方向往返按摩耳甲艇六十遍。

3. 意义：耳甲艇内为主要脏器反应区，涉及泌尿、肝、胆、胰、小肠、大肠、直肠和肛门等内脏器官，按摩这个部位对这些器官有调理和保健作用。

(四)环摩甲腔

1. 姿势：站立或坐式。

2.操作手法：双手食指指腹在耳甲腔部位作顺时针和逆时针方向各揉三十遍。

3. 意义：耳甲腔为人体重要的内脏反应区，涉及口、食道、胃、心、肺、脑、内分泌等器官，所以也是重要的内脏活动和保健的区域。

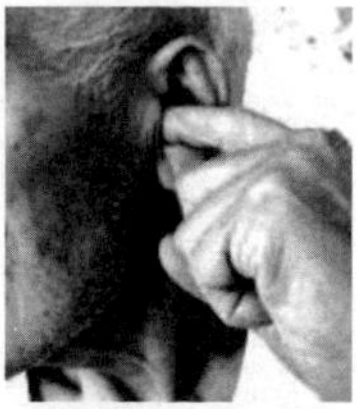

(五)揉耳孔 (图 7-22)

图 7-22 揉耳孔

1. 姿势：站立或坐式。

2.操作手法：双手食指分别插入外耳道口（耳孔），在耳道口内旋转六十遍。

3. 意义：外耳道口及邻近区域呈喇叭状，手指插入后可同时接触到外耳道口及周围的包括耳屏内侧和耳甲腔的临近外耳道口区域，在这些区域有很多反应区和反应点，如下腹、上腹、舌侧、咽喉、内鼻、气管等，对相应部位有调理和保健作用。

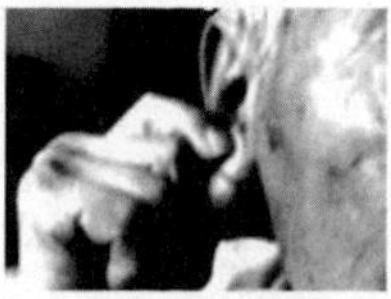

(六)捻摩耳垂 (图 7-23)

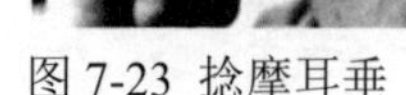
图 7-23 捻摩耳垂

1. 姿势：站立或坐式。

2.操作手法：食指、拇指置于耳垂处，分别捻摩两侧耳垂六十遍。

3. 意义：耳垂的两面涉及头部、面部、会阴等反应区，对耳垂按摩可对相应的反应区和反应点起到调理作用，同时还有安神和调理睡眠作用。

(七)拇擦耳背 (图 7-24)

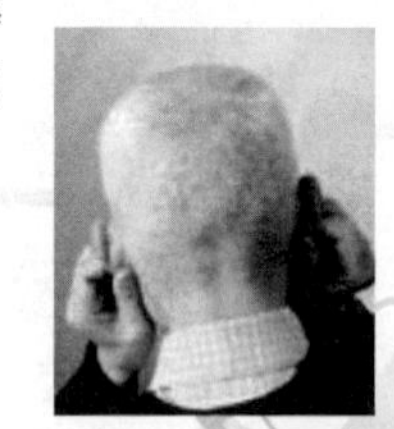
图 7-24 拇擦耳背

1. 姿势：站立或坐式。

2.操作手法：双手食指在前，拇指在耳背面，以拇指腹自耳尖部向下擦耳背部六十遍。

3. 意义:耳背有头部、内脏的反应区,特别是消化系统反应点,同时还有调理血压作用,耳背按摩对内脏和消化系统都有调理作用,对高血压还有一定程度的降压作用。

(八)夹耳擦根（图 7-25）

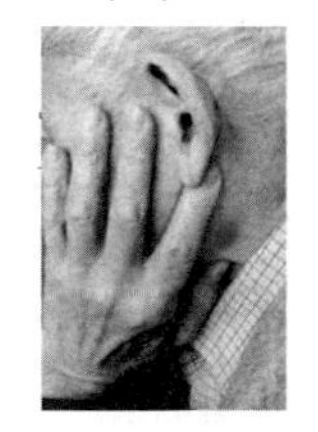

1. 姿势:坐式或站立。

2.操作手法:双手食指在后,中指在前夹耳根,上下反复擦耳根部六十遍。

图 7-25 夹耳擦根

3. 意义:擦耳根一方面可以刺激耳根部位的反应点,对耳疾和头部疾病有一定程度调理作用,同时也促进耳部血液循环,改善耳部代谢活动。

第五节 手部全息按摩健身操

手是人体活动最灵巧的部位,也是感受器分布密度最高的部位之一。与耳部一样手部反应区和反应点也很多,手部也能反映全身信息,对手部的按摩也往往涉及对全身的调理。手也是人体暴露部位,因而对手部的保健操作也很方便。手部按摩除促进手部血液循环改善手的组织代谢外,也锻炼了手部神经,加强反应区与相关部位的信息交流,从而起到调理人体生理活动和保健作用。手部保健按摩也遵循按摩原则,怀孕妇女不宜进行。

(一)掌擦拇侧 (图 7-26)

图 7 26 掌擦拇侧

1. 姿势:随意。

2.操作手法:将一手手掌按于另一手的拇指侧,自拇指侧末端擦到手腕侧六十遍。互换后再擦另一手六十遍。

3. 意义:拇指侧分布有鼻、颈、颌、咽喉、胸椎、腰椎、脊柱和甲状旁腺等反应区及鱼际、少商、太渊等穴位,按摩除调理相关反应区(点)外,也同时对手太阴肺经有疏通和调理作用。

(二)擦掌尺側 (图 7-27)

1. 姿势:随意。

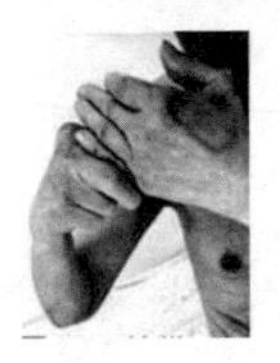

图 7—27 擦掌尺侧

2.操作手法:同上法,中指和食指叉开成钳状,从小指到腕部尺侧擦六十遍。

3. 意义:此区域涉及肩、肘、膝、上身淋巴结等反应区和少泽、二明、前谷、阳谷、神门、生殖等多个穴位和反应区(点),按摩除刺激这些反应区点和穴位外,也因对手太阳小肠经和手少阴心经的部分穴位有刺激作用而调理相应经脉。

(三)拇擦掌中带 (图 7-28)

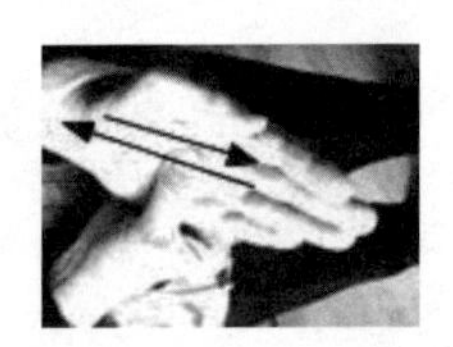

1. 姿势:随意。

2.操作手法:将一手拇指置于另手的掌面,其余指置于其手背,由中指末端至前臂内关穴反复擦六十遍。

图 7-28 拇擦掌中带

3.意义:手中带为人体中轴反应区,其掌面涉及头部到阴部生殖腺,背面涉及躯干的脊柱中轴带,按摩此带起到对人体中轴部位器官的调理和保健作用。

(四)双掌互擦

1. 姿势:随意。

2.操作手法:双手掌相对,相互摩擦大、小鱼际六十遍。

3. 意义:此手法有强心脏,调肺经,常摩可增强抗感冒能力。

(五)指间互擦 (图 7-29)

1. 姿势:随意。

图 7-29 指间互擦

2.操作手法:十指分开,双手指相互交叉,互擦六十遍。

3. 意义:刺激手指侧面及指蹼部位的相关反应区和穴位,调理涉及部位的生理活动,同时有调理血压作用。

(六)掌擦手背 (图 7-30)

1. 姿势:随意。

2.操作手法:以一手掌按于另一手的手背,相互摩擦内关至指尖反复六十遍,交换位置后再擦六十遍。

3. 意义:这手法同时对手掌和手背进行按摩,有疏通手部经脉作用,对内脏和躯干的各反应区和反应点也有一定程度的调理作用。

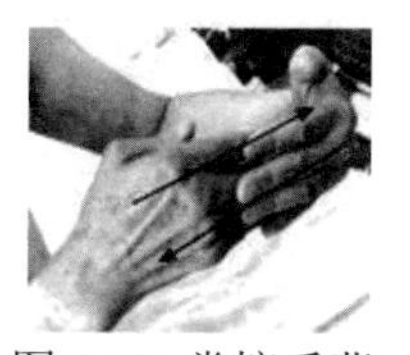

图 7-30 掌擦手背

(七)十指同拜

1. 姿势:随意。

2.操作手法:双手手指同时作抓握及伸直动作六十遍。

3. 意义:活动手指指间关节,促进手指血液循环,增强手指关节的灵活性。

(八)摇臂转腕

1. 姿势:随意。

2.操作手法:双手手腕同时作顺时针和逆时针旋转各六十遍。

3. 意义:活动手腕关节,促进手部血液循环,利于手部经脉运行。

第六节 足部全息按摩健身操

足是人体呈受重力的部位。由于足部距心脏最远,又处于人体最低部位,影响了足部静脉血液回流。每晚休息时,可在洗脚后作一些足部按摩,对于促进足部血液循环有积极意义,也使足在经一天的奔波所致疲劳中得以恢复。更重要的是足部有很多反应区和反应点,与全身各部位都有联系,通过对足部的按摩可对全身起到保健作用。因此,在晚间休闲时边看电视边作足部按摩,也不失为积极休息与保健相结合的好方法。

(一)指掐足趾 (图 7-31)

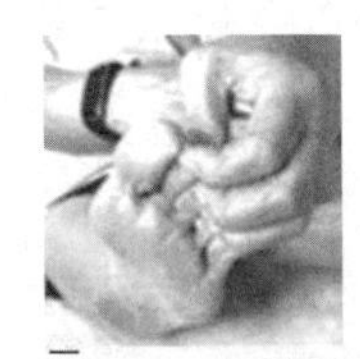
图 7-31 掐足趾

1. 姿势:坐式。

2.操作手法:一脚向内侧屈置于对侧膝上方,单手分别按掐足趾六十遍,同法按掐另足的足趾。

3. 意义:足趾的主要反应区为头颈部位,特别是大拇趾还涉及脑、垂体、小脑、脑干等反应区.按揉足趾对于头部、面部保健,血压调节,安神,内分泌调理等都有一定意义。

(二)掌擦足背

1. 姿势:坐式。

2.操作手法:被擦脚向内侧屈,并置于对侧膝上方,用对侧手反复擦足背和足趾六十遍,换手后同法擦另一脚背。

3. 意义:足背部有很多反应区(点)及穴位,擦足背可同时疏通足部经脉,刺激反应区和反应点,对眼、耳、胸、膈、腰、脊、生殖、血压、免疫等都有调理和保健作用。

(三)掌擦足外侧 (图 7-32)

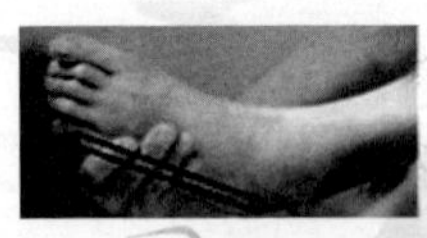
图 7-32 掌擦足外侧

1. 姿势:坐式。

2.操作手法:同上法,被擦脚置于对侧膝上方,以同侧手指勾住小腿,对侧稍弯曲,在足外侧从足趾擦到足跟反复六十遍,同法擦另一脚底及其外侧缘。

3. 意义:足外侧涉及人体肩、肘、膝、坐骨神经、生殖腺等反应区，以及多个足太阳膀胱经穴位，为按摩的重点区。

(四)钳擦跟腱

1. 姿势：坐式。

2.操作手法:同上法将待按摩的脚置于对侧膝上方。对侧手半握拳,第 2、3 指叉开成钳状置于跟腱两侧,反复擦六十遍;同法擦另一脚的跟腱及其两侧。

3.意义:跟腱两侧涉及膀胱经和肾经,此术能疏通这两条经脉;同时也刺激此区内的反应区(下腹、肛门、臀、坐骨神经等),对相应的人体部位起调理和保健作用。

(五)足底三耙

1. 姿势：坐式。

2.操作手法:同上法将待按摩脚置于对侧膝上方,同侧手的第 2-5 指勾住小腿,对侧手指稍屈,以 2—4 指分别在(1)足底外侧(2)中部(3)内缘，由足趾基部到足跟耙六十遍;同法耙另一足底。

3. 意义:足底部有很多全息反应区，按摩有调理人体内脏的作用。

(六)足趾活动

1. 姿势:坐式。

2.操作手法:双足足趾作屈和伸活动六十遍。

3. 意义:活动足趾趾间关节及趾跖关节,改善足跖血液循环。

(七)双鱼摆尾 (图 7-33)

1. 姿势:坐式。

2.操作手法:双脚稍伸,足跟着地足尖稍翘,作双足同向左右摇摆六十遍。

3. 意义:活动足踝关节,锻炼足踝关节的内侧韧带和外侧韧带群,增强韧带强度以保护踝关节,减少踝关节损伤。

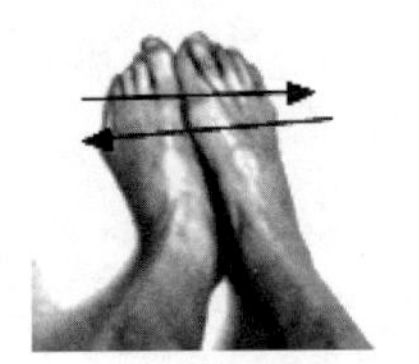

图 7-33 双鱼摆尾

(八)屈伸足踝

1. 姿势:坐式。

2.操作手法:双足稍伸,足跟着地,同时作双足上下方向的屈伸活动六十遍。

3. 意义:屈伸活动涉及双足踝关节及足弓肌肉韧带,有助于维持足弓张力,同时使足部肌肉得到锻炼。

(九)双踝绕转

1. 姿势:坐式。

2.操作手法:双足稍伸,足跟着地,双足同时作顺时针方向转动三十遍,再作逆时针方向转动三十遍。

3. 意义:增加双足踝关节韧性,与(七)、(八)一起共同作用于踝关节,对于提高踝关节灵活性,对减少因足踝侧屈所致的踝关节损伤有一定的意义。

(十)双足弹地

1. 姿势:坐式。

2.操作手法:双足尖着地,以足尖轻轻用力,缓缓向上顶起双足,作上下活动六十遍。

3. 意义:以轻缓的足趾、踝、膝等联动舒缓双足,促进双足下肢的血液回流,巩固足部保健活动的成效。

第七节 对抗式保健按摩健身操

对抗式保健按摩健身操是以四肢(主要是上肢)与相应活动部位作对抗活动，以锻炼肌肉为主。一般以两组相反方向力相互作用，故其锻炼力度也较一般健身操要大。此操有一定的耗氧量，多偏重于强壮肌肉,当然也有健身作用。适用于体格较好的青壮年。可作为多数青壮年办公室工作人员，以强壮健身为目的的健身操。一般可在工作一段时间,感到疲劳时进行,通过短时间的按摩操而达到消除疲劳及健身的目的。当然，也可在休闲时候进行。此操可在坐位进行故不会影响他人。开始一般每节作二十遍,适应后可根据自身情况适当增加至三十至六十遍。忙时也可选择自身需要的部分节段进行,故有较好的随意性。操练时可自然呼吸，不宜憋气。此种拮抗还有防止活动过度的保护作用。

图 7-34 捧额屈颈

（一）捧额屈颈 (图 7-34)

(1) 姿势 : 坐式, 双肘置于胸前桌面, 双手捧下颌。

(2)操作手法 : 以每秒一次的速率，用中等力度作屈颈低头动作三十遍。

(3) 意义 : 此动作主要为小幅度活动颈部小关节, 涉及颈深肌肌群锻炼, 尤其是经常作长时间抬头仰视者, 可通过此节活动以缓解颈部疲劳。

(4) 注意：此节宜慢不宜快，对于极少数先天性颈椎异常而不能活动头颈者及脊髓型颈椎病人不宜作此节。

（二）仰头护枕 (图 7-35)

(1) 姿势：坐式，双手指交叉护于后头和颈椎上部。

(2)操作手法：同上法作仰头活动，，双手指交叉护于后头和颈椎上部，同时双手稍向前作对抗仰头的动作三十遍。

(3)意义：此动作也是活动颈部小关节(寰枕关节和寰枢关节)，动作涉及胸锁乳突肌、夹肌、竖脊肌及肌等肌肉，尤其是经常低头伏案工作所致这些肌肉疲劳有缓解疲劳作用。

(4)注意：同双手捧颌节。

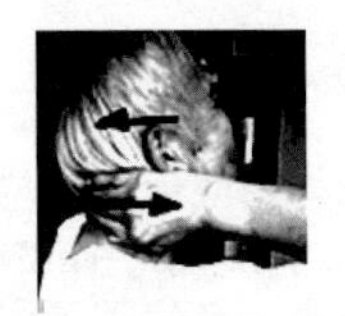

图 7-35 仰头护枕

（三）侧颈抵掌

(1)姿势：坐式，屈肘将肘部支于胸前桌面上，手掌按于同侧面颊和下颌部位。

(2) 操作手法：以每秒 1 次的速率作缓慢的侧屈颈活动，同时手掌稍用力以抵抗颈部活动三十遍；换手后作对侧侧屈颈活动三十遍。

(3)意义：本节主要是活动颈椎小关节，所涉及肌肉有同侧胸锁乳突肌、夹肌、竖脊肌、斜方肌及斜角肌，对于缓解颈部对侧肌肉疲劳有一定意义。

注意事项：严重头晕、脑血管病、颈椎动脉硬化及颈椎骨质增生者不作。

（四）双手互拉

(1)姿势：坐式。

(2)操作手法：双手手指弯曲相互勾住，以每秒 1 次的速率缓缓用力拉动六十遍。

(3)意义：两手手指同时受力以锻炼手指抓握功能,对上肢及肩背部位的一些肌肉也有一定的锻炼意义,如前臂和手部的屈指肌群，肩部的三角肌及背部的斜方肌与菱形肌等。对缓解上肢和手部及肩背疲劳也有一定意义。

(4)注意：上肢及肩部损伤者不做。

（五）抱拳相抗

(1)姿势：坐式或站立。

(2)操作手法：两手抱拳，以每秒 1 次的速率缓缓用中等力度作两手相互抱拳相对抗状，再缓缓放松反复作六十遍。

(3)意义：此节主要锻炼胸大肌、胸小肌、前锯肌等肌群以及上臂的肱二头肌，作此动作时可明显地看到胸大肌和肱二头肌收缩，对长期伏案工作者有一定的缓解疲劳作用。

(4)注意：上肢及肩部损伤者不做。

（六）屈髋撑腿（图 7-36)

(1)姿势:坐式，双手掌分别抚于同侧大腿。

(2)操作手法：以每秒 1 次的速率缓缓作上抬大腿的屈髋动作三十遍，同时手掌以轻至中的力度相对抗，一侧完成后同法作另一侧大腿三十遍。

图 7-36 屈髋撑腿

(3)意义：屈髋动作涉及髂腰肌、股四头肌和阔筋膜张肌等肌肉，此动作可同时锻炼这些肌肉及髋关节活动功能。

（七）展髋护腿

(1)姿势：坐式，两大腿并拢,两手手掌护于同侧大腿外侧。

(2)操作手法：两大腿缓缓用力向外张开至较大角度，两手掌以相反方向用轻至中等力量由外向推以相抗，随后放松两腿使其回到并拢位置并反复作三十遍。

(3)意义：外展大腿主要涉及臀中肌、臀小肌及梨状肌等肌肉。本节对这些外展肌群有一定的锻炼作用，对经常骑马等使用内收肌群较多者有较好的调和保健作用。

（八）分膝收腿（图 7-37)

(1)姿势：坐式，双腿并拢，双手分别按于同侧膝关节内侧。

(2)操作手法：两手分别以中等力度缓缓推开两膝，同时双腿用力向内收腿，待两腿扳到较大角度后，两手力度缓缓减少，使两大腿缓缓回到并拢状态，反复作三十遍。

图 7-37 分膝收腿

(3)意义:收腿动作与大腿内侧的内收肌群有关，此肌群对于防止大腿过度外撇，维持正常行走能力，以及骑马时夹紧马以稳定身体是很重要的。因而此节对于锻炼大腿内收肌群有一定意义。

（九）伸膝勾腿 (图 7-38)

(2)操作手法：两手手指岔开抱一腿的膝盖下部，同时缓缓作小腿前伸动作，反复三十遍，换另一腿再作三十遍。

(3)意义：锻炼股四头肌肌力，此肌为伸小腿、走路的重要肌肉.此外对膝关节也有一定的保护作用。

(4)注意：膝关节损伤与疾病时不做。

图 7-38 伸膝勾腿

（十）拇趾拔河 (图 7-39)

(1)姿势：坐式或仰卧式。

(2)操作手法：两足跟相并以一胶皮圈或软布带圈套在两足的大拇趾与第二趾之间的趾缝远处，以两足跟连接处为圆心,分别向外侧缓缓张开拉动至极点后即缓缓回复，如是反复三十遍。

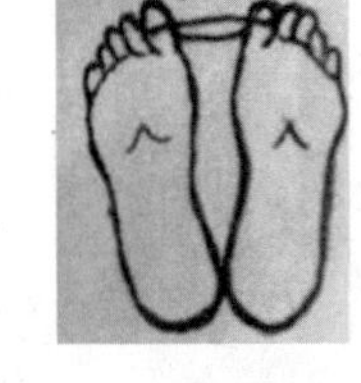

图 7-39 拇趾拔河

(3)意义：足部大拇趾外翻是一种常见病，特别是爱穿高跟鞋的女性及经常走路过多者，此节对于预防大拇趾外翻有一定意义。

(4)注意：严重的足外翻者应进行手术治疗；

对抗式保健按摩健身操为全身都有作用的锻炼方式，可使人能较快地从疲劳状态得到恢复。由于所用力度较大，初练者可从较小力度开始，以后根据自身情况适当增加力度。一般来说作为对抗方式的力不宜过大，应控制在中等力度以内。患有较重疾病者特别是心脏病或高血压者不宜作此操。

第八节 调和式保健按摩健身操

调和式保健按摩健身操,主要针对一些习惯于一定方式活动或固定形式的活动,导致局部肢体活动过度而全身活动缺乏,所致的健康损害。通过作一些与其习惯活动相反的活动,以纠正习惯性活动所致的活动不平衡性,以缓和习惯性活动所造成的健康危害。由于每个人的习惯性活动方式不尽相同,故在很多情况下需要根据具体习惯动作来设计。

其设计原则是以相反的力学方向活动,以达到平衡纠偏的目的,同时也适当加入全身性动作,以获得整体调和的效果。初练者可从较小力度开始，以后根据自身情况适当增加力度，控制在中等力度以内。患有较重疾病者,特别是心脏病或高血压者不宜作此操，如习惯于低头、俯身者,应多作抬头、挺胸、远眺、扩胸等活动,同时配合一些全身活动。设计此类操时，应分析他(她)们的活动状况对健康可能产生的影响：(1)身体活动太少，即使活动稍多的上肢活动也很单一；(2)相对于肢体活动少，脑力活动比较多且精神压力也较大，尤其是竞争压力较大的职业，易引起大脑皮层功能紊乱，往往有失眠或更复杂的神经衰弱等表现；(3)长期近距离用眼过度易引起眼疲劳；(4)长期低头易引起颈部疲劳，甚而诱发颈椎病；(5)长时间的躯体固定姿势易导致腰肌劳损，长期处于不正确姿势可致脊椎畸形；(6)久坐不活动使下肢血液及淋巴回流受影响，重者可出现足部水肿，甚而诱发下肢静脉曲张和肛门静脉曲张所致的痔疾；(7)其它影响：长时间伏案工作除以上情况外，对呼吸、循环、消化等多器官功能也有一定的影响。根据以上影响，制定相应的反向调和式按摩操如下。伏案工作者的调和式健身按摩操。

（一）双目远眺

(1)姿势：坐式或站立式。

(2)操作手法：精神放松，目视正前方，看远处景物 3 分钟。

(3)意义：肉眼看近物时通过神经反射使睫状肌收缩,长时间看近物则使此肌肉疲劳以致引起视力疲劳而损伤视力；远眺远景时睫状肌处于松弛状态而得以休息，故此节可缓解眼睛疲劳以减轻对视力的影响。

（二）左顾右盼

(1)姿势:坐式或站立式。

(2)操作手法:坐式时双手置于双膝(站立式则身体直立,双足稍分开与肩同宽),目视正前方,先向左缓缓转头,同时眼睛也尽可能向左看三十遍；接着再向右转头,眼睛也同时尽可能往右看,反复作三十遍。

(3)意义:头部左右转动使原处于固定状态的颈部肌肉得以适当放松,以缓解颈部肌肉疲劳,同时眼部紧张的动眼肌(外直肌与内直肌)也得到适当活动,从而在一定程度上解除长期低头视物所致的疲劳。

(4)注意:患有严重的头晕、颈椎病及脑血管疾病者不作。

（三）观天看地

(1)姿势：坐式或站立式。

(2)操作手法：先缓缓仰头观天 1 秒,再缓缓低头看地 1 秒,如此反复三十遍。

(3)意义：抬头和低头主要活动寰枕关节及相关颈部肌肉和韧带，舒松长时间处于紧张状态的颈部肌肉。同时也活动了眼球的上直肌和下直肌等肌肉,对于缓解眼部疲劳有一定作用。

（四）手刮眼眶 (图 7-40)

(1)姿势：坐式或站立式。

(2)操作手法：双手握拳，以食指中节自眉心向外刮至太阳穴三十遍；同法刮下眼眶三十遍。

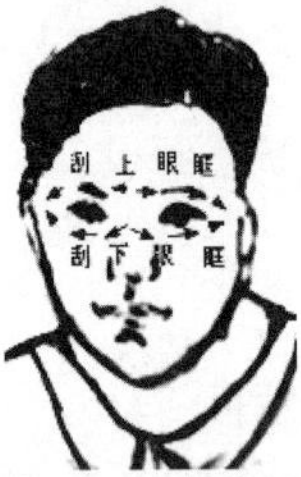

图 7-40 刮眼眶

(3)意义：眼眶涉及攒竹、鱼腰、丝竹空、太阳、瞳子髎、承泣等眼周穴位，这些穴位对于缓解眼疲劳具有一定意义，也是眼保健的重要穴位。

5.举手扩胸 (图 7-41)

(1)姿势：站立式，双足同肩宽。因长时间低头伏案工作所致的肩项部位的不适，同时也增大了胸腔容量,并通过深呼吸加强心肺功能，提高循环血液的氧含量,增加体内二氧化碳的排出,起到了促进人体从疲劳状态中恢复的作用。

图 7-41 举手扩胸

6.弯腰击胸

(1)姿势:站立式,双足分开略大于肩宽。

(2)操作手法:缓缓弯腰,双手手指稍屈曲,并向身体后外方摆动,当腰弯至极点时再缓缓伸直腰,同时双手回落、屈肘,并向胸前摆动,屈曲的手指顺势击打胸部,反复三十遍。

(3)意义:长期伏案工作者腰部长时间得不到活动，易引起腰肌疲劳而腰酸背痛，又因腹部长期受压而影响胃肠等腹部脏器功能，此活动可缓解腰部肌肉疲劳，连续的腰部活动也对腹部脏器起到按摩作用，从而起到调节胃肠功能的效应；由于活动了肩及上肢肌肉和关节，从而缓解肩和上肢的疲劳，而击打胸部对心肺功能也有一定的调节作用。

（七）仰腰护脊 (图 7-42)

(1)姿势：站立式，双足分开略大于肩宽。

(2)操作手法：两手掌护于腰部，双目平视，缓缓向后仰腰三十遍。

图 7-42 仰腰护脊

(3)意义：此节针对长期弯腰的情况，通过后仰活动锻炼腰脊肌肉、韧带和关节，以调和伏案工作的影响；双手护腰,在腰后仰时可防止后仰过度而起到保护作用，同时也增加了后仰的阻力，从而加强对使脊柱后仰的竖脊肌肌力的锻炼。

（八）转身拍击

(1)姿势：站立式，双足分开稍大于肩宽。

(2)操作手法：双足不动，先向左转身同时右手在身体前面击打左下腹，左手在身体后面击打右侧骶髂部三十；随后向右转身右手击打左侧骶髂部，左手击打右下腹，反复三十遍。

(3)意义：此动作对腰脊和肩部关节进行活动，同时也可缓解腰肌疲劳；对于生殖、消化系统调节也有一些作用，尤其是常见的便秘等有一定作用。

（九）腰髋旋转

1)姿势：站立式，双足分开稍大于肩宽。

(2)操作手法：双手叉腰，先作顺时针方向缓缓旋腰三十遍；再作逆时针方向缓缓旋腰三十遍。

(3)意义：此动作也是以动调静，主要针对长时间不活动所致的腰骶劳损，及对下肢血液循环(循环)影响而作。所作活动涉及腰、髋、膝、踝等关节及相关肌肉韧带。

(4)注意：此动作宜缓慢不宜剧烈。

（十）抬腿踏步

(1)姿势：站立式。

(2)操作手法：在原地作抬腿踏步动作三十至六十遍，抬腿时抬起的腿尽量上抬，站立的腿要伸直，两腿交叉进行呈现踏步状。

(3)意义：此动作针对下肢长时间不活动而影响下肢静脉及淋巴回流的问题。由于长时间的回流障碍有可能导致下肢静脉曲张，活动下肢除锻炼肌肉、关节、韧带外，肌肉活动对下肢静脉和淋巴管的一挤一松的节律性活动，促进静脉血液和淋巴管的淋巴液向心脏方向回流，对于防止下肢水肿及下肢静脉曲张都有一定意义。

(4)注意：此活动力度较大应因人而异，体力好者可多作，体力较差者可少作或上抬幅度小一些。

（十一）足趾弹腿

(1)姿势：坐式或站立式。

(2)操作手法：(1)坐式：用双足足趾着地，反复以足趾在原地弹腿六十遍；(2)站立式：原地站立，用双足趾着地反复作足趾不离地面的弹跳动作六十遍。

(3)意义：足趾是人体距离心脏最远的部位，且又是处于位置最低处，其血液循环也最差。因此，久坐后作此动作有利于改善其局部血液循环。此外，也对足部有一定的保健作用。

(4)注意事项：体力较差者可用坐式作，体力好者可用站立式。另外，在伏案工作期间也可不定期的隔一些时间作几次弹腿动作，以促进下肢血液循环。

第九节 通经活络经络按摩操

通经活络经络按摩操是结合人体经络走形而设计的按摩操。通过操练促进人体经络运行而起到健身保健的作用。一般可在晚上入睡前或者在晨起前操练，因为这些时候人体衣服穿着较单薄，操练起来比较方便，但也应注意不要着凉。按摩顺序大体上是按经络走形设计的。中医的经络循环是从手三阴的手太阴肺经开始，以足厥阴肝经为一个周期之尾，并与肺经连接进入下一周期。其总体规律为：手三阴经脉从胸到手→手三阳(从手到头)→足三阳(从头到足)→足三阴(从足到

胸)。同时，通过对躯体前后穴位密集的中带区进行按摩以调理内脏。此外，对带脉(唯一的横向经脉)也进行按摩，以对腰部有健强作用。这样通过操练，既疏通了经脉又调理了内脏活动。

（一）抹手三阴 (图 7-43)

(1)姿势：坐式或仰卧。

(2)操作：将左上肢掌面向上伸出，右手掌置于左上肢上端，自肩部抹向手指处六十遍；然后以同样手法用左手掌抹右上肢六十遍。

图 7-43 抹手三阴

(3)意义：抹手三条阴经(手太阴肺经、手厥阴心包经和手少阴心经)，尤其对心、胸、肺等部位疾病和保健有较好作用。

（二）抹手三阳

(1)姿势：坐式或仰卧。

(2)操作：将左上肢掌面向下伸出，右手掌置于左上肢手背处，自手指背部抹向肩部及左颈经左面颊、耳，至颞部六十遍；然后以同样手法用左手掌抹右手至右颞部六十遍。

(3)意义：梳理手三条阳经等(手太阳小肠经、手少阳三焦经和手阳明大肠经以及在头颈部运行的足阳明胃经和足少阳胆经的一部分)。对头、面、喉、五官、肩、颈以及胃肠与上肢疾病的调理有一定意义。

3．梳理头颈

(1)姿势：坐式。

(2)操作：双手手指叉开，用手指自前额髮际向上梳理头部，过头顶后往枕向下梳至颈项部六十遍。

(3)意义：疏理头、颈和项部阳经经脉。对头、颈部疾病有保健和调理作用。

4．耙理脊柱

(1)姿势：坐式。

(2)操作：用挠痒耙上下耙理脊柱及两侧三十遍(可分上下两段，分别耙背部和腰骶部)。

(3)意义：梳理足太阳膀胱经及督脉。脊柱及两侧为人体躯干背侧的穴位密集分布带，尤其是脊神经后皮支的浅出区域，对人体五脏六腑都有良好的调理作用。

（五）推大腿

(1)姿势：坐式。

(2)操作：同侧手掌置于同侧大腿外侧，拇指与2—5指分别置于腿前和腿外侧，推大腿的髋部到膝关节六十遍。同法推另一大腿六十遍。

(3)意义：大腿前面有足阳明胃经，侧面为足少阳胆经，此操作可同时梳理此二经脉。

（六）抹小腿外侧

(1)姿势：坐式。

(2)操作：待抹小腿足跟外侧置于另一腿的膝部，用对侧手掌和手指，抹膝部到足趾六十遍，然后以同样手法抹另一小腿。

(3)意义：此操作可同时疏理足阳明胃经和足少阳胆经两条经脉。

（七）抹足三阴 (图 7-44)

(1)姿势：坐式。

(2)操作：待抹小腿足跟外侧置于另一腿的膝部，用对侧手掌和手指，从大拇趾侧部沿小腿内侧抹到膝关节内侧六十遍，然后以同样手法抹另一小腿。

(3)意义：此操作可同时疏理足部三条阴经经脉(足少阴肾经、足太阴脾经和足厥阴肝经)。

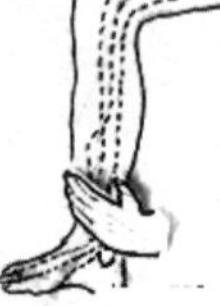

图 7-44 抹足三阴

（八）掌抹股内 (图 7-45)

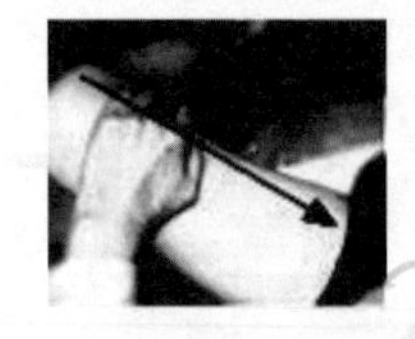

图 7-45 掌抹股内

(1)姿势：坐式 。

(2)操作：双手手掌分别置于同侧大腿内侧，两手分别从大腿的膝内侧抹到大腿根部六十遍。

(3)意义：此操作可同时调理足部三条阴经经脉(足少阴肾经、足太阴脾经和足厥阴肝经)，尤其对泌尿生殖和消化系统，有良好的保健和治疗作用。

（九）拳擦带脉

(1)姿势：站立。

(2)操作：双手半握拳，同时从小腹分别擦向两侧髂骨上缘并继续擦至腰部六十遍。

(3)意义：此法沿带脉按摩，有调理带脉作用。

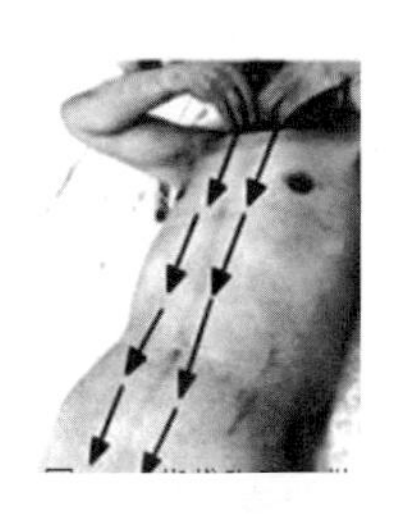

图 7-46 指推胸腹中带

（十）指推胸腹中带 (图 7-46)

(1)姿势：仰卧。

(2)操作：手指并拢置于胸正中，以指甲背面，从胸骨上部向下推至下腹横骨处六十遍。

(3)意义：胸腹中带涉及任脉、足少阴肾经、足阳明胃经三条经脉，也是人体内脏穴位密集分布带。此法有调理经脉和内脏功能作用。

第十节 肿瘤的预防及康复的辅助按摩操

肿瘤的预防，在保健上是一个很重要的问题。随着人的寿命延长，社会逐渐进入老龄化时代，肿瘤对人类健康的影响日益成为值得关注的问题。对于肿瘤的预防及肿瘤病人是否可以进行按摩，也是一个有争议的重要问题。由于害怕按摩可能会引起肿瘤转移扩散，一般都将按摩列为禁忌。大部分有关按摩的书，或者将其列为禁忌或者避而不谈。只有为数不多的书涉及到肿瘤按摩。如有的书中提出足底按摩治胃癌，耳穴按摩治子宫肌瘤等。引发肿瘤原因很多，因此对肿瘤预防也是比较复杂的。不良饮食和生活习惯对于肿瘸瘤发生是值得重视的，如吸烟和肺癌等呼吸系统肿瘤，长期吃含亚硝酸盐及亚硝胺成分的食物和消化系统肿瘤，过量饮酒和肝癌等都是日常生活中应注意的问题。这些不是我们在此讨论的问题。我们讨论的是在各种致肿瘤因子对人体作用的情况下，通过自我按摩方法，协助各种防预和治疗措施减少其危害。对于肿瘤预防无疑是最重要的，如果不幸发病，早期治疗特别是手术切除也是十分重要的。通过自我按摩方法提高人体抗肿瘤能力，是本节的目的。本节的操作主要包括以下几个方面：其一是人体的肿瘤反应区(点)，其二为脏腑机能调理，三是增强人体免疫力等。在无病时用于增强对肿瘤抵抗力，对治疗中病人则起辅助治疗作用。一个已明确的内脏肿瘤病人,在治疗中可以加入对手、足、耳的部位有关脏腑全息反射区按摩以增强治疗效果。但应注意的是只限于远程,癌瘤局部及邻近部位不宜按摩,以防扩散转移。在日常生活中，注意主动抗肿瘤，如戒烟、戒酒，不吃过烫食物，不吃霉变、烧焦及辛辣等刺激性强食物，注意饮食营养平衡。多吃蔬菜尤其是含丰富维生素、花青素等抗癌蔬菜水果。克服恐惧、悲观、郁抑心理，保持平和、开朗心态等。积极配合医疗。

（一）掐截根穴.

(1)姿势：坐位。

(2)操作：待施术足置于对侧大腿，以对侧大拇指掐截根穴六十遍，同法掐对侧截根穴六十遍。

(3)意义：此穴位于舟骨粗隆下凹陷下五分处，对多种癌有治疗作用(喉癌、鼻咽癌、肺癌、食道癌、胃癌、肝癌、直肠癌、乳腺癌、子宫癌等)。

（二）掐癌根 1 (图 7-47)

(1)姿势：坐位。

(2)操作：同上手法掐两足底癌根 1 各六十遍。

(3)意义：癌根 1(位于足底足背分界线内一横指的肌腱外侧)，主治脐以上部位癌瘤，如食道癌、胃癌、肝癌、淋巴转移癌和慢性粒细胞白血病。

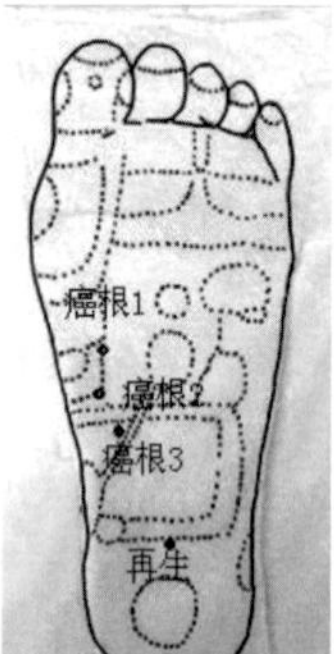

图 7-47 掐癌根

（三）掐癌根 2

(1)姿势：坐位。

(2)操作：同上手法掐两足底癌根 2(位于足底足背分界线内一横指肌腱外侧)各六十遍。

(3)意义：主治食道癌、直肠癌宫颈癌淋巴转食道癌、食道癌、淋巴转移癌等。

（四）掐癌根 3

(1)姿势：坐位。

(2)操作：同上手法掐两足底癌根 3(位于足底足背分界线内一横指肌腱外侧)各六十遍。

(3)意义：主治肝癌、鼻咽癌、乳腺癌、食道癌、肺癌等。

（五）掐再生穴

(1)姿势：坐位。

(2)操作：此穴位于足内外踝连线足底中点，同上手法拇指掐六十遍。

(3)意义：主要用于脑部肿瘤。

（六）按揉通气穴 (图 7-48)

(1)姿势：坐位。

(2)操作：按揉下颔角前下方约八分处的通气穴，两侧各六十遍。

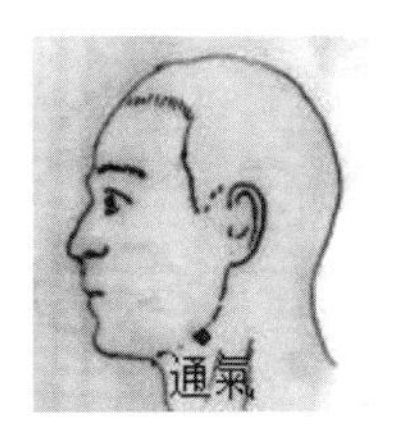

图 7-48 按揉通气穴

(3)意义：主治喉癌、鼻咽癌、食道癌、胃癌、乳癌、肝癌．肺癌、直肠癌等。

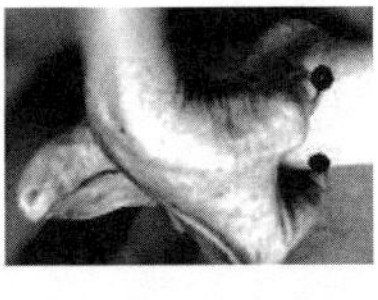

（七）掐足踝前淋巴腺(结)反射区 (图 7-49)

图 7-49 掐足踝前

(1)姿势：坐位。

(2)操作：足踝前淋巴腺反应(射)区分别位于足内踝和外踝前下方凹陷区,外侧为上身淋巴腺(结)反应(射)区,内侧为下身淋巴腺反应(射)区。待掐足置于对侧膝上,以对侧手固定足，同侧手拇指和食指指甲分别掐两反应(射)区各六十遍。

(3)意义：掐此两个反应(射)区有增强人体免疫力提高人体抗癌瘤能力,同时还可调治各种炎症及囊肿和肌瘤等作用。

（八）掐手腕背淋巴腺(结)反应(射)区 (图 7-50)

图 7-50 掐手腕背

(1)姿势：坐位。

(2)操作：手腕背淋巴腺反应(射)区分别位于桡骨和尺骨远程凹陷处,桡侧为下身淋巴腺反应(射)区,尺侧为上身淋巴腺反应(射)区。操作时以一侧手的拇指和食指指甲同时掐两反(射)区,然后换另手掐对侧手的两反应(射)区,各六十遍。

(3)意义：掐两反应(射)区有增强人体免疫力提高人体抗癌瘤能力,同时还可调治各种炎症及囊肿和子宫肌瘤等作用。

（九）耙理脊椎

(1)姿势：站立。

(2)操作：用挠痒耙(老人乐)，在脊椎及两侧上下反复耙理。一般分两段进行，上段由颈椎到胸椎，耙六十遍；下段由胸椎到骶部，耙六十遍。

(3)意义：每个节段脊神经的前支和后支均由同处神经细胞(神经元)发出，故相互关系密切。耙理脊椎区则同时调节各脏器生理活动。脊椎部位涉及督脉和足太阳膀胱经，为人体背部穴位集中带，涉及人体全身脏腑。耙理此带可治疗包括呼吸、循环、消化、泌尿、生殖等多方面病证，是调节内脏器官和健身的重要部位。

（十）指推腹中带

(1)姿势：仰卧。

(2)操作：双手指并拢置于前胸正中，以指甲背面，从胸骨上部向下推至下腹横骨处六十遍。

(3)意义：腹中带涉及任脉、足少阴肾经、足阳明胃经三条经脉，也是人体内脏穴位密集分布带。此法有调理经脉和内脏功能作用,增强人体对肿瘤抵抗能力，但不适于已确诊的内脏肿瘤，仅用于日常预防。

下编 疾病的治疗部分

本编对一百余例常见的临床症状和常见疾病的自我按摩，进行了较详细的叙述，可供患有相应疾病人员临床治疗时，作为配合临床治疗方法选用，以提高疾病治疗效果。由于疾病种类复杂，实际疾病数远多于此，不可能对每种疾病都加以叙述。因此，对于对自我按摩有一定经验者，可以按照本书所介绍的原则，对一些疾病选择一些部位或穴位进行治疗。当然，这需要对自我按摩有一定操作能力和经验以后才能进行。自我按摩本身有一定效果，但和所有疾病防治手段一样，不可能对所有疾病都有理想效果。因此，在临床治疗中只能作为临床治疗的辅助手段，且在效果不明显时，应及时加用其他方法，以免躭误病情。

第八章 自我按摩临床应用概述

常见疾病往往是影响人民健康的最主要原因，受害人数也最多，常常是多方治疗效果不理想。自我按摩作为一种个人治疗措施来说，这时不妨可以试用一下，有时也可能获得较好的疗效，起到减轻或解除疾苦的效果。由于疾病是复杂的，人体对疾病反应更为复杂。自我按摩作为一种治疗手段也和其他理疗、药物治疗一样，不可能做到包治百病，特别是在病因未除情况下，只能起到辅助治疗作用。因此，在进行一些较为严重疾病治疗时，药物或必要的手术治疗，在有条件情况下不可放弃。当自我按摩治疗见效后，在保证疗效前提下，可在医护人员指导下，逐渐减少常规用药用量，甚而以自我按摩取代之。鉴于药物和手术等治疗在大部分情况下不是病人能自行掌握的，为节省篇幅，本编各病、症一般不对常规药物或手术治疗进行介绍，仅就病者可自行操作的自我按摩及一些简单的自我治疗方法作简要介绍。本编中有关穴位按摩和非穴位按摩操作，均按上编所介绍的故不再重复叙述。关于体位一般用卧姿、侧卧，枕、项部位及部分下肢可用坐姿，作耙理颈、腰、背和骶部用站立体位。治疗中有时需配以热疗方法，可用热水袋、热疗仪进行，但应注意温度不应太高，以舒适为准，防止漏水、漏电及烫伤。此外,在各个病、症篇之后还设有生活提示，供患者在日常生活中参考。

第一节 自我按摩治疗原则

(一)诊断明确原则 一般来说，任何疾病只有诊断明确才能获得有针对性的治疗效果。如果诊断不明确，治疗方向不明，也就难以做到有针对性的治疗。因此，在进行治疗时应该明确诊断，以便进行适合于该病的治疗措施，才能收到较好的效果。由于自我按摩者大部分人并不是医务人员，一般很难做到自己能明确诊断，故一般情况下所患疾病应当先在当地门诊部、医院检查诊断后，再进行针对性的治疗。

(二)综合治疗原则 疾病是多种多样的，临床表现比较复杂，因而在治疗方面办法也很多，自我按摩治疗仅为中医学按摩中的一个分支。一般说来以对症治疗为主，很难做到对因治疗，因为病因十分复杂。按中医学病因有风、寒、暑、湿、燥、火的六淫，疫疠即温疫、疫毒，即现代医学所说传染病(包括病毒、立克次体、细菌、真菌、原虫、寄生虫等)，内伤性因素如七情(喜、怒、忧、思、悲、恐、惊)，饮食(饮食不节、饮食不洁、偏食)，劳逸(过劳、过逸)，外伤，烧伤，冻伤，虫兽叮咬伤以及痰饮、瘀血、结石等疾病过程中产生的继发病因。在现代医学中，分类更为复杂，涉及生物因素的有病毒、立克次体、细菌、原虫、寄生虫，涉及内因的内分泌、代谢、遗传、心理，物理伤害、化学中毒等等。按分科有内、外、妇、儿、皮肤、五官、口腔等多个科室。无疑，当今治疗手段也是很多且十分复杂，既有对因，也有对症。自我按摩是难以做到对因治疗的。实际上，也只能是做一些对症治疗，而起到在临床治疗上的相互补充作用。如同医学范畴中的针灸、按摩及中医、西医的药物治疗和外科手术治疗一样，哪一种方法都有其长处，也有其不足之处。因此，任何一种方法都不能包治百病。所以自我按摩治疗不排斥其他治疗，只期望在综合治疗的基本原则下，充分发挥其在对症治疗中简便、易行、经济的长处。对于实施自我按摩的个人来说，不可能要求他全面掌握多高的医学知识，只能定位在社会医学的对常见病症的群众性自我防治、自我保健的群防群治领域内，即用自身力量尽可能减少疾病危害。因此，在条件许可时应以综合治疗为主，辅以自我按摩，以促进康复。

(三)操作重复原则 无论在健身或治疗中，被施术部位都必须重复施术多遍，在自我保健(养生)中，一般重复三十至六十遍。在治疗中重复次数应多，一般在六十至一百遍。单独一次施术一般没有什么效果。无论是穴位按摩还是反应区或局部按摩，本质上都是刺激局部感受器，引发感受器兴奋冲动，再通过中枢神经系统的网络状结构，引起病变脏器或部位的效应器发生作用而达到治疗效果。由于网络系统联系与直接联系不同，在作用部位感受器产生的一次性冲动能量较

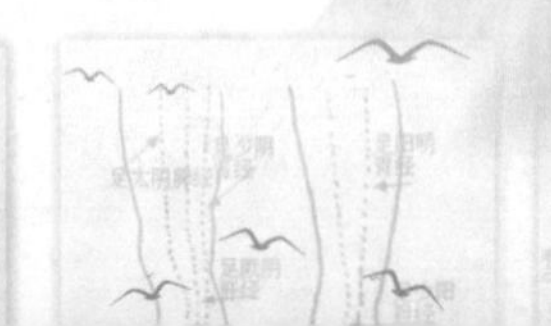

小，可影响到疾病局部的有效能量不多，只有通过重复刺激不断累积其效应，才有可能达到效应器反应的阈值。因此，自我按摩中必须采取操作重复原则，即一个部位反复多遍作同一个按摩操作。

(四)多部位聚焦的整体调节原则 从穴位主治看，每一个脏器或发病部位都存在多个相应治疗穴位或反应区。每个脏器或病区的体表区(反应区)对于局部病变都有治疗功能。四肢及头面穴位除治疗局部疾病外，多具有远处治疗作用即远程治疗作用。这种现象表明身体每个部位(包括脏腑)，都通过中枢神经网络状结构与多个身体其他部位有一定的生理联系。这种联系在头面、手掌、足底、耳廓较为集中。临床上常可用这些部位治疗全身各部位疾病。因此，为了加强治疗效果，对于某一脏器或部位疾病，可采用多个有相关关系的局部刺激进行治疗。通过对各个相关局部刺激产生的网络结构效应，迭加到同一待治疗脏器或病变部位，以增强其对疾病部位治疗效果。这类似于光学聚焦的从不同方向聚集于焦点，我们称此为多部位聚焦。通过多部位聚焦，进行整体调节在针灸治疗中早有应用，针灸中的腧穴远治即为用手足部位穴位远距离治疗头面和躯干疾患，其腧穴近治疗作用则是在疾病部位局部或邻近穴位治疗局部疾病。古代治疗往往采用多部位穴位，以调整机体整体机能达到治疗目的。多部位多穴位治疗，从表面上看，着重于疾病局部区域的多方面的联合作用。但从另一方面看，也同时存在多部位刺激对全身的整体调节作用。整体机能调节作用，最典型的是一个穴位通过调节作用，可以治疗相反的甚至完全对立的临床表现。同样一个穴位为什么能引起完全相反的病症获得治疗效果，这只能用整体效应来解释，如内关穴既可治心动过速使心率减缓，又可治心动过缓以增加心率；复溜穴既用于盗汗又治热病汗不出；气海穴既可治经闭又可治崩漏；中极穴既可用于遗尿又可用于小便不利；膀胱俞、大肠俞、大横、商丘、上巨虚、足三里、内庭等穴位都既有治泄泻又治便秘作用。这些现象均表现为局部穴位刺激作用，具有调和人体不同机能状态的调节作用。因此，多部位聚焦同时也可通过穴位本身的调节作用，对人体进行适当的整体调节。故无论作为保健(养生)还是疾病治疗，选择多部位多穴位比单一穴位或单一局部按摩更好。

(五)治疗或保健部位选择原则 无论是针灸还是按摩，大部分情况下都采用多穴位(部位)方法进行操作。部位选择可按照疾病或保健目的进行个体化。编者体会可采用中药方剂原则，进行部位选择组合以分明主次，既有主要部位又有辅助的调正机体整体状况部位，即按君、臣、佐、使原则来进行合理组合。其中的君为针对主要病症起主导的穴位或部位；臣为辅助主要穴位的穴位或部位；佐为相关的配合君与

臣的穴位或兼治次要病症穴位；使为疏通病部所在经脉的穴位，常在肢端相应经脉选取具有相关治疗作用穴位。使用中灵活应用，君是必备，其他穴位或部位可灵活掌握。

第二节 常规治疗的穴位(部位)的处方方法

自我按摩治疗疾病中确定施治部位或穴位时，基本上根据人体经络原理，同时结合现代医学知识，选用部分反应区或反应点、穴位。首先根据病情确定疾病或症状所在部位或脏腑，选择局部或邻近反应区和穴位。一般用穴位治疗时以所在主要经脉，采用按经脉取穴方式确定主要穴位或反应区(君)及辅助的邻近区或部位(臣)，然后在疾病所在经脉取远程(以肘、膝以远的四肢末端为主)选取配合或加强作用穴位或区域(佐)及本经疏通要穴(使)。一般每次操作以 2-6 处为宜。由于自我按摩治疗和針灸法一样，都是刺激神经末梢感受器的方法，这类方法都存在一个共同问题，就是反复刺激可因感受器敏感性下降而影响疗效。因此，可多组合几个处方，轮流使用，以减少因感受器敏感性下降所致疗效下降的问题，这样有利于一些慢性疾病的长期治疗所使用。治疗过程中可根据病情变化而增减或调整。每一组处方应有一个具体疗程，一般十日左右，休息 3-5 日再行后续方法。

（一）循经取穴法 根据发病部位确定所属经脉，结合穴位主治取穴或确定按摩部位。如咳嗽、气喘，经分析为肺经之疾，按手太阴肺经主治范围可取中府、尺泽。又如足阳明胃经主治胃肠及头面疾病，若有胃痛、呕吐、腹胀，则可取此经穴位，如梁门、天枢、足三里等穴位。这种取穴法比较简便，一般可在病部或邻近的该经脉选取主要穴位，再配以该经脉远程穴位。常用简要循经取穴可用原穴、络穴、郄穴、合穴取穴法。原穴多用于脏腑病；络穴有联络表里作用，可治表里两经疾病也可用于慢性疾病；郄穴多用于急性病症；合穴为经气会合处，为十二经要穴(表 8-1)。在自我按摩中对穴位集中处还可以以某穴为主同时兼取邻近穴，用同一手法同时刺激多个穴位以加强作用。

表 8-1 十二经原穴络穴郄穴合穴取穴表

	手太阴	手厥阴	手少阴	足太阴	足厥阴	足少阴	手阳明	手少阳	手太阳	足太阳	足少阳	足阳明
	肺经	心包	心	脾	肝	肾	大肠	三焦	小肠	膀胱	胆	胃
原穴	太渊	大陵	神门	太白	太冲	太溪	合谷	阳池	腕骨	京骨	丘虚	冲阳
络穴	列缺	内关	通里	公孙	蠡沟	大钟	偏历	外关	支正	飞扬	光明	丰隆
郄穴	孔最	郄门	阴郄	地机	中都	水泉	温留	会宗	养老	金门	外丘	梁丘
合穴	尺泽	曲泽	少海	阴陵泉	曲泉	阴谷	曲池	天井	小海	委中	阳陵泉	足三里

(二)五俞穴补泻　根据病证虚实，采用单经脉或两经脉取穴，按五俞穴表 8-2 进行。此中注意各经之间的相生关系依次为土→金→水→木→火→土，位于“→”前者为母，后者为子。五俞穴位补泻取穴，按临床病证虚实，结合穴位主治可取本经或母子、表里关系穴位相配，大致有以下几种：

1.本经本穴的补泻：本经有病取本经本穴，属实证者用泻法，虚证者用补法。如肺经有病，肺经属金，本经本穴肺金之金穴为经渠，若属实证则用强刺激以泻本经本穴(经渠)，若为虚证则用缓和的补法(经渠)以补本经本穴，此为本经本穴取穴法。

2.本经子穴泻实，母穴补虚：选用本经的子穴用泻法治疗本经实证，仍以肺经之病为例，当肺经实证时取肺金的子穴尺泽(尺泽属水穴，金生水，肺经本身属金，故尺泽为肺金中的水穴)，用泻手法；当为虚证时则按虚则补其母的原则，金之母为土(土生金)，故取肺金中的土穴太渊，用补法治疗。

3.子经子穴泻实，母经的母穴补虚：当肺经实证时，可取肺经之子经即肾经(属水)的水穴阴谷，以泻法治疗；当肺经虚证时则取肺经之母经(脾经)，即脾经(属土，土生金)的土穴太白以补的手法治疗。

表 8-2 五俞穴综合表

五俞名	阴经(脏、里)							阳经(腑、表)						
	经名	肺	肝	肾	心	脾	心包	经名	大肠	胆	膀胱	小肠	胃	三焦
	属性	金	木	水	火	土	火	属性	金	木	水	火	土	火
井	木	少商	大敦	涌泉	少冲	隐白	中冲	金	商阳	窍阴	至阴	少泽	厉兑	关冲
荣	火	鱼际	行间	然谷	少府	大都	劳宫	水	二间	侠溪	通谷	前谷	内庭	液门
俞	土	太渊	太冲	太溪	神门	太白	大陵	木	三间	临泣	束骨	后溪	陷谷	中渚
经	金	经渠	中封	复溜	灵道	商丘	间使	火	阳溪	阳辅	昆仑	阳谷	解溪	支沟
合	水	尺泽	曲泉	阴谷	少海	阴陵	曲泽	土	曲池	阳陵	委中	小海	三里	天井

4.表里经子穴泻实，母穴补虛：肺与大肠相表里，肺经之病亦可取大肠经穴治疗。肺实证时用泻其表经子穴即大肠经的水穴(金生水)二间以泻手法施治；肺虛证时可用大肠经的土穴(曲池)以补手法治疗(土生金)。

由上可见采用五俞取穴法时，取穴比较复杂多样，当肺经实证时可分别取经渠、尺泽、阴谷、二间施以泻法；当肺虛证时可取经渠、太渊、太白、曲池施以补法。在治疗一些慢性疾病时，各取穴法可交替使用，以防某穴(某部位)多次应用后产生适应性而降低疗效。一般情况下以本经的穴位治疗本经病证为好，如上述的阴谷、二间、太白、曲池四穴的主治中多无治疗肺经病证的内容，故若这些穴位治疗效果不明显时应尽快更换本经的穴位。这种方法对于一般民众来说，实在难以掌握，不便于推广应用，筆者不主张推荐，仅供参考。

(三)局部及邻近取穴法　此法为在病痛局部选取治疗穴位或施术区带。一般来说全身各穴位都有治疗所在部位及邻近区域病痛的作用。各经脉通过身体某一部位时都有对该部位病痛的治疗作用。特别是病痛时产生的局部或邻近的敏感点(区)都具有治疗意义，即通常所说寻找阿是穴，往往可产生良好治疗效果。以经络来说，各经脉通过胸、背部穴位都有治疗胸部病证作用，如手足阳经、督脉在通过眼周围时都治疗眼病；凡经过阴部、骶部经脉穴位都有治疗妇科疾病作用等。因此，选取病部及邻近区域穴进行治疗是最为简便的办法。“头痛医头，脚痛医脚”对于一个医生来说原是有些贬意，但对于一般人作自我按摩，仍然是值得一提的。在治疗中可以以此选择主要施治部位，再配以远部穴位，是比较合适的方法。这种选择治疗办法有助于对局部病区进行通经活络、行气活血、消瘀止痛、祛除疾病部邪气作用。常见部位如表 8-3。

表 8-3 局部及邻近区域主治

部位	主治
眼周	眼疾
耳周	耳疾
鼻部	鼻、鼻窦
上下颌	口、齿、颜面
胸、上背	肺、心、支气管、气管
上腹、下背	肝、胆、脾、胰、胃
下腹、腰、骶	胃、肠、肾、输尿管、膀胱、生殖、肛门
下肢	下肢局部
上肢	上肢局部

(四)远部选穴法　远部选穴是针灸、按摩常用方法。即按穴位的远程治疗作用(远治作用)原理来选择治疗穴位。根据各穴主治，“远

治作用”主要选择四肢的，尤其是肘膝以远穴位，对躯干和头部有治疗作用。近代研究显示手掌、足底、耳廓的很多穴位都有“远治作用”。躯干和头部在经典针灸中只有少数穴位具有“远治作用”，如百会治脱肛，龈交治痔疮。“远治作用”中足底和下肢主要有治疗躯干和头面作用，对上肢基本上无治疗穴位；同样上肢穴位主要治疗躯干上部疾病，对下肢和躯干下部治疗作用较少。但耳则可远治全身各处病证。“远治作用”中一般可循经按主治范围取穴。比较重要穴位如合谷对颈部、头面部治疗，足三里治疗肚腹，列缺穴治疗头项部位疾病，委中治腰背疾，百会提气治脱肛、子宫脱垂，龈交治腰痛、痔疮，内关治心胸病，三阴交穴治生殖系统疾病，昆仑穴治头项病，太白、大都、公孙(一条线)治胃肠疾病等。

(五)对症取穴法又称“经验取穴”，是根据症状取穴。如外感发烧取大椎、合谷、曲池，咳嗽取定喘、天突、膻中，体弱取强壮身体的穴位：足三里、气海、关元、命门、膏肓俞、胃俞、腰眼等穴位，“胸闷”取膻中、内关、气海，呃逆取天突、内关、膈俞，心痛、心悸取内关、膻中、阴郄，腹泻取中脘、天枢、足三里，腹胀取内关、足三里、中脘、气海，呕吐取内关、中脘、足三里，便秘取天枢、三阴交、支沟，胃痛取中脘、内关、足三里，牙痛取合谷(下牙加颊车，上牙加下关)，尿少取阴陵泉、气海，排尿困难取三阴交、阴陵泉、大腿内侧按摩，脱肛、子宫脱垂取百会、关元、三阴交，阑尾炎取右天枢、阑尾，落枕取风池、悬钟、落枕、大椎，失眠取百会、神门、三阴交等。

(六)其他　除以上几种取穴法外，还有脏腑俞募取穴法，多用于脏俯疾病，一般取膀胱经同名俞穴加上相应脏腑胸腹部的募穴(表 8-4)，其实取募穴也是一种邻近取穴。

表 8-4 脏腑病的俞募取穴表

	肺	心包	心	肝	脾	肾	胃	胆	膀胱	大肠	三焦	小肠
俞穴	肺俞	厥阴俞	心俞	肝俞	脾俞	肾俞	胃俞	胆俞	膀胱俞	大肠俞	三焦俞	小肠俞
募穴	中府	膻中	巨阙	期门	章门	京门	中脘	日月	中极	天枢	石门	关元

此外，还有八脉交会法，八会穴法，下合穴，交会穴等，可参考有关针灸书籍。此处简要提一下八会穴外，其余不作介绍。

所谓八会穴为体内脏、腑、气、血、筋、脉、骨、髓等，这八种组织的精气各自聚集之处。因此，这八方面疾病可分别选用各自的精气会集穴位加以治疗。如中脘为腑的会穴，可治六腑病，阳陵泉为筋的会穴可治筋脉拘急，筋骨疼痛等(表 8-5)。

表 8-5 八会穴及其应用

会聚穴	章门	中脘	膻中	膈俞	阳陵泉	太渊	大椎	绝骨
治疗	五脏	六腑	气病	血病	筋病	脉病	骨病	髓病

在出现以上八类疾病选择治疗穴位时，可根据病证选用相应会穴以增强疗效。

以上各种取穴法应根据具体病证病情灵活应用，亦可相互交叉渗透，并在治疗过程中根据疗效情况而调整。一般来说常用的还是局部、邻近区域及对症取穴法。其他方法有些复杂，不适于普通民众使用，仅供参考。

第九章 常见临床症状及病证的自我按摩

第一节 头痛

一、概述

头痛是常见的临床症状，也是一些严重疾病的早期症状之一。按病因可分为：神经性、感染性、血管性、外伤、中毒、鼻和鼻窦病、眼病、脑膜性及颅内高压等几种。搞清原因对于治疗是很重要的，如脑膜炎头痛和一般神经性头痛处理完全不一样。按中医学头痛分为外感与内伤两型。风、寒、燥、热、湿，均可作为病因，其中风、寒为最常见原因；内伤头痛多与肝、脾、肾有关，且可分虚实两种情况，其治疗都有所不同。此外，有些人对某些食品或饮料敏感，进食后可诱发或加重头疼如奶酪、红葡萄酒。

二、临床表现

(一)外感型：病期短急，常伴鼻塞流涕、发烧、怕冷、脉浮。风寒者怕风、项背痛、不渴、无汗；风热者头痛剧烈且发胀，常有怕风、脸红、结膜充血、口干、尿黄、大便干、舌质红舌苔黄等；若为风湿，则头痛如裹、肢体困重、食欲不振、胸闷、尿少、大便稀溏等。按此，外感型头痛又可分为风寒亚型、风热亚型、风湿亚型等。

(二)内伤型：多为慢性，常分实证和虚证。(1)实证：一般头痛较重，无外感表现，根据病因表现有所不同。肝阳上亢者：头痛、头晕、烦燥、面红、结膜充血、口苦、舌红，发作与情绪有关；浊痰阻遏：额痛昏蒙、胸闷、上腹胀满、恶心、呕吐粘液、大便稀或干、舌苔白腻、脉弦或滑；瘀血阻络：多有外伤史，剧痛且固定，舌质有瘀斑、舌苔薄白，脉细涩。(2)虚证：分肾虚、气虚、血虚三种。一般为较轻的慢性头痛。肾虚者：头空痛伴眩晕、腰酸痛、乏力、耳鸣、失眠，男性遗精、女性白带多，出虚汗、舌质红、舌苔少、脉细无力；气虚者：长时间头隐痛、头眩晕、腰酸痛、疲乏无力、怕冷、手足凉、尿清长、男性遗精，女性白带多，舌质淡、胖，脉细；血虚者：头痛头晕、心神不安、乏力、面色苍白、舌质淡、苔薄白、脉细弱，劳累加重。

三、治疗

(一)病因治疗：寻找病因作针对性治疗，特别警惕脑血管和肿瘤源性头痛。

(二)药物对症治疗：寻找病因作针对性治疗。

(三)自我按摩

1.常规按摩　前头痛：擦前额，指梳颅前带、分抹印堂(眉带)；头顶及侧头痛：梳颅顶带，揉湧泉；头项痛：梳颅后带、项带(枕部至大椎)；各种头痛均可擦手三阳经，如有咳嗽作耙理脊背、擦气管带。

2.全息按摩　　耳部：1对耳屏区(枕、额、太阳、脑)，2脑干，3结节，4胆，5头疼区；手部：1脑，2三叉神经，3额，4头疼，5全头痛；足部：1脑,2额，3三叉神经。

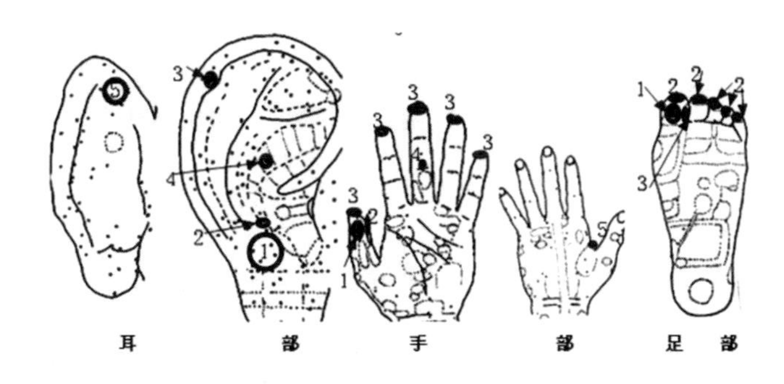

耳　　部　　手　　部　　足　部

(四)常规穴位按摩

按头痛部位:前头痛取上星、印堂、头维、合谷、内庭；侧头痛取太阳、角孙、头维、风池、翳风、外关、列缺；头顶痛取百会、上星、四神聪、通天、列缺、湧泉、行间；头项痛取风府、风池、昆仑、后溪、列缺等。

按病型;外感型及内伤型实证用泻法，以指针(掐法)；内伤型虚证用补法，以按揉手法。

1.外感型：一般取坐姿，按摩各操作六十遍，一日两次。

(1)风寒头痛：选用风池、合谷、外关、列缺、太阳；单手指擦头枕部及项部至微热感；鼻塞流涕加夹鼻、迎香；项枕部热疗三十分钟。

(2)风热头痛：选用印堂、头维、大椎、风池、合谷、外关、曲池；分推印堂-眉-太阳-耳屏。

(3)风湿头痛：选用风池、头维、通天、三阳络、合谷；胸部不适加内关，食欲不振、大便稀加足三里、中脘。

2.内伤型：

(1)内伤实证：肝阳上亢取百会、头维、率角、列缺、合谷、行间、三阴交；双手抹印堂-眉弓-太阳-听宫至下颌角，及太阳穴沿耳后至风池。痰浊阻遏者指按中脘、丰隆、头维、解溪、足三里、内关；擦膝至足腕部。瘀血阻络者取头痛点、血海、三阴交、列缺。

(2)内伤虚证：虚证以补为主。选穴：百会、气海、三阴交、足三里、膻中、关元。

(五)其他 积极治疗原发病，特别是颅脑器质性病变，因为此时按摩，只能起缓解疼痛作用。除自我按摩外，还可用耳针、针灸、药物治疗等。

四、生活提示

1.做好头部保护：夏季防日晒，寒冷季节注意头部保暖，避风寒；

2.生活作息：生活规律，防精神劳累；

3.饮食戒刺激性食品，不饮酒、咖啡及浓茶，少吃腌制、熏制食品，不抽烟；

4.若怀疑与食物有关应注意观察，避免进食有关食品；

5.绿叶类蔬菜含镁较多，有助于减轻头疼，应多吃；

6.每晚睡前热水洗脚。

第二节 眩晕

一、概述

眩晕即通常所说头晕眼花或自觉旋转摇晃感。其原因较复杂，大体有三类：耳源性、神经性、全身性疾病。耳源性如美尼尔氏综合症、迷路炎、药物中毒、晕动病等，常伴有旋转感；神经性疾病，如位听神经、脑干、小脑神经瘤，前庭神经炎、基底动脉供血不足、小脑动脉血栓形成等；全身性疾病如贫血、低血糖、肝病、心脏病、胃肠病、药物中毒等，一般无旋转感。中医学认为眩晕多为虚证，常与肝、肾不足，血、气亏损有关；少数为痰、暑、火，亦为邪实正虚。

二、临床表现

病人主要表现为头晕、眼花或自觉旋转摇晃难以站立，躺下后症状减轻，常伴有恶心、呕吐、乏力、耳鸣等其他症状。

现按表现分型：

1 肝阳上逆：又称肝阳上亢，多见于高血压，常伴头痛、面红、耳鸣、心烦、多梦、脉弦；

2 血虚眩晕：面色苍白、心悸、疲乏、耳鸣，急性发作者可有恶心呕吐、出冷汗、心中不适、四肢凉、视力减退、跌倒、昏厥，实为脑贫血所致；

3 气虚眩晕：面色苍白、疲乏、食欲差、大便稀、表情淡漠、舌苔白、脉无力；

4 湿痰阻遏：常伴头额胀、胸闷、恶心、呕吐、食欲差、肢冷汗出、脉滑、苔白腻；

5 肾精亏损：头晕旋转、耳鸣眼花、记忆差、疲乏、肢凉、遗精、白带多。

三、治疗

(一)病因治疗：寻找病因作针对性治疗，特别警惕脑血管和肿瘤源性眩晕。

(二)药物对症治疗：无旋转感者可给镇静剂、抗晕治疗。

(三)自我按摩

1.常规按摩　指推印堂-风府，分抹印堂(眉弓)，擦前额，指梳颅前带，擦颈椎，指揉鼻根，耙理脊背，擦耳根带，擦小腿内侧，揉涌泉。

2.全息按摩　耳部：1额，2外耳，3内耳，4枕，5肝，6交干；手部：1肾穴,2耳，3大脑,4颈椎,5头晕；足部：1耳区，2额，3脑，4颈，5内耳、迷路。

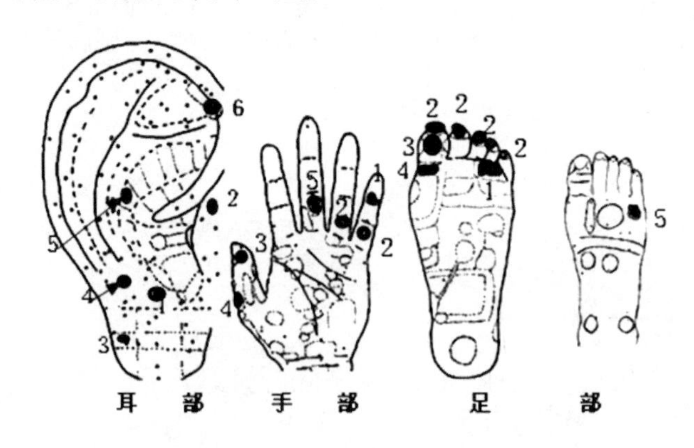

（四）穴位按摩　坐姿或卧姿，一日两次。

1.肝阳上逆：掐风池、太冲、行间、侠溪，揉肾俞、三阴交、内关；

2.血虚眩晕：按揉百会、风池、神门、血海、关元、中脘、足三里、三阴交；

3.气虚眩晕：按揉百会、气海、三阴交、膻中、足三里、内关；

4.痰湿阻遏：掐头维、印堂、合谷、行间、丰隆、解溪，揉内关、中脘；

5.肾精亏损：按揉百会、风池、听宫、肾俞、太溪、涌泉、血海、三阴交。

（五）其他　耳针，针灸，中药。

四、生活提示

1.发作时卧床休息，多发期间不外出；

2.适当限盐，减少水摄入，吃易消化食物；

3.多吃含维生素 B 族食物如动物肝、核桃、豆类；

4.戒烟及烈性酒，不吃刺激性食物；

5.保持平和心态，积极治疗原发病。

第三节 失眠

一、概述

睡眠是人的正常生理活动，睡眠与觉醒通常随日夜变化而交替发生。白天处于觉醒，以主动感知和适应外界环境变化，进行日常活动。同时在生理活动过程中，精力、体力会逐渐下降，以致出现疲劳。进入夜晚，通过睡眠过程使生命力得以恢复。睡眠对维持人体正常生理活动十分重要。失眠是指经常不能获得正常睡眠。患者不能通过睡眠来消除疲劳，恢复正常生理及工作能力。病因较多如紧张、高血压、甲亢、神经衰弱、消化不良、多种急慢性疾病、中毒性疾病等。中医认为与心脾肝肾和阴血不足，阳盛阴衰，阴阳失交，以致心神不安有关。失眠常伴其他病证如眩晕、头痛、心悸、健忘等。

二、临床表现

失眠常表现为入睡困难，或入眠后易醒，醒后难入睡，或时睡时醒，或睡眠浅多梦，重者甚至通夜不眠。结合伴随症状分型如下。

1.心血亏虚：入睡难，且易醒，伴多梦、心悸、乏力、多汗、面色少华、头昏目眩、脉细弱；

2.心肾不交：入睡难易惊醒，伴头昏、心烦、遗精、耳鸣、健忘、口渴等，舌质红，脉细数；

3.肝火上扰：性燥易怒，头痛、头胀、难入眠、多梦、胁胀痛、口苦、脉弦；

4.胃不和：睡眠浅，胃不适、呕逆痰涎、腹胀、嗳气、便秘、眩晕、多梦、苔腻、脉滑等；

5.心虛胆怯：心悸、心烦、多梦、易惊醒、胆怯、气短乏力、脉弦细。

三、治疗

(一)对因治疗：寻找病因，针对病因治疗。

(二)药物：一般少用，必要时给以安眠镇静类药物。

(三)自我按摩

1.常规按摩　指梳额至枕，指疏顾前带，分抹印堂-太阳，擦颈椎，耙理脊背，擦肋，摩腹部，揉涌泉，肝火上扰者擦双肋。

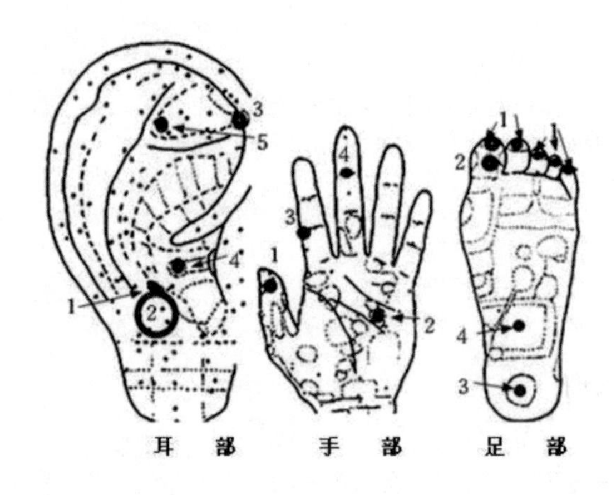

2.全息按摩　耳部：1脑，2对耳屏(额、太阳、枕)，3交感，4心，5　神门；手部：1脑,2脾,3入眠,4心穴　；足部：1额,2脑,3失眠,4头。

(四)穴位按摩　坐姿或仰卧。入睡前每穴按揉1-2分钟。

主穴：安眠、内关、神门、劳宫、三阴交、太溪、涌泉。心血亏虚加揉百会、丘墟；心肾不交加揉照海、申脉、大陵；肝火上扰加掐

行间、印堂、大陵、太冲、风池；胃不和加揉中脘、掐足三里；心虚胆怯加揉行间、足窍阴、气海、神庭。

(五)其他　睡前作气功，上床后反复默念“睡觉、睡觉…”。

四、生活提示

1.入睡前热水浴足；

2.不饮兴奋性饮料如茶、咖啡、酒等；

3.晚餐以清淡为好，不过饱或过少,不吃夜宵；

4.睡前更换舒适睡衣，被子以舒适为宜；

5.睡前可吃些牛奶、酸奶、酸枣、苹果等有利于安眠的食品(吃后应刷牙)；

6.生活规律适量运动，不在床上看小说、电视，入睡前保持平和心态不想其它事。

第四节 水肿

一、概述

水肿为人体组织间液积聚过多，分全身性及局部性水肿。此处主要指全身性水肿，因按压后可出现凹陷坑，又称凹陷性水肿，其原理大致可分为器质性和功能性两类。器质性水肿主要包括心脏、肾脏、肝、营养不良和内分泌等因素；功能性水肿常见于女性，有特发性水肿、卵巢功能紊乱等，一般比较轻，常与月经周期有关。中医针灸学也是指全身性水肿，致病机理认为不外乎肺、脾、肾三经。三者失调导致气机阻遏，水湿壅滞，排泄失常而停溢于肌肤。一般分为阳水和阴水两型，阳水多指外感风湿、湿热蕴结等；阴水多为劳倦内伤，阳气衰弱，水湿内停。

二、临床表现

1.阳水型：初为面部眼睑浮肿，随后遍及全身，阴囊肿亮，皮肤无光泽。外感风湿为主者可有怕风、关节疼痛、咳嗽、气喘、苔白滑、脉浮；湿热蕴结者可见口干、胸烦闷、腹胀、便秘、尿少而黄、舌苔黄腻，脉濡数或洪大，类似急性肾小球肾炎。

2.阴水型：初为足踝部浮肿，逐渐向上漫延至腹部、面部，时轻时重，面色白而无华、腹胀、尿少色清、大便稀、肢凉、脉沉细，苔白腻。

三、治疗

(一)对因治疗：寻找病因，针对病因治疗。

(二)药物:利尿消肿，适当限盐补钾。

(三)自我按摩

1.常规按摩　扒理腰背脊椎，分抹印堂-太阳，推腹中带，擦腰，擦小腿外侧，膝腓擦，抹股内侧,擦小腿外侧，阴水型热疗脐下区三十分钟。

2.全息按摩　耳部：1膀胱,2肾，3肺,4肾上腺；手部：1肾区，2膀胱，3肾穴；足部：1肾区，2肾点，3膀胱。

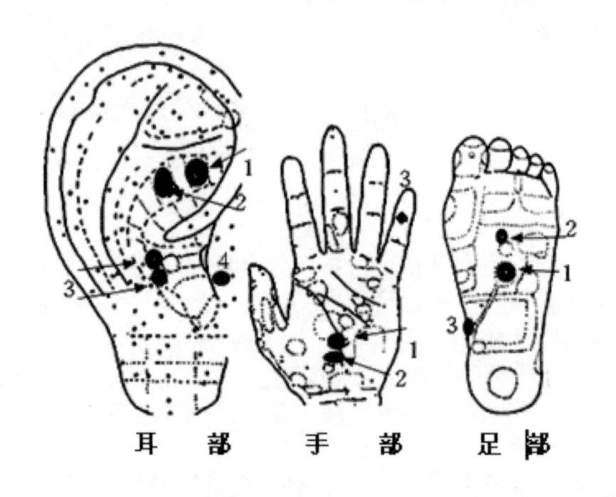

(四)穴位按摩　为辅助治疗，促进水液排出以消肿，每穴按揉1-2分钟，每天2次。

主穴：水分、中极、关元、气海、中脘、足三里、三阴交。阳水型：加掐阴陵泉、复溜、偏历，头面肿者加按揉水沟(人中)，外感恶风咳喘加合谷、列缺、外关、大杼；阴水型：加按揉肾俞、阴陵泉、足临泣，面肿者加水沟，上肢肿者加偏历、曲池，大便稀加揉天枢。

(五)其他　针灸，耳针，中药。

四、生活提示

1.控制钠盐摄入(低盐或无盐饮食，少吃含苏打食品)；

2.红小豆、冬瓜利尿消肿可常吃，不吃虾蟹及生冷食物；

3.戒房事(夫妻生活)；

4.食高蛋白高维生素高能量(非蛋白氨上升则应控制蛋白摄入量)饮食；

5.控制饮水量；

6.有腹水应卧床休息。

第五节 腹胀(臌胀)

一、概述

腹胀又称臌胀、鼓胀，是一种常见的缺乏特异性的症状。腹胀原因很多：过度肥胖，多种疾病引起的胃肠胀气，腹内脏器囊肿、肿瘤，脏器肿大，心、肝、肾疾病及恶性肿瘤所致腹水，毒物中毒等都可能引起腹胀。中医学认为引起腹胀原因为七情郁结，饮食不当，肾阳不足膀胱气化不及，血吸虫感染致脉络瘀塞、气血水停滞于腹，黄疸、积聚等日久迁延而成鼓胀。严重者多预后不良。

二、临床表现

临床上腹胀主要表现为腹部胀满，多伴有原发疾病的其他症状，综合分型如下。

气臌：腹胀大，皮色正常，腹软，食欲差，胀气不适，腹胀时轻时重，舌苔白腻，病情较轻。

水臌：腹大内充水液，按之不起，皮色光亮，胸闷气短，重者难以平卧，食欲差、大便稀、尿少色黄、苔白。

单腹臌：多为疾病晚期，腹部胀大，腹壁静脉怒张，肚脐突起，面部及四肢消瘦，食欲差，进食少，大小便不利，皮肤晦暗萎黄，多为肝硬化；若便血、黑便、小腹胀满，则称血臌。无论单腹臌或血臌都为重症，预后不良。

三、治疗

(一)积极治疗原发疾病,针对腹胀原因作对症治疗，如肠胀气可肛管排气等。

(二)药物:利尿消肿，适当限盐补钾。

(三)自我按摩

1.常规按摩

气臌：推腹中带、摩腹壁；水臌：摩腹壁；单腹臌：擦腰骶，耙理腰骶，耙理腰背脊椎两侧，擦腰脊，擦小腿外侧。

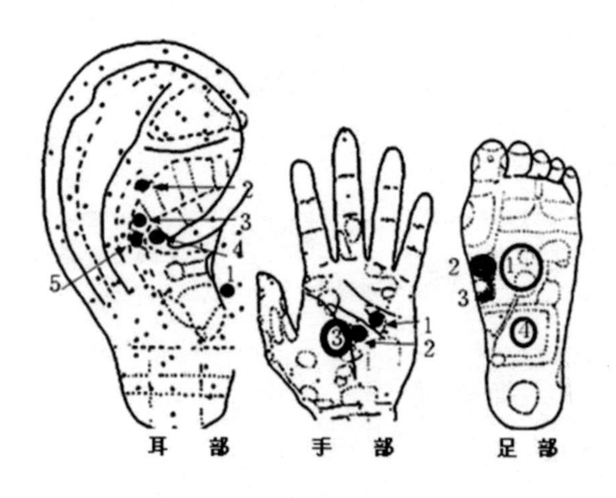

2.全息按摩　耳部：1肾上腺,2腹,3肝，4胃，5脾；手部：1脾,2胃，3腹腔神经丛；足部：1腹腔神经丛，2胃，3十二指肠,4小肠。

(四)穴位按摩　每穴按揉 1-2 分钟，每日二次。

1.气臌：按揉膻中、中脘、气海、天枢、内关、足三里；

2.水臌：按揉水分、气海、足三里、肾俞、三阴交；

3.单腹臌：按揉章门、期门、血海、三阴交、阴陵泉、中极、肾俞、三焦俞等。

(五)其他　水臌和单腹臌为重症，应积极治疗原发病，按摩只起辅助治疗作用；饮食宜清淡。若为肝硬化、癌肿、恶液质、严重心衰，预后多不良，应加强护理。

四、生活提示

1.吃少刺激、易消化、产气少食物；

2.水臌：控制水摄入量，吃清淡低盐或无盐饮食；

3.单腹臌：吃富蛋白质易消化富维生素食物；常吃赤小豆、冬瓜、新鲜鲤鱼；

4.保持愉悦心情。

第六节　呕吐

一、概述

呕吐是一种常见的消化道症状，原因比较复杂，但以呕吐为主要症状的病并不多，引起呕吐的原因除消化系统本身疾病外，还有很多其他原因，如妊娠、代谢病、眩晕、脑病、药物及神经性呕吐等。从中医学角度看，呕吐原因有食物不洁、饮食失调、肝气犯胃、脾胃虚弱及外感邪气等，基本病机为胃气上逆。其分型方式尚不一致，有按寒、热、虚、实分型；有按外邪、气郁、胃气虚弱、食滞分型；有分为伤食、痰饮、肝气、外感；有分为外邪犯胃、饮食停滞、痰饮内阻、肝气犯胃、脾胃虚寒、胃阴不足等。

二、临床表现

呕吐是临床表现之一，常伴有其他症状。综合各家分型如下：

1.食滞型：亦称饮食停滞、急性胃炎、伤食等。常有胃胀、嗳腐气、呕吐未消化食物、吐出后舒适、屁多、便秘、舌苔厚腻、脉滑，属实证；

2.外感风寒型：呕吐、舌苔白腻、尿清；

3.外感风热型：呕吐频繁、食入即吐、喜凉怕热，心烦、上腹不适、口渴，伴头痛、发烧、尿黄、舌苔黄、脉滑数；

4.胃虛型：不消化、吐粘液、食少无味、疲乏无力、消瘦、面色苍白、心悸头晕、吐后喜热饮、舌淡苔薄、脉细弱；

5.气郁型：肝气郁结犯胃呕吐，胸胁胀闷、泛酸、嗳气、腹胀、苔薄白、脉弦，常与心情有关。

三、治疗

(一)查找原因，针对原发病进行治疗。

(二)对症治疗：镇静、止吐、助消化，补充 B 族维生素，如 $VitB_6$ 等。

(三)自我按摩

1.常规按摩

摩腹壁，推胸一脐带，气郁型加擦双肋，外感两型加擦手三阳经脉，耙理脊椎；辅助按摩：擦小腿外侧，擦小腿内侧。

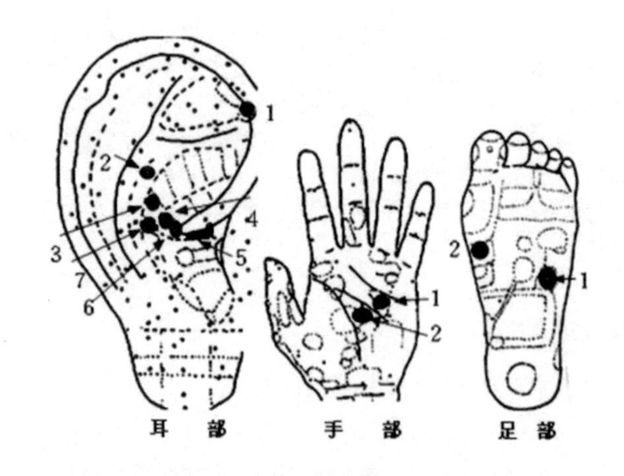

2.全息按摩　耳部：1 交感,2 腹，3 肝，4 胃，5 食道、6 贲门，7 脾；手部：1 脾,2 胃；足部：1 脾,2 胃。

(四)穴位按摩　每穴按揉 1-2 分钟，每日二次。主穴：中脘、内关、足三里。食滞型加掐内庭、丰隆、公孙；外感风寒型加掐合谷、风池、三阴交；外感风热型者，加掐大椎、内庭、合谷、解溪；胃虚型加揉章门、丰隆、公孙；气郁型加掐行间、期门、丰隆、阳陵泉、神门。

(五)其他　针灸，耳针，注意饮食卫生。

四、生活提示

1.少量多餐，吃富含蛋白质易消化的清淡饮食,饭后适当休息；

2.剧吐时可停食，待平稳时,从稀粥等易消化食物开始，少量多餐逐渐过渡到正常饮食；

3.不吃油腻、生冷及刺激性食物；

4.避免诱发呕吐气味；

5.生姜有一定止呕作用，可酌情饮生姜汤、姜糖水或含生姜片。

第七节 呃逆

一、概述

呃逆俗称打嗝，为膈肌痉挛所致，可偶尔独发，短时间自愈。久病伴随其他症状出现且连续、持久则应注意，如肝硬化、胃癌、尿毒症等，当为胃气将绝的重病证。其病机为中焦失调，胃气上逆动膈，以致膈肌痉挛。

二、临床表现

偶尔或连续的膈肌痉挛收缩，喉间不自主发出“呃、呃”的短而频的声响，可分为实证与虚证两型。

1.实证型：为初起，响声有力，体格较壮实。若胃寒所致可有胃部不舒服、舌苔白、脉迟，遇寒而重，热疗或饮热饮料可缓解为“胃寒亚型”；若胃热胃火上逆，口渴喜冷饮、口臭、便秘、尿短赤、舌苔黄燥、脉滑数，为“胃热亚型”；气滞痰阻亚型为胃不适，胸胁胀满、嗳气、屁多、苔薄而腻，脉弦滑。

2.虚证型：多为久病虚证，时断时续，呃声无力低长，气不足，疲乏无力。若为口唇干燥、口渴舌干却又不想吃喝，舌质红而舌苔少，脉细数，为胃“阴虚亚型”；若呈现气短无力、胃不适而吐清水、喜

温热、喜按压、四肢凉、大便稀、舌质淡而舌苔薄白、脉细弱，则为“脾肾阳虚亚型”。

三、治疗

(一)查找病因，针对原发病证施治。

(二)对症治疗：镇静、助消化，补充 B 族维生素，如 $VitB_6$ 等。

(三)自我按摩

1.常规按摩　推胸一脐带，摩腹壁，擦双肋，擦手背和足背(中部为膈膜反应带),擦前臂(肘一腕)，耙理脊椎，拿肩井。

2.全息按摩　耳部：1 交感，2 腹，3 肝，4 胃，5 食道,6 贲门，7 脾,8 膈；手部：1 后头,2 呃逆点；足部：1 膈，2 腹腔神经丛。

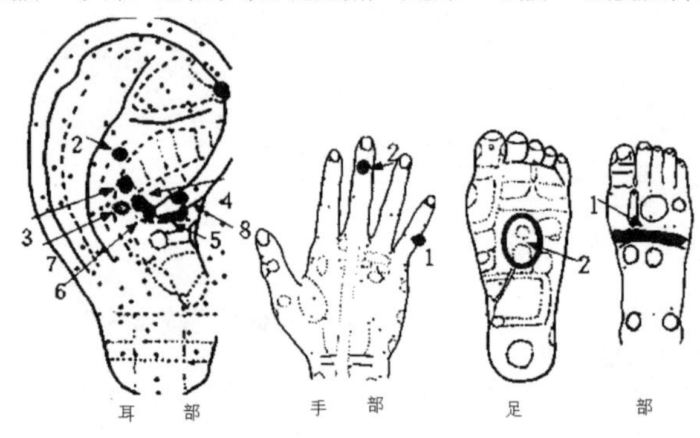

(四)穴位按摩　每穴 1-2 分钟，每日 1 次或发作时做。主穴：中脘、巨阙、缺盆、赞竹、膻中、内关、足三里。(1)实证揉中脘、巨阙，掐内关、膻中、足三里；气郁者加掐期门、太冲、肩井；(2)虚证：按揉主穴，胃阴不足加照海、三阴交，脾肾阳虚加关元，肾虚加三阴交每日 1 次或发作时做。

五)其他　针灸，耳针，胃寒及虚证者热疗胃及腰背处三十分钟。

四、生活提示

1.心态平和；

2.吃易消化饮食,饭后适当休息；

3.不吃对胃有刺激性食物如辣椒；不吃生冷食物；

4.注意休息不劳累。

第八节 胃脘痛

一、概述

胃脘痛又称胃痛，心口痛，是一种常见病症状。见于胃溃疡、急性和慢性胃炎、十二指肠溃疡、胃癌、胃痉挛等。病因多为饮食无规律、过饥过饱及生冷食物,以致胃络失和、痰湿内停或胃络失于温养而痉挛作痛，也可由于精神因素致使肝气横逆而致。

二、临床表现

主要为剑突下心窝部位疼痛。中医临床可分为 4 型：

1.中虚受寒：胃部隐隐作痛，泛吐清水，食量少，喜温喜按，得热减轻，手足凉，大便稀，舌质淡，苔白薄；

2.肝郁气滞：胃胀满，痛连胁肋，嗳气，常吐酸苦水，食欲不振，大便稀，舌苔薄白，脉细弦，发作与情绪变化有关;

3.食伤：饮食不节伤胃肠，胀痛拒按，食滞留，嗳腐吐酸食不化，吐后缓解肠不爽，苔腻脉滑便臭秽；

4.瘀血阻遏：胃刺痛部位固定，拒按食后痛加重，可伴呕血排黑便，舌紫或瘀见脉涩。

三、治疗

(一)胃痛应查明原因以有针对性治疗，中老年人应注意癌变。

(二)药物对症治疗。

(三)自我按摩

1.常规按摩　推胸一脐带，拳擦双肋缘,摩腹壁,擦腰脊，推前臂,耙理脊椎，擦小腿外侧。

2.全息按摩　耳部：1胃,2交感,3脾,4腹；手部：1胃,2脾；足部：1胃,2脾，3腹腔神经丛，4十二指肠，5肠区。

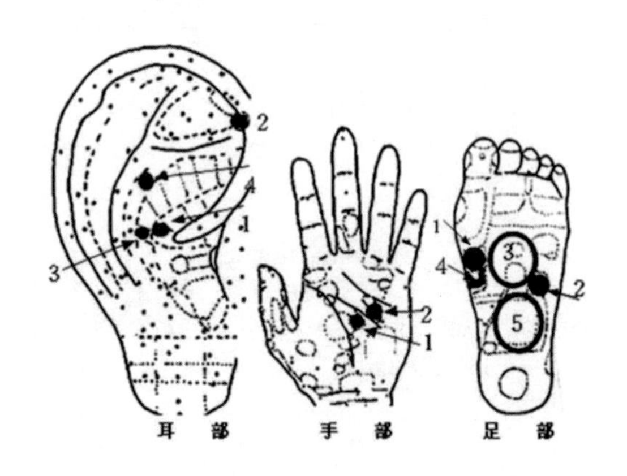

(四)穴位按摩　每穴1-2分钟，每日1-2次。主穴：中脘、内关、足三里。中虚受寒加按揉关元、公孙、梁丘、章门、三阴交；肝郁气滞者加掐阳陵泉、丰隆、内庭、期门、章门、公孙；食伤者加掐璇机、内庭、丰隆；瘀血阻络：为胃出血，应送医院，不作按摩。

(五)其他　耳针，针灸，注意饮食卫生，胃虚寒者热疗胃部及胸背区各二十至三十分钟。

四、生活提示

1.饮食规律，定时进支，不要过饥过饱,饭后适当休息；

2.忌生冷刺激性食物,吃易消化食物；

3.注意胃部保暖；如有黑便应去医院检查。

第九节 噎膈 附：反胃

一、概述

食物下咽时自觉胸部梗塞而下咽困难的症状，重者无法进食，为食道疾病主要症状。大体上有食道本身原因如食道炎、食道狭窄、食道癌；神经性如食道痉挛，食道麻痹(多由中毒引起)及食道外增生物压迫如胸内甲状腺肿大、纵膈肿瘤等。其中食道癌和纵膈肿瘤预后甚差，非自我按摩能力所及，若不尽早切除常导致死亡。噎膈者与情绪有一定关系，情志不畅易引起气机郁结而至阻塞脘膈。

二、临床表现

吞咽时咽下困难，自觉气逆梗阻，心下不畅。可有胸部压迫症状而心悸、气短，压迫气管时可有呼吸困难。按临床表现可分 5 型：

1.咽食痛型:为急性食道损伤,可为口腔、咽部炎症，物理刺激，如食道烫伤、异物刮伤等所致，表现为吞咽痛、热感、咽下障碍、咽后有食物残留感，胸骨后压迫感等；

2.食膈：食道癌后期逐渐发生咽下困难、疼痛，饥不能食，面黄肌瘦，疲乏无力，粪便干少；

3.痰膈：为食管压迫性狭窄，呈逐渐发生的咽下困难，食物停留于被压迫处而食入即吐，可致胸部不适、呼吸困难类同于食膈；

4.胸口气痛：为食道痉挛，多为神经性，发作时咽下困难，梗阻部位多变，咽固体物反比液体饮料易下；

5.噎塞：为食道麻痹，如酒精、铅等中毒，或白喉等毒素中毒，咽下困难，固体较大食物反比较小食物易下，当食物通过麻痹食道下压时可有心悸、气促之感。

三、治疗

(一)寻找病源，有针对性治疗，对于恶性肿瘤尽快切除。

(二)中药辨证施治。

(三)自我按摩

1.常规按摩　推胸正中带，摩腹壁，耙理脊椎，推前臂，拿肩井，擦气管带，拳抹肋缘，指揉天突。自我按摩仅为辅助手段，若经多次治疗无效，应属不适应症。

2.全息按摩　耳部：1胃,2食道,3责门,4脾；手部：1食道,2胃；足部：1膈,2腹腔神经丛。

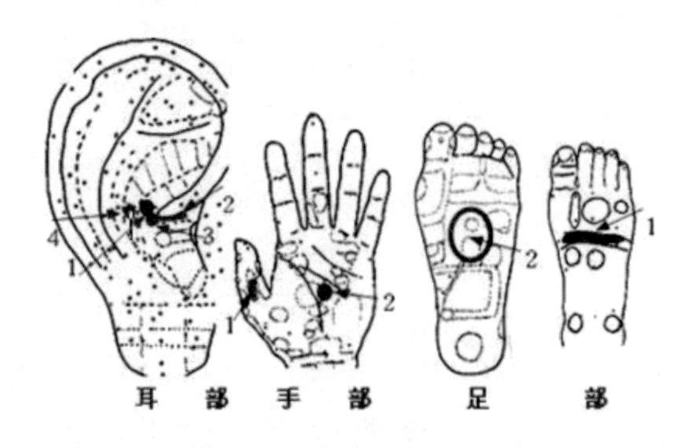

(四)穴位按摩　每穴按揉1-2分钟，每日2次。主穴：巨阙、膻中、内关、足三里。咽食痛加天突、肩井、中庭；痰膈者加天突、肩井、中庭、丰隆；胸口气痛加三阴交、气海、中庭、天突、曲泽；噎塞加肩井、风池、大椎、天突、廉泉、曲泽、中庭。

(五)其他　针灸，耳针，肿瘤手术切除。

附：反胃

指食物进入胃后，隔数小时复吐出。多为神经性，严重者可致营养不良。自我按摩，取巨阙、中脘、关元、章门、足三里、内关等穴位，每穴按揉1-2分钟；非穴位按摩：摩腹壁，推剑突下至脐，推前臂，一日二次。

四、生活提示

1.加强营养，吃富含蛋白质及维生素饮食,饭后适当休息；

2.心态平和对于神经因素者有一定效果；

3.节制烟、酒，不吃硬食物及刺激性食物；

4.积极治疗原发病。

第十节 腹痛

一、概述

腹部疼痛病因十分复杂。一般分为急性和慢性两类，常见急性腹痛有急性阑尾炎、胰腺炎、胆囊炎、胆石症、胆道蛔虫症、急性胃炎、心肌梗塞、肠梗阻、泌尿系统结石、宫外孕、腹膜炎等等。处置不当有可能危及生命，应立即送医院诊治。慢性腹痛原因也很复杂，病因常和急性腹痛交叉。慢性上腹痛，常见有胃或十二指肠溃疡、胃炎、胃癌、胃下垂、肝胆、胆道疾病、腹直肌炎、寄生虫、肾疾病、结肠疾病、局部癌肿等；慢性中下腹痛常见肠道寄生虫、回盲部疾病、小肠、结肠、直肠、盆腔、腹膜、子宫、泌尿结石、炎症、肿瘤、神经痛等等。总之原因和病情均较复杂，也应尽可能明确诊断由专业医师诊治，自我按摩只能起辅助作用。本处所指腹痛一般为内科范畴的肠炎、肠痉挛、肠道神经官能症，多为寒邪、饮食不节、中阳不足、肝郁等致。其他原因腹痛不在讨论范围之内。

二、临床表现

一般分实证和虚证两类，实证共同点为腹痛拒按，或进食加剧，腹胀、恶心；虚症则腹痛喜按，进食减轻，不胀且得热舒适，部位不固定。按临床表现可分 5 型：

1.寒邪型:感受寒邪引发急性腹痛,大致相当于肠痉挛,明显肠鸣音,遇寒加重，遇热减轻，大便稀或腹泻，尿清利，苔白腻，脉沉；

2.脾肾虚寒型：腹部隐痛不定时，遇热或按揉可减轻，肢凉怕冷，大便稀，乏力气短，食后减轻，舌质淡红，苔薄白。以上两型基本上为虚证;

3.食伤型：饮食不节腹胀痛，拒按，嗳腐吐酸，食欲差，腹痛欲泻，便后痛轻，大便秘结，矢气臭，苔腻脉滑，属实证；

4.肝郁型:腹部胀痛连胁肋,或痛牵引侧腹部,心烦易怒则加重,口苦苔白脉弦涩；

5.里热内结型:腹痛拒按,胸闷,口苦,口渴喜饮,汗自出,尿少色黄,便秘结,舌苔黄腻,脉洪大。后三型为实证。

三、治疗

(一)排除急腹症,确认为一般内科腹痛。

(二)对症治疗,必要时给以解痉、助消化药物。

(三)自我按摩

1.常规按摩　摩腹壁，推胸一脐带，擦胁，耙理脊椎，擦小腿外侧，擦小腿内侧；肝郁型“加擦双肋”，下腹痛加擦腰骶。

2.全息按摩　耳部：1腹,2交感,3小肠，4大肠，5脾，6胃；手部：1大肠,2结肠区，3脾，4胃；足部：1胃，2腹腔神经丛，3脾，4结肠区。

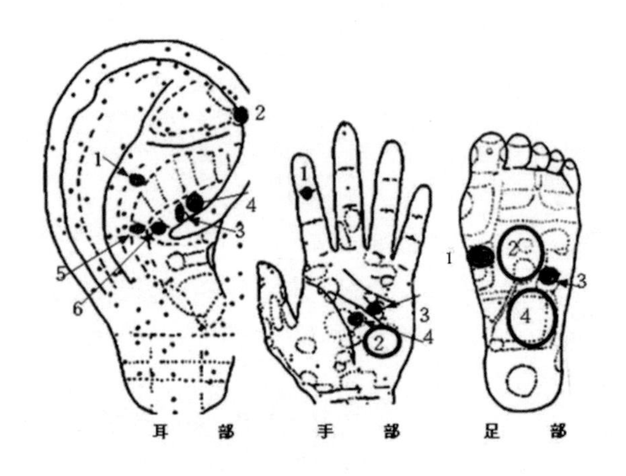

(四)穴位按摩　每穴1-2分钟。1)寒邪型:按揉合谷、中脘、大横、足三里；2)脾肾虚寒型：按揉中脘、关元、章门、肾俞、三阴交、足三里；3)食伤型：掐璇机、下脘、梁门、天枢、足三里、八髎、曲池；4)肝郁型：揉中脘、膻中、日月、下脘、内关，掐太冲、期门、阳陵泉；5)里热内结型：掐合谷、支沟、足三里、三阴交，按揉中脘、天枢，八髎、大肠俞。

(五)按部位取穴：远道穴取足三里、三阴交；局部取穴：脐上痛加下脘、滑肉门、梁丘；脐部：加气海、关元、天枢；脐旁痛加天枢、大横、上巨虚；脐下痛加气海、大巨、关元、归来；少腹痛加中极、府舍。

(六)其他　寒邪型、脾肾阳虚型热疗腰及脐部各三十分钟。

四、生活提示

1.腹部保暖防寒,饭后适当休息；

2.饮食应规律，不过饥过饱,吃易消化食物，不吃生冷及难消化食物。

第十一节 腹泻

一、概述

腹泻又称泄泻，是指大便次数增多且稀薄或消化不完全，重者呈水样便。一年四季均有发生，但以夏秋及节假日易发。病因多与饮食不洁导致肠道传染病感染如痢疾、伤寒、霍乱、寄生虫等，中毒如沙门氏菌属、葡萄球菌毒素等有关。此外，还有胃肠功能障碍、内分泌障碍、肿瘤、非特异性消化道炎症等等。根据发病及病程常分为急性腹泻(又称暴泻)和慢性腹泻(久泻)两类。中医学认为病变部位在脾、胃和大小肠，关键为脾胃功能障碍。引起腹泻的因素有外邪(包括寒、湿、暑、热)、食伤、情志失调与脾胃虚弱。此外，久病或衰老者肾阳虚衰，可致脾胃虚弱而引起腹泻。

二、临床表现

1.急性腹泻：发病急、病程短，多偏于邪实。主要症状为突然腹泻、肠鸣音亢进，常伴腹痛。一般分寒、热、食伤三型。1)寒泻型：腹痛肠鸣喜温喜按，大便稀薄或水样，胃不舒适食欲差，起初可有发烧怕冷、肢凉、不渴喜喝热饮，舌苔白薄；2)热泻型：腹痛，痛时即泻，大便黄色，恶臭，肛门灼热或痛，口渴，烦热，恶心，尿少色黄，苔黄腻；3)食伤型：腹部胀痛，泻后减轻，大便腐臭矢气多，嗳气频频食欲差，舌苔垢腻且脉滑；

2.慢性腹泻:多为虚证。1)脾胃虚寒型：慢性腹泻，消化不良，大便稀，进食油腻则加重，食欲不振食无味，面色萎黄，全身乏力，脉弱舌淡苔薄白；2)肾虚型：多见于肠结核，肾虚五更即腹痛，肠鸣泄泻便后安,神疲消瘦肢体凉，舌淡苔薄脉沉细弱。

三、治疗

(一)查明病因积极治疗，尤其是急性腹泻，如霍乱，若不及时处理常有生命危险。

(二)针对病因进行药物治疗及对症处理，必要时进行静脉输液。

(三)自我按摩

1.常规按摩　反摩腹壁，擦腰骶部，耙理脊椎，拳抹肋缘，擦小腿外侧，擦小腿内侧。

2.全息按摩　耳部：1腹,2大肠,3腹直肠下段,4脾；手部：1大肠,2肾穴,3止泻,4腹泻,5前头；足部：1腹腔神经丛，2脾区,3脾，4小肠，5大肠。

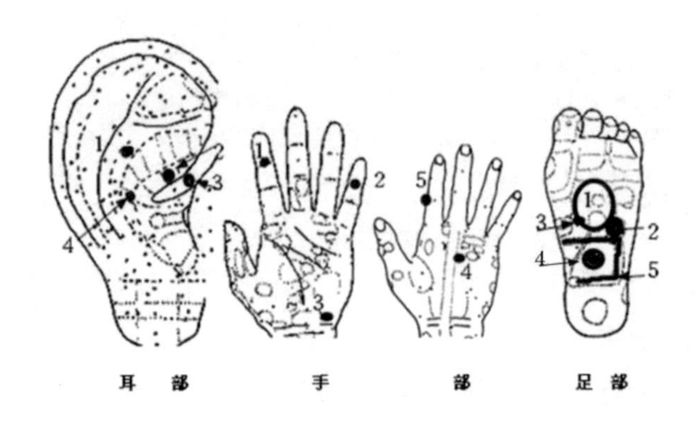

耳　部　　　　手　　　　部　　　　足 部

(四)穴位按摩　每穴按揉1-2分钟。主穴：天枢、中脘、梁丘、足三里、阴陵泉、上巨虚。寒泻加气海、合谷、大肠俞；热泻加掐阴陵泉、曲池、合谷；食伤加揉下脘，掐内关、公孙；脾胃虚寒加揉气海、三阴交、章门；肾虚加揉关元、命门、气海、肾俞。

(五)其他　除热泻外，其余4型可热疗脐部、腰骶部各三十分钟。

四、生活提示

1.注意饮食卫生；

2.吃易消化食物如粥、汤面、馄饨等,注意饭后休息；

3.不吃油腻、生冷、易产气及难消化食物如豆类、芹菜、芋头等；

4.久泻应加强营养，可吃些肉粥、蛋羹、果泥、果汁等；

5.注意腹部和腰部保暖防寒,老年人久泻应警惕癌肿。

第十二节 便秘 附：导便法

一、概述

便秘又称习惯性便秘，为排便间隔时间延长或大便秘结排便困难。正常人一般每日排一次大便，便秘者排便间隔时间在两天以上，长者甚至达半个月；有些人也是每天排一次，但大便干燥排出困难。便秘除使患者排便不适外，对老年人特别是有心血管疾病者有一定潜在风险，有可能因用力排便诱发心肌梗塞或脑血管意外。便秘原因较多，可归为 3 类：排便动力不足、肠道受刺激量不足，及神经功能障碍。中医学认为燥热内结、气滞不行、气虚、血虚及阴寒凝结等多种原因，使肠胃受影响都有可能导致肠道功能失调而引发便秘。

二、临床表现

临床上便秘常伴有其他症状。大体上可分为两类四型，两类即实证便秘和虚证便秘。

1.实证主要表现为便秘伴胸腹胀满，胀痛有压疼，又可分为两型：1)热结型：为大便干，身热面红，口渴烦躁，怕热喜凉，腹胀腹痛，尿短赤，脉滑，舌红苔黄燥；2)食滞气阻型：排便困难，排气多，胁腹满闷且胀痛，情志抑郁常嗳气，舌苔黄腻脉滑实。

2.虚证主要表现为身体虚弱，食量少，排便困难，可分阴虚和阳虚两型。1)阴虚型：心悸失眠身疲乏，气短自汗排便难，耳鸣腰酸面苍白，舌红少苔脉细数；2)阳虚型：排便困难尿清长，面色苍白口唇淡，肢凉畏寒腹冷痛，腰脊冷重脉沉细，舌淡苔白为阳虚。

三、治疗

(一)查找原因，针对病因处理。

(二)通便：药物通便，必要时灌肠。

(三)自我按摩

1.常规按摩　双手拇指指腹擦耳背，右手掌斜摩腹壁，右手拇指按压右髂前上脊，右手握拳有节奏地在右季肋下向腹中区按压各六十遍，两手半握拳擦腰骶部，耙理腰骶，擦前臂桡侧，擦小腿内侧和小腿外侧。

2.全息按摩　耳部：1腹,2大肠，3直肠下段，4脾,5三焦；手部：1大肠,2肾穴，3通便，4肠区；足部：1胃,2腹腔神经丛，3肠区，4肛门。

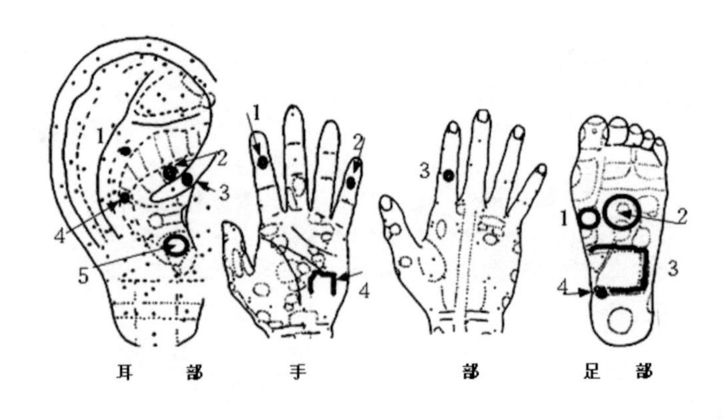

(四)穴位按摩　主穴：大肠俞、天枢、支沟、足三里。热结型掐曲池、合谷、承山；食滞气阻加中脘，掐行间、阳陵泉；阴虚加揉气海、三阴交；阳虚加揉肾俞、关元、气海、命门。每日 1-2 次，每穴按揉 1-2 分钟。

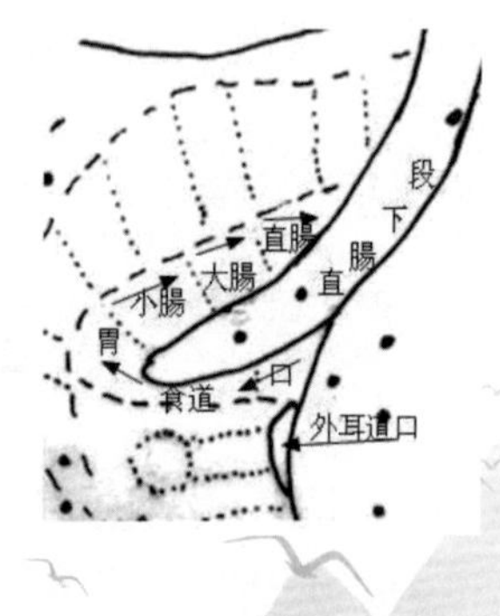

附："导便法"在腹内有大便但无便意时,可用此方法使其肠道引发排便冲动,达到定期规律排便目的,防止或减轻便秘的发生。有两种方法可用，即耳穴法和体穴按摩。也可两法联合应用。

1.耳穴按摩法　步骤为：坐于便器上,(1)两手食指指尖掐三角窝盆腔区六十遍；(2)两手食指指尖自耳甲腔的上部，从口区，沿食道，贲门，胃区，掐向直肠区各六十遍；(3)两手食指指尖垫于耳轮脚后部，双手拇指指尖掐耳轮脚的直肠下段区掐六十遍；(4)双手拇指腹擦耳背，六十遍。

2.体穴按摩法　步骤为：坐于便器上,用右拇指甲，掐揉右髂前上棘内侧六十遍，刺激升结肠以引发肠蠕动反射；再以右拳有节奏地在右季肋部向左按压六十遍，以推动粪便向降结肠移动,直至有便意感；最后以左手捏揉左肋角下六十遍,促进降结肠和乙状结肠蠕动，并使肛门括约肌松弛而排便,掐揉节律为1次／秒。

两法的各步骤不一定全做,有便意排便即可中止。此两法也可用于便秘、心脑血管疾病、高血压等促排便,但孕妇及腹部急性炎症、出血、肿瘤患者不能用，以防扩散。

四、生活提示

1.多饮开水，多吃新鲜蔬菜(增加粗纤维)及香蕉等水果；

2.不吃辛辣、刺激性及易上火食物；

3.生活规律，养成有规律排便习惯；

4.增加活动量;

5.高血压、心脑血管病人，导便时已有便意，但因粪便干硬，难以排出时，应采用其他措施，如灌肠、石腊油等，不可硬性排便，以防意外。

第十三节　积聚(腹部肿块)

一、概述

“积聚”指腹腔内结块或有胀痛的病症。其中“聚”指无固定形态及位置，属气为腑病，发作才有结块，多为空腔脏器痉挛胀气之类，一般时间尚短暂，病情较轻而易治；“积”为有固定形态肿块，痛处固定，属血分病，为脏病，发病时间较长，一般难以治疗，属重症，如慢性脓肿、肿瘤之类。古文献中的“症瘕证”、“痃癖”、“痞块”大体上也属此范围。其病因有食伤、寒湿、情志失调等导致气机阻滞成聚，即局部机能障碍生理功能失常。气滞时间长久则引起血瘀，以致

发生器质性改变而成积。相当于现代医学由神经功能性病变转成器质性改变及恶变。

二、临床表现

聚症：腹中气聚及胀痛，呈游走性，胃及肋下不适，有时呈条块状有压痛、食欲差、大便秘结、舌苔腻、脉弦。积证：分三种，为气滞血阻、瘀血内结和正虚瘀结。气滞血阻者，积块软，而固定，有胀痛感，苔薄脉弦；瘀血内结者为进一步发展，积块硬痛而固定，消瘦乏力，食欲差，面色黯，可有寒热、闭经，苔薄舌有瘀紫，脉细弱；正虚瘀结者为更进一步发展，此时肿块坚硬，疼痛剧烈，食欲差，进食少而明显消瘦，面色萎黄无光泽，舌淡紫无苔脉细，为正气大伤，类同于肿瘤晚期。三种临床表现实际上为病程由轻而重的过程。

三、治疗

(一)积证患者，应尽快查明肿块性质，若属肿瘤应尽快切除，病变局部不宜按摩。

(二)中药治疗，针灸。

(三)自我按摩

1.常规按摩(肿瘤不作局部按摩)　擦季肋至髂骨，擦腰骶，揉下颔角下通气穴，足底的“癌根”1－3及再生穴，耙理脊椎，擦肋(肋部不适者)，拳抹肋缘，擦小腿外侧，擦小腿内侧。

2.全息按摩　耳部：1胃区,2胃肠,3腹,4肝，5大肠；手部：1肝胆,2胃区，3肠区，4大肠，5肝穴；足部：1癌根1，2癌根2，3癌根3,4截根，5上身淋巴腺，6下身淋巴腺。

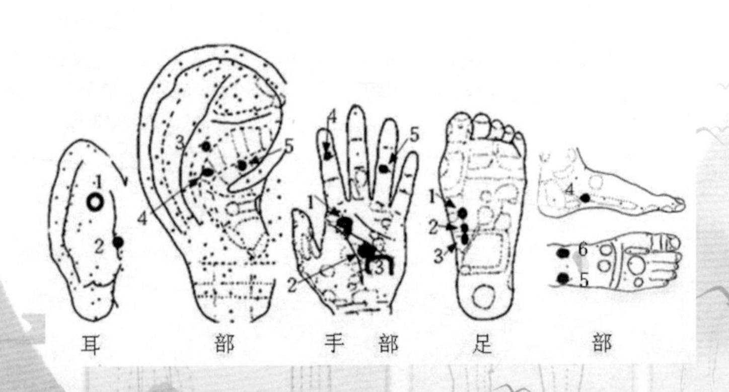

(四)穴位按摩　每穴按揉1-2分钟，一日两次。主穴：足三里、三阴交、气海、章门、中脘、痞根。上腹部加下脘、不容；小腹加关元、水道；脐周加天枢、神阙；侧腹部加京门、期门、行间。

(五)其他　明确诊断的肿瘤，可在切除肿块后或抗癌治疗后，采用按摩抗肿瘤穴位作为辅助治疗，如癌根1—3、再生、通气、截根等。

常见癌症的取穴如下：1.食道癌：止呕、通气、截根、癌根 1、癌根2；2.胃癌：癌根1、通气、截根；3.肝癌：通气、截根、癌根1、癌根3；4.直肠癌：通气、截根、癌根2；5.鼻咽癌:通气、截根、癌根3；6.肺癌、喉癌、子宫癌：通气、截根；7.宫颈癌：癌根 2；8.乳腺癌：通气、截根、癌根 3；9.脑瘤：再生；10.淋巴转移癌：癌根 1、癌根2。

四、生活提示

1.避免生冷、刺激性食物；

2.吃低脂富蛋白质食物如瘦肉、鸡蛋及富含维生素A、C的蔬菜水果；

3.常吃有抗癌性食物如大蒜、胡萝卜、木耳、菇类、绿豆、海带；

4.生活规律，戒烟和烈性酒，不吃变质食物。

第十四节　黄疸

一、概述

黄疸为各种原因引起血液中胆红素过多的高胆红素血症，过多的胆红素引起皮肤粘膜及眼巩膜等组织发生黄染的临床体征，反映了人体胆红素代谢障碍。引起血液胆红素过多原因涉及胆红素生成过多、肝细胞处理胆红素能力下降及结合胆红素排泄障碍三大环节。血液中红细胞衰老死亡，血红蛋白中的血红素降解产生胆红素，胆红素在肝脏被肝细胞摄取后形成结合胆红素并通过胆管系统从胆汁中排出。因此，当发生溶血时(先天性遗传因素、理化因素、生物因素、过敏等)产生溶血性黄疸，肝细胞功能损伤(病毒性肝炎、化学中毒、肝硬化、肿瘤等)引发肝源性黄疸，这两类黄疸都可引起未结合胆红素增高所致黄疸，即游离态高胆红素黄疸；由于胆管结石、肿瘤压迫等可引起胆汁排出困难引起阻塞性黄疸，结合性胆红素扩散到血液引起黄疸；

在肝脏病变时，肝内胆管系统也可出现阻塞而出现结合性胆红素升高的表现，所以肝病变可同时出现两种胆红素增高。中医学认为黄疸病因有外因和内因两类，外因为外邪和饮食因素，内因为脾胃虚寒、内伤等，关键是湿。无论内因还是外因引起湿阻中焦，脾胃功能紊乱，肝胆疏泄障碍，胆液渗入血而溢于肌肤以致黄疸。大部分情况下黄疸反映肝、胆疾病。

二、临床表现

黄疸临床表现为皮肤、巩膜黄染，尿黄，部分人有皮肤痒感、身倦、消化不良、腹胀、食欲差、腹痛、发烧等。一般按皮肤色泽分为阳黄、阴黄、急黄，各型间可有转化。

1.阳黄:皮肤黄色鲜明、胸闷、烦躁、身热、呕吐、口渴、腹胀、便秘，尿黄赤量少，苔黄腻，脉滑数；

2.阴黄：肤色及眼色晦暗如烟熏，伴胁痛、腹胀、疲乏、怕冷肢凉、食欲差、大便稀，舌质淡苔厚腻，脉迟无力；

3.急黄：发病急，肤色如金，胁痛、烦渴、高烧、神志不清、说胡话，可有瘀斑、鼻出血、便血，舌质红，苔黄燥，脉数滑或细为重症，类似于西医急性肝坏死。

三、治疗

(一)急黄应由医院抢救，不适于自我按摩。

(二)查明黄疸原因进行针对性治疗。

(三)自我按摩

1.常规按摩　擦双胁，擦肋弓缘，摩腹壁，拿右肩井，耙理背腰，擦小腿外侧，擦小腿内侧。

2.全息按摩　耳部：1膈，2肝阳，3十二指肠，4肝，5胆；手部：1肝，2胆，3肝穴，4肝，5腹腔神经丛；足部：1肝,2胆,3腹腔神经丛。

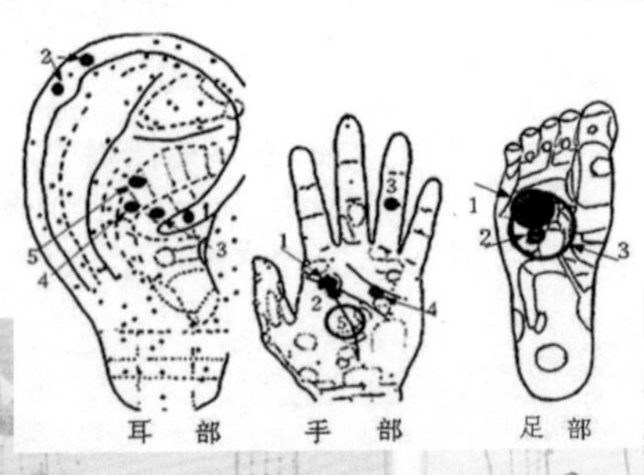

(四)穴位按摩　每穴按揉 2 分钟，一日二次，为辅助治疗。1)阳黄：掐阳陵泉、胆囊、足三里、太冲、阴陵泉、至阳、腕骨，发热加大椎、外关，湿重加公孙，呕吐加内关、公孙，腹胀便秘加天枢、大肠俞；2)阴黄：按揉阳陵泉、足三里、胆囊、三阴交、中脘、气海、商丘，怕冷疲乏加关元、命门，大便稀加神阙。

(五)其他　针灸，中药。

四、生活提示

1.不吃油腻及油炸食品，不吃动物油及高胆固醇食品如蛋黄、动物骨髓；

2.戒酒，不吃辛辣及有刺激性食物；

3.适当多吃富含蛋白质如瘦肉、鱼等食物，饮食中保持适当糖量，适当新鲜蔬菜水果，常吃胡萝卜、萝卜、西红柿有利于黄疸消退；

4.保持良好心态。

第十五节 胁痛

一、概述

胁痛为一侧或两侧胁部自觉疼痛的症状。其原因有多种，常见有胸膜、肋骨、肌肉、肝胆疾病及肋间神经等。中医学认为胁痛多和肝胆有关，同时与脾、胃、肾也有一定关系。病证以实证为多，又以气滞、血瘀、湿热为主，但久病可化热伤阴以致虚实并见；虚证多为阴血亏损肝阴不足。

二、临床表现

胁痛在不同情况下可为固定或不固定的胀痛、刺痛、隐痛等，也可为游走性或持续性疼痛，常伴有其他症状。大体上可分五型。

1.肝气郁结：胁部游走性胀痛，与情绪变化有关，常伴胸闷气短，进食少，频繁嗳气，苔白脉弦；

2.肝胆湿热：右胁刺痛或烧灼样痛，口苦，胸闷心烦，恶心呕吐，进食少，全身黄疸，尿黄赤，舌苔黄腻，脉弦滑，为明显的肝胆疾病；

3.瘀血胁痛：可与外伤有关，为固定性刺痛，持久不断，入夜更重，可见慢性损伤或瘀块，舌紫脉沉；

4.肝阴虚胁痛：持续不断的隐痛，遇劳累加重，心烦，眩晕，咽口干，舌红苔少，脉细弦数；

5.外感型：多由外感引发胸膜炎，患侧疼痛与呼吸有关，有压痛，常伴发热、头疼、咳嗽、疲乏、怕冷，若有胸水则见肋间胀满，呼吸困难，呼吸音减弱或消失，又称湿性胸膜炎、悬饮；无胸水者为干性胸膜炎可听到呼吸时的胸膜摩擦音。

三、治疗

(一)查明原发病，针对原发病治疗。

(二)对症治疗。

(三)自我按摩

1.常规按摩　擦双胁，耙理脊背，拿肩井，擦肋弓缘，擦小腿外侧，擦小腿内侧。

2.全息按摩　耳部：1肝炎，2胆，3肝，,4胸；手部：1肝穴，2肝区，3胆,4肝，5胆，6胸肋；足部：1胸，2肋骨，3肝,4胆。

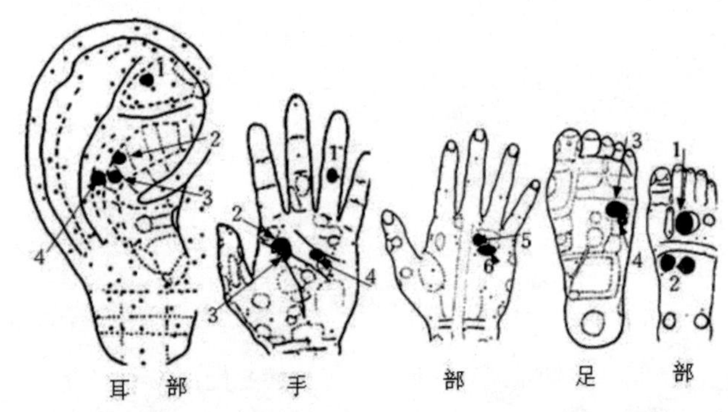

(四)穴位按摩　为辅助性治疗。每穴1-2分钟，一日二次。主穴：内关、丘虚、阳陵泉、照海、支沟。1)肝气郁结：加掐中庭、期门、足三里、太冲、侠溪、神门、三阴交；2)肝胆湿热：加掐日月、中脘、期门、合谷、曲池、大椎；3)瘀血胁痛：加掐大包、章门、期门、行间、三阴交；4)肝阴虚：揉主穴及三阴交、章门、期门、肾俞、血海、阴郄、神门；5)外感型：加掐风池、风门、外关、合谷、肋间压痛点，干性加足临泣，湿性加三阴交、阴陵泉，严重胸水和脓胸不是适应症。

(五)其他　针灸，中药。

四、生活提示

1.不吃油腻食物；

2.加强营养可吃瘦肉、豆腐、鱼类；

3.多吃蔬菜水果；

4.戒烟酒及刺激性食物；

5.避免过深呼吸，生活规律多休息。

第十六节 胸痛

一、概述

胸痛是临床上应重视的常见症状。引起胸痛的疾病涉及面较广，胸壁、胸骨、心脏、纵膈、肺、胃、横膈病都可引起胸部疼痛。故对胸痛应仔细辨别，特别是心脏疾病引起的胸痛，尤其值得重视。常见肋软骨炎为肋软骨无菌性炎症，以第二肋软骨隆起痛为多见；肺及胸膜病多有咳嗽且因深呼吸加重；心脏、心包病引起胸痛多位于胸骨后或心前区、剑突下，可向左臂放射；纵膈疾病为胸骨后痛，可向双肩、肩胛放射，可有吞咽或呼吸困难；横膈膜引起的痛一般位于胸骨和胸廓下部，可向肩颈放射；胃痛有时为心窝部痛。中医内科分其为外感与内伤两类。外感有风温、肺痈、悬饮，特点为咳嗽，多有发热；内伤以阳虚阴盛为多，或为寒痰，水液积留，心阳不足，心血瘀阻，也有肝火上逆。内伤胸痛除胸痹外，部位比较固定；心痹为心血瘀阻的发作性剧痛，是内科急症，处理不及时可危及生命，相当于西医心绞痛、心肌梗塞将专篇叙述。

二、临床表现

中医临床上将胸痛症分为六型。

1.风温：温邪犯肺，相当于大叶性肺炎，表现为高烧，呼吸急促，胸痛，咳嗽，吐带血痰，口干渴，尿少，舌红，苔白或黄，脉滑数；

2.肺痈：相当于肺脓肿，咳嗽，吐腥臭带血脓痰，发烧，面红，胸隐痛，舌红，苔黄；

3.悬饮：湿性胸膜炎，见胸胁痛；

4.肝火：胸胁部阵发性刀割样痛，局部压痛，呼吸和活动时疼痛，大便秘结，口干苦，舌苔黄，脉弦滑；

5.胸痹：类似于动脉硬化性心脏病，主要表现为不同程度胸背痛，可为闷痛、酸痛、严重者心痛牵涉背，局部可有压痛，气短喘息，不能安卧；

6.心痹：类似于心绞痛、心肌梗塞，为心阳气虚致心血瘀阻，心前区发作性剧痛，有紧束感，心悸气短，出冷汗，四肢凉，指甲口唇发绀等，为急症。

三、治疗

(一)查明病情进行针对性治疗，心痹属急症应紧急救治，发作之时急含速效救心药品。

(二)不同类型参阅相关节段，此节段仅作胸部疼痛对症按摩。

(三)自我按摩

1.常规按摩　推胸正中带，拳抹肋缘，按揉胸部，按摩心前区，耙理脊背，擦左肋，推肘至腕部，擦小腿内侧，擦小腿外侧。心脏病放支架、起搏器等者暂不作，待病情稳定后再作。

2.全息按摩　耳部：1胸，2心，3心脏点，4交感；手部：1踝点，2肝穴，3小节，4心区，5心穴，6胸肋，7心1；足部：1胸区，2胸淋巴腺，3胸胁，4心区，5心。

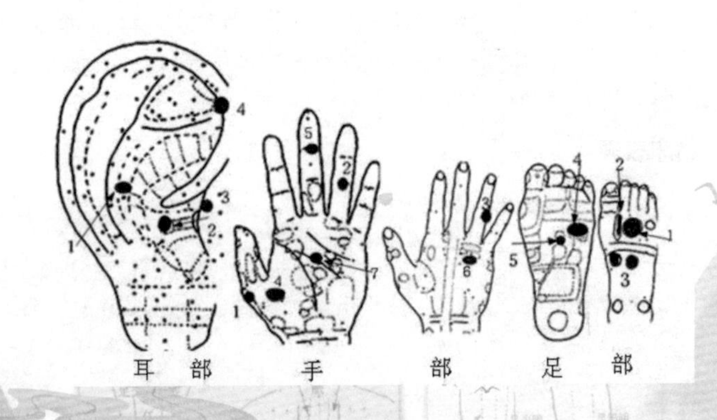

(四)穴位按摩　每穴 1-2 分钟，一日两次。主穴：按揉膻中、内关、太渊、大陵、太冲。风温加掐合谷、外关、曲池、尺泽、大椎、三阴交、足三里、大包；肺痈不是适应症；悬饮与肝火见胁痛部分，胸痹加风池、肩井、神门、三阴交、阴郄；心痹加侠白、孔最、阴郄。

(五)其他　中药，针灸。

四、生活提示

1.注意休息，减少工作量，尤其是注意不作重体力劳动及剧烈体育活动；

2.戒烟戒酒，避免烟尘刺激，避免过深呼吸；

3.洗浴或上厕所时，不要从内反锁，以防突发时因打不开门影响急救；

4.不吃辛辣食物，饮食清淡低脂肪低盐，吃植物油少吃动物油，多吃新鲜蔬菜水果；

5.不过饱，食以七分为宜；

6.注意防寒，尤其是寒冷及季节过渡时期。

第十七节 心悸

一、概述

心悸俗称心慌，通常包括“惊悸”与“怔仲”两种病症。为不由自主的间断性心跳不宁，“怔仲”则为心胸跳动明显甚至抵达脐部，心中躁动不安，且时时发作。两者类似但程度不同，“怔仲”重于“惊悸”，有人认为“怔仲”为“惊悸”发展而致。“惊悸”常有外因诱发，如外部刺激、惊吓或情绪激动，而“怔仲”常无外因，劳累即可发作，病情较重。心悸往往伴有其他临床表现，多为心脏神经功能失调所致的心脏功能紊乱的心脏神经官能症，为交感神经兴奋所致，常伴有窦性心动过速、早搏，血压升高，或阵发性心动过速等。有些患者可无心脏器质性病变，部分病人可有心脏疾病或甲亢等其他疾病。

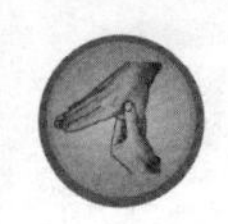

二、临床表现

自觉心中发慌，不自主的阵发或持续心跳不安。重者心胸连同上腹甚至脐部的跳动，终日不停，甚至影响睡眠，常伴多梦、烦躁、气短、眩晕等；轻者发作过后并无不适。劳累、外界刺激、情绪变化易诱发或加重。中医临床分型尚不一致，大致可分为五型。

1.心虚型：心悸不安，面色苍白无光泽，胸闷气短，头晕乏力，失眠，肢凉，舌淡，脉无力；

2.阴虚火旺型：心烦心悸口干苦，头晕耳鸣眼昏花，失眠腰酸常梦遗，舌红苔少掌跖热；

3.痰火型：心悸胸闷且烦躁，头晕易惊不安宁，口苦恶心食欲差，浓痰黄稠舌质红，舌苔黄腻脉滑；

4.水饮型：心悸胸满气短，眩晕怕冷手足凉，口渴但不想喝水，恶心吐涎且尿少，或有下肢水浮肿，舌苔白滑脉弦滑；

5.心血瘀阻型：心悸不安胸苦闷，心痛唇甲青紫，舌质紫或有瘀斑，脉涩或结代，类似肺心病。

三、治疗

(一)查明引发心悸原因，进行有针对性治疗。

(二)中、西医结合对症治疗。

(三)自我按摩

1.常规按摩　手推胸正中带至脐，摩心前区，擦左肋，拳抹肋缘，耙理脊背，掌擦手背，推前臂，擦小腿外侧，擦小腿内侧。

2.全息按摩　耳部：1胸,2神门,3交感,4心,5小肠,6心脏点,7皮质下；手部：1心区，2心，3心悸，4心穴；足部：1心，2心区，3胸。

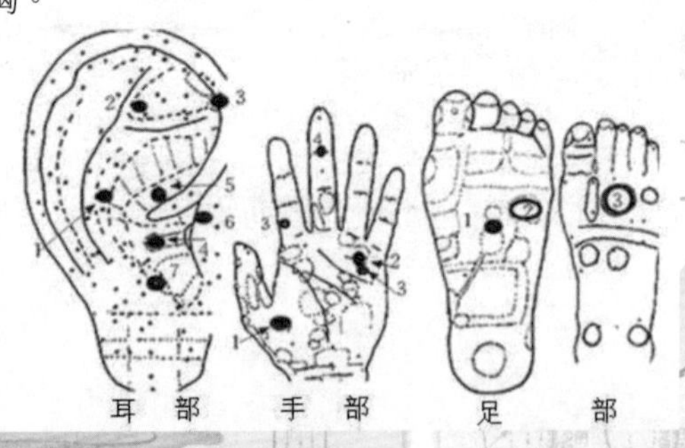

(四)穴位按摩　每穴按揉 1-2 分钟，每日二次。主穴：巨阙、膻中、神门、内关、郄门。心虚加揉血海、三阴交、足三里；痰火加掐尺泽、丰隆、风池；水饮加揉中脘、三阴交、足三里；心血瘀阻加掐血海、太渊、阴郄。

(五)其他　针灸，耳针。

四、生活提示

1.注意休息，生活规律,睡眠充足；

2.不作重体力劳动及剧烈活动；

3.清心寡欲，保持平和心态；

4.饮食清淡，低脂、低盐、富营养，多吃新鲜蔬菜水果；

5.吃植物油，少吃动物油。

第十八节 咳嗽

一、概述

咳嗽是一种常见呼吸系统疾病的症状。一般将有咳声而无痰的称咳，无咳声则称为嗽。引起咳嗽原因很多，呼吸系统疾病为主要原因，如气管、支气管、肺及胸膜疾病为直接原因，压迫气管、支气管刺激迷走神经，如心脏肥大、心包炎、纵膈肿物压迫，耳、咽、喉、脑膜、腹部神经刺激等也可引起反射性咳嗽。中医学将咳嗽病因分为外感与内伤两类。天气变化时风、寒、暑、湿、燥、火，均可在肺卫外能力减弱时通过口鼻皮肤等途径入侵而致咳嗽。其中风为各邪之首，所以风寒为咳嗽最多见原因；内邪作用也使肺咳嗽，如情志刺激致肝火犯肺，饮食不节熏灼肺胃，或生痰浊伤肺，或肺本身疾病等。表明咳嗽为外邪、内邪犯肺时肺的一种防卫性反应。一般来说外邪引起咳嗽为病程较短，急性发作，多为发热的实证，常有发热、怕冷、头痛、鼻塞流涕等表现；内伤咳嗽则基本相反，为病程较长的慢性过程，多为虚证，无外感证表现。

二、临床表现

咳嗽往往伴有多种症状，临床上常分为外感与内伤两类。进一步分型尚未统一。有人将外感咳嗽又分成风寒、风热、秋燥、风痰等八型，将内伤咳嗽分成痰湿、脾虚、肺热、肾虚等六型。针灸学上则分型较简单。现按7型分如下：

1.外感风寒型：咳嗽头痛且发烧，鼻塞流涕痰稀白，全身酸楚又怕冷，舌苔白薄脉浮紧；

2.外感风热型：咳嗽头痛身有热，不怕冷来但怕风，汗出口干且咽痛，烦渴又吐黄浓痰，舌红苔黄脉浮数；

3.外感燥热型：咳嗽痰少或干咳，痰或粘稠带血丝，咽喉干痛胸亦痛，鼻燥舌红苔黄薄，脉细数；

4.内伤阴虚型：干咳无痰或粘少带血，咽干声嘶体消瘦，午后潮红心烦热，舌红苔薄脉细数；

5.内伤阳虚型：咳嗽痰多入冬剧，气逆不顺胸不适，或有呕恶食量少，脉滑舌胖苔白滑；

6.痰热壅肺型：咳嗽气短咯不爽，粘稠黄痰带血腥，胸胁胀满咳且痛，身热面赤渴欲饮，脉滑舌红苔黄腻；

7.内伤气虚型：咳嗽吐痰清又稀，自汗气短面色黄，少言声低喜温暖，舌淡苔薄脉细缓。

三、治疗

(一)查清病情，针对病症治疗。

(二)止咳对症治疗。

(三)自我按摩

1.常规按摩　耙理脊背，擦颈椎，擦气管带,按摩胸部，擦肋部，拿肩井，拳抹肋缘，擦小腿外侧。

2.全息按摩　耳部：1胸,2神门,3皮质下,4平喘,5枕,6肾上腺,7肺支气管；手部：1肺穴，2肺区，3心穴，4心区,5心，6咳喘；足部：1肺区，2咽喉，3三焦,4肾上腺,5胸。

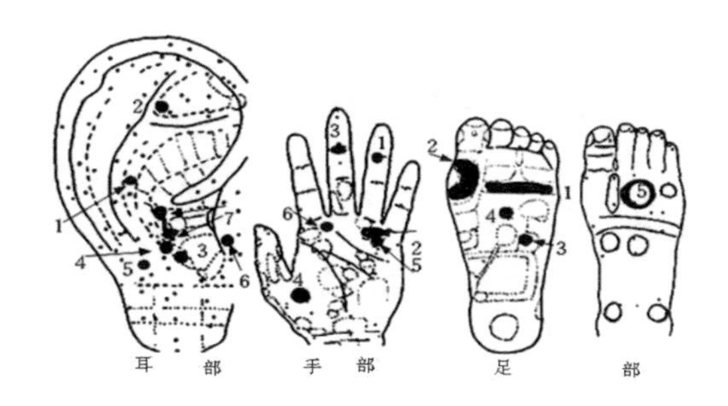

(四)穴位按摩　每穴按揉 1-2 分钟，一日两次。主穴：天突、膻中、合谷、太渊、云门。外感风寒者加掐列缺、外关、大杼、复溜；外感风热加掐尺泽、曲池、大椎；外感燥热者加掐鱼际、孔最、照海；咽喉肿痛者加掐少商、尺泽；头痛加揉风池、太阳；内伤阴虚加揉尺泽、鱼际、中府、经渠、太冲；内伤阳虚加揉内关、中脘、足三里；痰热壅肺加掐大椎、丰隆、鱼际；气虚加揉足三里、气海。

(五)其他　针灸，预防感冒。

四、生活提示

1.居室空气新鲜，冷暖适宜；

2.注意休息，不过劳累；

3.加强营养，多吃新鲜蔬菜水果,如梨、西红柿、白萝卜、百合及绿叶类蔬菜；

4.戒烟戒酒；

5.不吃辣椒等刺激性食物；

6.寒冷季节外出戴口罩。

第十九节 咳血

一、概述

咳血又称咯血，为喉部以下呼吸道出血随咳嗽而咯出的病证，可为纯血或与痰相混夹有泡沫，轻者为痰中带血丝。多见于肺结核、支气管扩张、慢性支气管炎、肺炎、肺癌、支气管癌、尘肺、心血管病

及出血性疾病等。中医学认为是各种原因引起的肺络受损伤使血溢脉外所致，如外邪燥热袭肺，肝火犯肺及阴虚肺燥等。其严重性在于有可能引起窒息。

二、临床表现

咳血前可有喉部痒感，随后咳嗽吐鲜红色纯血或痰中带血，其后数日有痰中带血现象，或呈反复咳血并有长期带血现象。咳血可伴有原发疾病各种症状，按此可分三型。

1.热伤肺络(肝火犯肺)：咳嗽吐鲜血或痰中带血，胸胁痛，心烦易怒，口干苦，便秘尿短赤，舌红苔薄黄，脉弦数；

2.阴虚火旺(阴虚肺燥)：常见于肺结核，咳嗽吐少量带血丝痰或反复咳血，口咽干燥，声嘶气短，午后潮热颧红，耳鸣，腰膝酸软，失眠多梦，盗汗，舌红苔少脉细数；

3.气不摄血：频繁咳多量鲜血，面色苍白，疲乏无力出虚汗，舌淡苔薄脉细数。

三　治疗

(一)迅速查明原发病，作针对原发疾病治疗。

(二)止血并作对症治疗，出血量大者注意防窒息。

(三)自我按摩

1.常规按摩　自我按摩只能起辅助作用，可试用擦枕項帶，擦氣管帶，摩胸，擦胁，拿肩井，拳抹肋缘，耙理脊背，推前臂，擦小腿外侧，擦小腿内侧等。以及按揉阴池、止红、尺泽、少商、然谷等穴位。出血较重者不适用，以免耽误病情。

2.全息按摩　耳部：1 肺支气管，2 气管，3 胸；4 脾；手部：1 肺穴，2 肺区，3 咳喘，4 气管, 5 阴池，6 胸；足部：1 肺, 2 气管, 3 咽喉，4 胸。

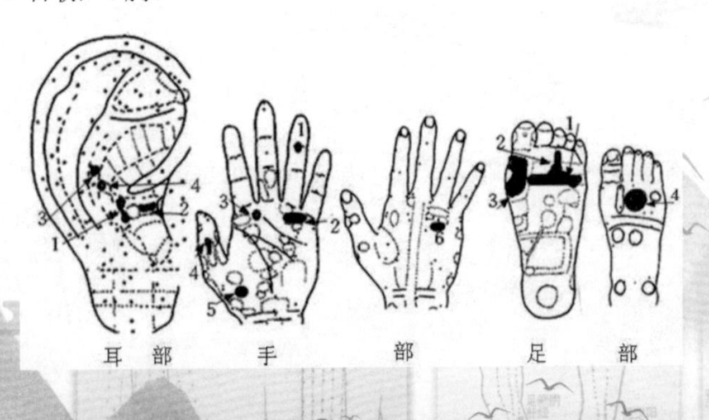

(四)穴位按摩　仅作为辅助治疗措施，用于轻者。每穴 1-2 分钟，每日 1 次。1)热伤肺络：掐列缺、鱼际、足三里、行间、郄门、外关、膻中；2)阴虚火旺：揉涌泉、复溜、神门、鱼际、尺泽、孔最、百劳、足三里；3)气不摄血：咳血量大，不是适应症。

(五)其他　中药，针灸。

四、生活提示

1.居室保持适宜温度、湿度；

2.注意防风寒和烟尘等诱发因素；

3.多休息，保持平和心态；

4.戒烟酒，不吃辛辣食物；

5.常吃水煮花生粒(花生衣有止血作用，不必除去)；

6.寒冷季节外出戴口罩。

第二十节 便血

一　概述

便血为下消化道出血的病症。常见于肛门、直肠疾病，如痔、肛裂、直肠受损引起的。一般情况下血色鲜红多为邻近肛门的近处出血；若血色紫暗，出血部位较高一些；若为黑便则为胃和食道出血。若鲜血附大便外表，或便后滴血，可能为痔或肛裂；若血便混有糜烂组织则应注意直肠癌；痢疾为脓血便。一般结合其他临床表现判断出血部位。便血时确定原发疾病十分重要。

二、临床表现

中医学将便血按临床表现分为两型。

1.实证：热结大肠，大便秘结，带鲜血；

2.虚证：便稀混有黯红血或鲜血，面黄肌瘦，疲乏少言，舌淡脉弱，腹隐痛，可有面足浮肿。

三、治疗

(一)查明原发病，作有针对性的原发病治疗。

(二)药物对症治疗，失血过多者可输血。

(三)自我按摩

1.常规按摩　擦腰骶，耙理腰骶，膝腓擦，擦股内侧，擦小腿外侧，擦小腿内侧。严重出血者不作。

2.全息按摩　耳部：1 脾, 2 胃，3 大肠, 4 直肠, 5 肝, 6 肛门, 7 腹；手部： 1 脾, 2 胃， 3 肠区， 4 腹腔神经丛, 5 肛门；足部： 1 脾, 2 胃 3 肠区， 4 腹腔神经丛, 5 直肠， 6 肛门。

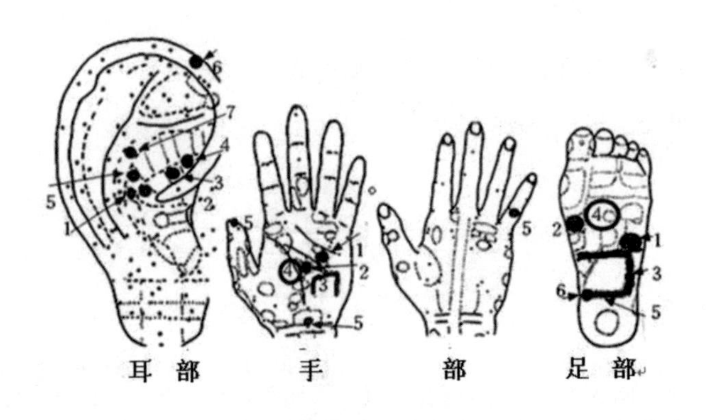

耳部　手　部　足部

(四)穴位按摩　为辅助性治疗。1)实症：掐长强、百会、次髎、三阴交、二白；或掐大肠俞、天枢、八髎、上巨虚、血海,与前组交替用；2)虚症：足三里、三阴交、血海、关元、下髎、会阳(尾骨两旁)。每穴 1-2 分钟，每日 1-2 次。

(五)其他　止血后治疗原发病。

四、生活提示

1.生活规律，吃富营养易消化食物，若有便秘可吃些香蕉、蜂蜜；

2.不吃刺激性食物，特别是辣椒；

3.常吃水煮花生(炒花生易上火不宜多吃)；

4.加强营养，常吃瘦肉、蛋、鱼之类动物性食品；

5.戒酒，特别是烈性酒。

第二十一节 血尿

一、概述

血尿又称尿血，为排尿时尿液中出现肉眼可见红色或洗肉水样色尿液。血尿为泌尿系统出血所致。根据排尿时出现血尿情况可估计出血发生的部位：刚开始排尿，即为血尿，随后尿色转为正常者，病变部位在尿道；开始尿液正常，在快尿完时出现尿血，病变部位在膀胱、后尿道或前列腺；全部尿均为血尿则为高位血尿，病变在肾或输尿管。若血尿时有疼痛感则多为结石或感染；若为无痛性血尿应警惕肿瘤。引发血尿病因很多，结核、尿路结石、肾炎、肾盂肾炎、肿瘤、外伤、先天性泌尿系统疾病、心血管病、血液病等等都可以引发血尿。中医学将血尿称为尿血，将排尿时无痛感或痛不明显者称尿血，将同时有尿滴沥涩痛者称血淋。认为发病机理为热伤脉络与脾肾不固。

二、临床表现

血尿往往并有其他临床症状，中医学根据发病机理和临床表现将血尿分为四型。

1.实证：脉数有力；

2.肾虚火旺型：尿短赤带血，腰膝酸软，疲乏无力，头晕耳鸣，颜面潮红，舌红脉细；

3.脾不统血型：久病尿血，面色苍白，疲乏无力，气短声低，牙龈肌肤出血，舌淡脉弱；

4.肾气不固：久病尿血色淡红，腰脊酸痛，神疲困倦，头晕耳鸣，舌淡脉弱。四型之中除下焦热盛为实证外，余皆属虚证。

三、治疗

(一)查明原因，确定病变所在部位及时作针对性治疗。

(二)止血及其他对症治疗。

(三)自我按摩

1.常规按摩　耙理腰骶，擦腰骶，擦股内侧，按揉耻骨联合区，擦小腿内侧，揉涌泉。

2.全息按摩　耳部：1 脾, 2 肾，3 肝，4 膀胱，5 膈，6 肾上腺；手部：1 脾, 2 肾, 3 膀胱，4 肝，5 肾穴，6 肾上腺；足部：1 脾, 2 肾, 3 膀胱，4 肝，5 膈。

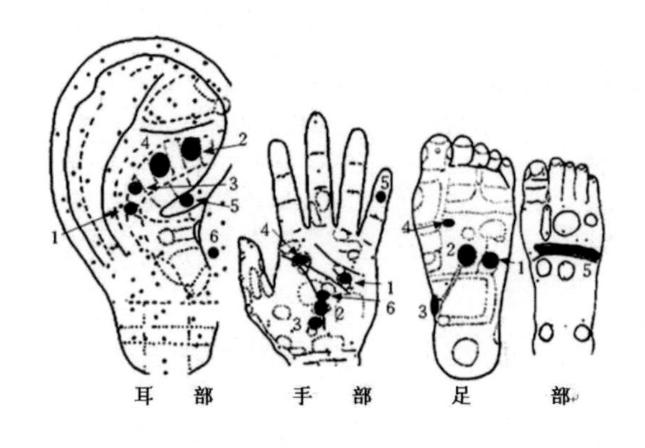

(四)穴位按摩　为辅助治疗，每穴 1-2 分钟，每日 1-2 次，严重者不作。1)实证掐太冲、大敦、涌泉、中极、小肠俞；2)虚证：按揉涌泉、三阴交、血海，掐小肠俞。

(五)其他　针灸，中药，静卧休息。

四、生活提示

1.多休息，规律作息不劳累；

2.戒烟戒酒；

3.不吃辣椒等刺激性食物；

4.多吃新鲜蔬菜水果，水煮花生。

第二十二节 鼻衄

一、概述

鼻衄又称衄血、鼻出血，为常见临床病症。其原因较多，如跌打损伤、血液病、传染病、心脏病、肾脏疾病、动脉硬化、脑溢血、中毒等等。中医学认为多为火热，如肺热、胃热、肝火等，迫血妄行所致，属实证。少数人为久病正气虚弱血失统摄为虚证。重者可致休克，反复出血可引起贫血。

二、临床表现

鼻衄常伴有多种临床表现。根据病机和临床可分五型。

1.肺热型：热邪犯肺，口鼻咽干燥，咳嗽痰少，鼻出血，可伴发热，舌红苔黄脉数；

2.胃热型：鼻干流鲜血，可伴牙龈出血，口干口臭欲饮，烦燥大便秘结，舌红苔黄脉数；

3.肝火型：头痛眼花，心烦易怒，口苦耳鸣，目红赤，舌红脉弦鼻出血。以上三型为实证；

4.虚弱型：久病神疲乏力，鼻衄血或伴牙龈、皮下出血，面色苍白心发慌，头晕耳鸣睡不安，舌质淡红脉无力；

5.外伤型：头面或鼻部受外伤引起的鼻出血。

三、治疗

(一)尽快止血，止血后治疗出血性疾病。

(二)针对临床表现进行对症处理如给以止血、镇静等药物。

(三)自我按摩

1.常规按摩　推印堂－風府，擦頸椎，擦印堂－髮际，擦印堂－鼻尖，擦鼻侧，指揉迎香，双指捏两侧鼻翼，刮鼻一颧，推前臂。

2.全息按摩　耳部：1 鼻，2 脾，3 肝，4 胃，5 肺；手部：1 脾, 2 肝，3 鼻 4 胃，5 肺；足部：1 脾, 2 鼻, 3 肝, 4 胃，5 肺。

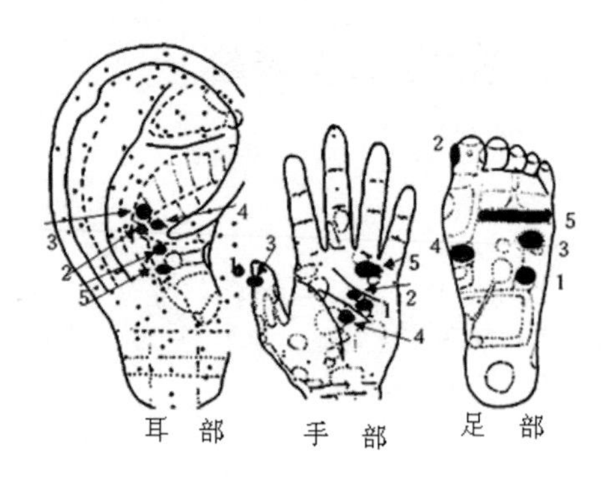

(四)穴位按摩　主穴：合谷、迎香、上星、风池,用掐法。肺热型者，加列缺、少商；胃热型加掐内庭、商阳，肝火型加掐太冲；虚弱者以按揉为主，加中脘、足三里。每穴 1-2 分钟。

(五)其他　冷敷前额或蘸凉水拍打前额；用棉球沾上云南白药塞于出血鼻孔；用冷巾敷哑门穴等有一定止血效果，若出血不止或反复出血，必需由专科医生处理。

四、生活提示

1.保持居室适宜温度、湿度；

2.不吃辛辣食物；

3.不吃炒制、易上火食物如瓜子等；

4.常吃水煮带衣花生。

第二十三节 吐血 附：血证小结

一、概述

吐血与呕血为不同书本中叙述的具有相同含义的词，均指上消化道急性出血，常见原因有胃、十二指肠溃疡、肝硬化、胃炎、胃粘膜脱垂、胃癌、食管癌、血液病等等。出血量小时仅有少量黑便或大便潜血阳性，稍多量时则吐棕褐色液体，大量时可为暗红色或鲜血。古人认为吐血来自胃，无声为吐，有声称呕，现二词通用。吐血来自消化道，有时应与咳血相区别，后者来自呼吸道。吐血色暗常带食物残渣，从食管呕出，常有恶心感；咳血来自呼吸道，常有咳嗽，喉痒，胸部不适，血色鲜红，带痰或气泡。中医学认为病因与胃热、脾虚、肝气上逆、外伤等有关。

二、临床表现

中医学对吐血分型尚不完全一致，大致有胃热壅盛、肝火犯胃、气虚血溢、热伤胃络、气虚不摄、血瘀留积、胃火、脾虚、肝逆、胃有积热等。现简要归为三型：

1.胃火型：发病急，吐红色或暗色血，带食物残渣，胃胀痛，口臭，身热，便秘色黑，舌红苔黄腻脉数；

2.肝逆型：吐血多，色红或紫黯，口苦胁痛，心烦易怒，多梦，睡眠不好，舌红脉弦；

3.脾虚型：吐晦黯色血，疲乏无力，饮食无味，舌淡脉细。吐血后若见洪脉应防再吐。

三、治疗

(一)吐血为重症应尽快由专业医师急救。

(二)找出原发病作有针对性治疗。

(三)发作期静卧，不宜进行按摩。

1.按摩问题　若发作时无法立即获得医治需自救时，可掐大陵、内庭、承浆，按揉阴池、止红、胃热加内关、合谷、尺泽、少商；肝火加太冲、行间；脾虚加足三里、隐白。每穴 1-2 分钟，禁止直接按摩胸腹部位的出血。宜用邻近及远程穴位刺激，期望通过神经反射使出血局部血管收缩以减轻出血或止血，若无效应尽可能采用其他措施，以免耽误病情。

2.全息按摩　耳部：1 脾, 2 肝, 3 胃, 3 食道, 5 腹, 6 肺；手部：1 胃, 2 脾, 3 肝，4 食道, 5 腹腔神经丛, 6 肺；足部：1 胃, 2 脾, 3 肝, 4 腹腔神经丛, 5 肺。

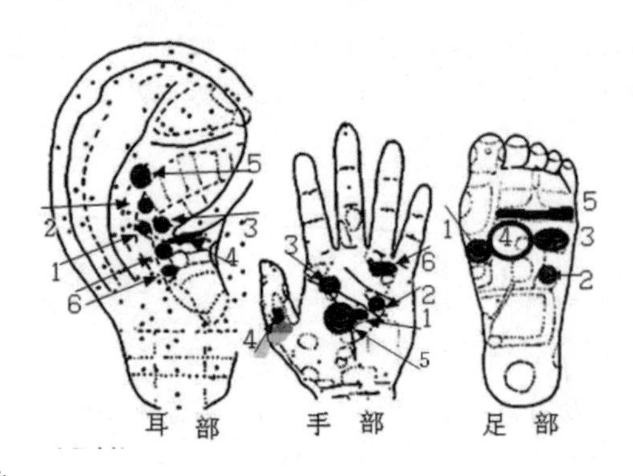

血证小结

血证指血液从血管外出直接进入体腔、空腔脏器或组织中的出血现象。常见的有消化道出血的吐血、便血，泌尿系统出血的血尿，呼吸系统出血的咳血和鼻衄，女性的崩漏和胎漏下血，皮下出血的瘀斑等等。由于出血原因复杂，临床上对各种出血应高度重视。大部分情况下出血不能小视，在止血后都应进一步查清原发疾病。出血量大对健康危害甚大，严重者可危及生命，应由专业医师救治。除非迫不得已的自救，一般较大出血不属于自我按摩的适应证。特别是出血局部不应进行按摩。血证的自我按摩仅为出血量小者的配合治疗的辅助措施，无效应即刻改用其他措施。

四、生活提示

1.卧床休息，保持平和心态；

2.消息化道出血量大时应禁食，后改流质(如牛乳)或半流质食物(如稀粥)并逐渐过渡到正常饮食；

3.加强营养，可制成肉粥等食用。

第二十四节 失音

一、概述

失音又称嘶哑、喑、声音嘶哑，指讲话时声音嘶哑，重者不能讲话。由喉部病变引起的称喉喑为喉中声嘶，由舌不能运动所致称舌喑。一般情况下失音主要指喉喑，其病因有外感风寒肺气不宣，忧思脑怒，突遇惊吓，过度用嗓，久病或酒色过度等，分实证和虚证两型。现代医学主要为急性喉炎、慢性喉炎、声带小结或息肉、喉结核、声带麻痹、喉部肿瘤、急性会厌炎、癔病等。

二、临床表现

实证：外感突然声音嘶哑，怕冷头痛发烧，咽干痒痛,咳嗽，苔薄白或黄腻，或为阵发性嘶哑，惊恐，心烦易怒，胸闷，咽部不适；2)虚证：持续失音，咽干口燥，干咳少痰，食欲不振，舌干红少苔，重者颧红潮热，盗汗，腰酸，耳鸣，消瘦。

三、治疗

(一)查明原发病，作针对性治疗。

(二)对症治疗。

(三)自我按摩

1.常规按摩　擦气管带，按揉颈侧，揉两侧胸锁乳突肌，拿揉甲状软骨(揉喉结处)拿肩井，耙理脊背，擦小腿内侧。

2.全息按摩　耳部：1 肺，2 支气管, 3 咽喉，4 气管；手部：1 肺区, 2 咽喉，气管，4 心；足部：1 肺, 2 支气管, 3 咽喉，4 气管。

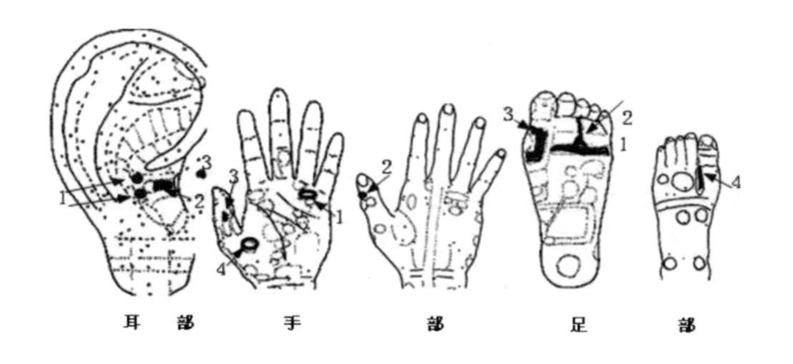

（四）穴位按摩　每穴 1-2 分钟，每日二次。1)实证：掐鱼际、风池、液门、少商、手三里；合谷、风府、扶突、水突、支沟、少商，两组交替用。气郁加太冲、通里、天突；2)虚证：按揉天柱、廉泉、天突、鱼际、照海、三阴交、血海。

（五）其他　针灸，中药，避免大声说话。

四、生活提示

1.多饮水，少讲话；

2.不吃刺激性食物；

3.多休息少劳累；

4.防寒防感冒；

5.戒酒戒烟，避免尘土及刺激性气味。

第二十五节 淋证

一、概述

淋证为中医病证名称，相当于现代医学的泌尿系统感染、结石、尿道出血、乳糜尿等。其病因多为肾虚水不制火、湿热蕴结下焦、膀胱湿热为主。另外男女之事不洁或过度、邪气上犯膀胱；或肝郁气滞化火郁于下焦影响膀胱气化；或脾虚中气下陷，肾虚下元不固，影响膀胱气化，使水道障碍成证。故淋证多为下焦之病，多在膀胱与肾，也涉及肝脾。其因劳累而发称劳淋，气虚下陷为气淋，下元不固脂液下滴为膏淋等。本证初起多为湿热蕴结于膀胱，属实证；但久病可转化为虚证，产生各种淋证表现，有五淋、七淋之称。各淋证之间可有转化。且虚实之间也可转化或共存。

二、临床表现

临床上淋证表现为尿频数短涩，滴沥不尽，尿道刺痛，小腹拘急或牵引腰腹疼痛。根据临床表现可分六型。

1.热淋：起病急，发热怕冷，口苦，呕吐恶心尿时灼热刺痛，量少而频，小腹拘急胀痛牵及腹腰，大便秘结，苔黄腻脉濡数；

2.石淋：尿夹砂石，排尿难或中断或带血，尿道痛，少腹拘急牵涉腰腹而致绞痛，舌红苔薄黄脉弦数；久病则面色苍白神疲乏力，舌胖淡脉细弱或腰腹隐痛，手足心热，舌红少苔脉细数；

3.气淋：尿涩滞滴沥，小腹满痛，苔薄白脉沉弦为实证；小腹坠胀滴沥，面色苍白，舌淡脉无力为虚证；

4.血淋：尿热涩刺痛深红或带血块剧痛，或有心烦苔黄脉滑速为实证；色淡红疼痛轻，腰酸膝软，无精神，疲乏无力，舌淡脉细为虚；

5.膏淋：尿混浊如米汤，久放漂油沉淀如絮或夹凝块或血，尿道热涩痛，舌红苔黄腻脉濡数为实证；久病反复淋出如脂，排尿涩痛，体重渐减，身体消瘦，头昏乏力腰膝酸软，舌淡苔腻脉细弱为虚证；

6.劳淋：尿赤涩轻但淋沥不断，腰酸膝软，神疲乏力，舌淡脉弱，遇劳即发，属虚。

三、治疗

(一)查明原发病作针对性治疗。

(二)对症治疗。

(三)自我按摩

1.常规按摩　耙理脊椎，擦腰骶，揉肾區，摩小腹，拿大腿内侧，掐耻骨联合，擦小腿内侧，石淋捶腰。

2.全息按摩　耳部：1 膀胱，2 肾, 3 脾, 4 输尿管, 5 尿道，6 肝；手部：1 膀胱, 2 肾, 3 肾穴, 4 输尿管, 5 肝, 6 脾；足部：1 膀胱, 2 肾, 3 尿道, 4 输尿管, 5 肝, 6 脾。

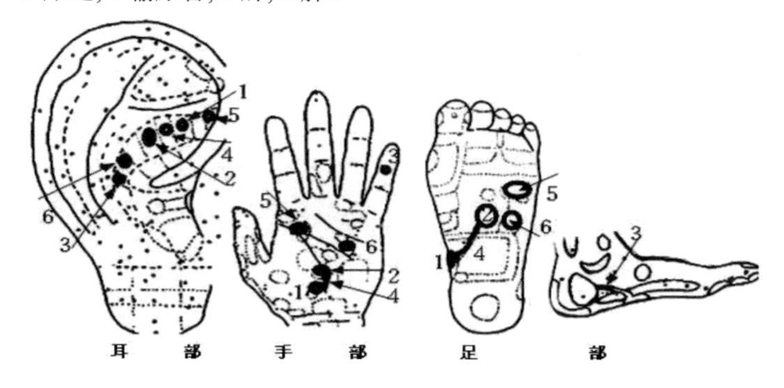

(四)穴位按摩　每穴 1-2 分钟，每日二次。主穴：膀胱俞、中极、石门、元、阴陵泉。热淋及其余各淋之实证用掐法，虚证时用按揉法。寒热加合谷、外关，尿血加血海、三阴交，石淋加然谷，膏淋加肾俞、气海、百会，气淋加气海、行间，劳淋加肾俞、气海、足三里。

(五)其他　针灸，理疗，大的结石用碎石或手术。

四、生活提示

1.注意保暖防寒；

2.不吃刺激性食物；

3.戒酒，尿路结石者不吃高钙食物或药品，如牛奶、巧克力、钙片，可酌情吃一些柠檬或含柠檬酸盐饮料(有肌肉痉挛则不吃)；

4.多吃新鲜蔬菜水果防便秘，但含草酸较高的食物如浓茶、菠菜、芦笋等则少吃。

第二十六节 癃闭

一、概述

癃闭又称尿闭，为排尿量少，尿路闭塞不通，通常将病势较缓未完全阻塞称为“癃”，将急性的闭塞不通称“闭”。两者均为排尿障碍，但程度不同。从病机上看与肺、脾、肾病变导致三焦气化失常，水液不能通过脾的传输和肺的肃降达于肾，或肾气化失调浊水不能下注膀胱，同时也使尿液控制失调有关。影响三焦气化的原因如肝郁、血瘀、肺热等也可导致癃闭。西医学将尿闭原因分为尿路阻塞(结石、肿瘤、炎症、畸形、前列腺肥大)、肾病变(肾炎、中毒、肾损伤、溶血反应等)及循环和神经反射性因素等几种原因。故此症病因较复杂。尿闭为危险急症，危害甚大，拖延过久危及生命。

二、临床表现

本证(症)主要为急性或慢性的排尿困难，呈点滴而下或无尿，可有小腹胀但无尿道疼痛，常伴头痛、头晕、胸闷、气喘、腰痛、水肿、恶心呕吐、心烦、疲乏等。中医学分类尚不一致，大致有 2-6 种类型。1)膀胱湿热：尿不通或尿量极少，尿赤灼热小腹胀，口渴苦粘不欲饮，舌苔黄腻舌质红，大便不畅脉率数；2)肺热壅盛：尿路不爽或不通，烦渴欲饮咽喉干，呼吸急促或咳嗽，舌苔薄黄脉率数；3)肝郁气滞：情志抑郁多烦怒，小便不通或不畅，胁腹胀满肝气逆，脉弦舌红苔薄黄；4)尿路阻塞：小便点滴或如线，甚则不通小腹胀满痛，脉涩舌绀或瘀点；5)中气不足：小腹胀，欲尿量少不畅或不出，食欲不振神疲乏，气短声低而语细，舌淡苔薄脉细弱；6)肾阳衰：排尿点滴或不通，

面色苍白怕寒冷，腰膝酸冷，身软无力，神志怯弱舌质淡，苔白脉沉细而弱。也有按虚实分类：实证为尿热短赤量少或无，小腹胀急烦燥口渴，脉数舌红苔黄腻；虚证为排尿不利甚或无，小腹胀满，面色白，腰膝酸软神疲倦，舌质淡红脉搏弱。

三、治疗

(一)膀胱有尿胀满，尿不出者应导尿。

(二)查明原发病作针对性治疗。

(三)自我按摩

1.常规按摩　拿大腿内侧，擦腰骶，摩小腹，掐耻骨联合，耙理腰骶，擦小腿内侧，擦小腿外侧。

2.全息按摩　耳部：1 膀胱, 2 肾, 3 脾, 4 输尿管, 5 艇角， 6 肺，肝；手部：1 膀胱， 2 肾, 3 肾穴, 4 肝, 5 输尿管 6 肺；足部：1 膀胱, 2 三焦, 3 肾, 4 尿道, 5 输尿管。

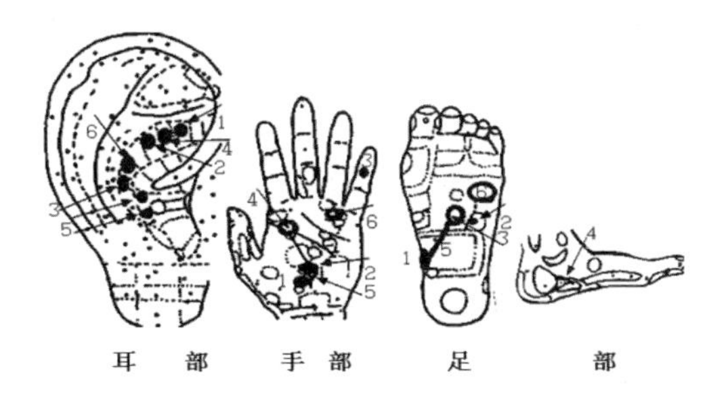

耳　部　　手　部　　足　　部

(四)穴位按摩　每穴 1-2 分钟，每日二次。主穴：膀胱俞、中极、三阴交。实证掐主穴加掐阴陵泉，肺热加掐太渊、鱼际，喘息加膻中、尺泽，心烦加内关；虚证按揉主穴加肾俞、气海、足三里、阴谷、次髎。

(五)其他　针灸，中药。

四、生活提示

参见淋证篇。

第二十七节 腰痛

一、概述

腰痛为临床上常见症状，外感、内伤、跌打闪挫等都可引起腰痛。腰为肾之府，腰痛与肾关系密切。肾虚为腰痛的关键，各种原因引起肾气不足难以滋养筋脉，外感风寒，水湿之邪侵袭凝滞于经络，肾气虚弱难以疏通而使客邪痹阻不行；外伤、扭伤等引起气滞血瘀，当肾虚之时瘀阻难以疏通均可导致腰痛。所以腰痛以肾虚为本，外感客邪、跌打闪挫为标，以致经络阻滞不通而发生。现代医学中引起腰痛原因同样比较复杂，外伤、劳损、感染，先天性脊椎疾病如骶裂，某些腹部脏器疾病如肾脏疾病、卵巢、子宫疾病，以及腰部肌肉韧带、腰椎病变、骨质增生等。因此，对于腰痛无论是从中医还是现代医学角度都应仔细诊查找其原因。

二、临床表现

腰痛常伴有较多其他临床症状，虽目前关于腰痛临床分型尚不统一，但总体上不外乎外感、内伤和跌打损伤几方面，并可据此分型。

1.寒湿型：外感寒湿，腰部冷痛，翻转困难，并逐渐加重，且静卧不减，喜温喜按，阴雨天加剧，苔白腻脉沉迟；

2.湿热型：外感湿热，腰痛伴热感，活动或可减轻，热天雨天加重，活动减轻，尿短赤，苔黄腻，脉数；

3.瘀血型：外伤后腰痛，轻则坐卧不便，重者不能翻转，痛处固定拒按，触之有僵硬或牵制感，舌紫暗或有瘀斑，脉涩；

4.肾虚型：腰酸软痛发病缓慢，喜按揉，腿膝乏力，劳累加重卧则减轻，阳虚者小腹拘急，面色苍白，神倦肢凉，舌淡脉沉细；阴虚者心烦失眠、面色潮红、手足心热、口干咽燥、舌红少苔脉细数。

三、治疗

(一)查明原发病作针对性治疗。

(二)剧痛者给以止痛剂作对症治疗。

(三)自我按摩

1.常规按摩　膝腓擦，推股外侧，擦腰骶，耙理腰骶，擦腰，耙理脊椎，钳擦跟腱。

2.全息按摩　耳部：1 骶椎, 2 腰椎, 3 肾；手部：1 腰椎 1 , 2 骶椎 1 , 3 肾区, 4 腰椎 2 ， 5 骶椎 2 , 6 腰腿， 7 腰痛区， 8 肾穴；足部：1 肾, 2 腰椎, 3 骶椎, 4 髋关节。

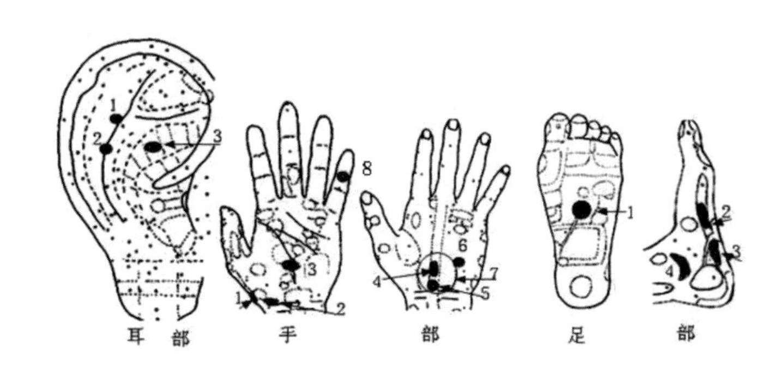

(四)穴位按摩　每穴按揉 1-2 分钟，每日二次。主穴：肾俞、腰阳关、委中、昆仑、痛点。寒湿加命门、腰眼，腰腿痛加承山、环跳，肾阳虚加揉气海、志室，肾阴虚加太溪，瘀血掐人中、委中。

(五)急性腰痛　先用双手抚摩腰部三十至六十遍，右手掐揉人中三十遍，后掐左手后溪及腰痛穴三十遍:换手再掐右手两穴各三十遍，同时缓缓活动腰部。

(六)其他　针灸，理疗。寒湿和瘀血型热疗腰部，生活中防寒湿，配合适度腰腿活动。

四、生活提示

1.注意保暖防寒湿；

2.工作量适当不过于劳累；

3.节制房事；

4.睡硬板床；

5.逐渐加强腰腿肌肉锻炼。

第二十八节 痹证(肌肉关节风湿症侧)

一、概述

痹证为中医学病证名，为体质虚弱正气不足之人感受风寒湿热等外邪，使肌肉、关节、经络痹阻所形成的病证。当风寒湿三邪侵袭人体时，则注入经络并停留于关节，使气血运行受阻而为痹。风重时为游走性的行痹，寒重时则以痛为明显成痛痹，湿强时则为病痛固定的肌肉关节麻木称着痹。当感受风热湿邪，或体内阴虚，或阳盛感受外邪成郁热，或风寒湿痹迁延时间长，邪留于经络关节郁而化热，导致关节中热痛则为热痹。痹证迁延日久可因气血运行不畅而产生皮肤瘀斑、关节肿大、屈伸困难及关节周围结节；同时导致气血亏虚，若由经络入脏腑发生脏腑痹证如心痹。故痹证应及时早治疗。现代医学上痹证相似于风湿、类风湿、肌肉关节风湿症、风湿性心脏病、地方性氟中毒及某些骨关节感染性疾病等。

二、临床表现

临床症状主要为骨关节疼痛肿大或红肿灼热，日久可致骨关节功能障碍、关节变形。临床上常分四型。

1.行痹：为肢体关节呈游走性疼痛，屈伸不利，局部红肿，或有发热、怕冷、苔白薄、脉浮弦；

2.痛痹：关节固定性痛、剧烈疼痛不能活动，局部肤色不变且无热感而有凉感，遇热减轻遇寒加剧，喜按揉，苔薄白、脉紧浮或弦；

3.着痹：固定性的肢体关节酸痛重着或肿胀，局部皮肤麻木，手足活动不便，四肢汗出，苔白腻脉濡缓，天气变化发作或加重；

4.热痹：常为多个关节灼热红肿，剧痛不能碰触，不能活动，遇热加剧遇冷减轻，可有咽喉疼痛或发热怕冷，汗出怕风，口渴烦闷，尿短赤，苔黄厚腻，脉数滑或濡或弦。

三、治疗

(一)查清病证原发疾病，进行针对性治疗(风湿性关节炎、类风湿性关节炎可按此)。

(二)对症治疗。

(三)自我按摩

1.常规按摩　摩局部及邻近区，拿局部肌肉，揉局部痛点，手指痛用捻法；局部关节作主动及被动活动，活动量及幅度均由小到大，以能耐受为度(热痹发作期间不作)，擦小腿外侧，擦小腿内侧。

2.全息按摩　耳部：耳舟区(肩一指)，对耳轮区(颈椎一足趾)，肾；手部：手背中轴区(颈椎一骶区)，手桡侧区(颈椎一骶区)，腰腿，腰痛区；足部：1髋关节，足内侧带(1颈椎，2胸椎，3腰椎，4骶，5腰腿，6腰痛区7肩，8肘，9腕，10颈椎，11胸椎，12腰椎13骶椎，14肾穴)，足外侧带(1髋关节，2坐骨神经，3骶椎，4腰椎，5胸椎，6颈椎，7膝关节，8肘关节，9肩关节。

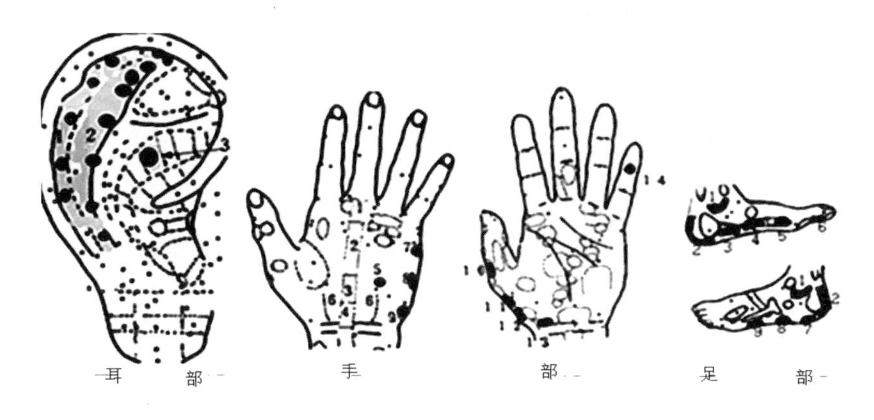

耳部　　手部　　足部

(四)穴位按摩　分局部及循经取穴，每穴按揉1-2分钟，一日二次，热痹用掐法。

1.手指关节痛：痛处、八邪(指缝处)、后溪、液门、三间、合谷、劳宫；

2.腕部痛：阳池、外关、曲池、合谷、腕骨、中渚、阳溪、后溪；

3.肘臂痛：曲池、臑会、外关、合谷、手三里、尺泽；

4.肩部痛：肩髃、肩髎、肩前、肩井、外关、合谷、曲池、阳陵泉、条口；

5.颈项痛：风池、风府、大椎、哑门、列缺、后溪；

6.脊椎痛：人中、肾俞、委中、昆仑、腰阳关、次髎；

7.髋关节痛：革命、承扶、绝骨、环跳；

8.股骨痛：风市、殷门、阳陵泉、伏兔、环跳；

9.膝痛：膝眼、梁丘、足三里、阳陵泉、阴陵泉、曲泉、膝阳关；

10.踝痛：申脉、照海、昆仑、解溪、丘墟；

11.足趾痛：公孙、束骨、八风、通谷；

12.全身关节痛加大椎、气海、曲池、阳陵泉；

13.行痹加风池、风市、风门；

14.着痹加足三里、三阴交、阴陵泉；

15.热痺加掐大椎、曲池、合谷；

16.四肢麻木加合谷、太冲；

17.手足不仁疼痛拘挛：八风、八邪、十宣。

(五)其他　针灸，理疗，中药。注意防寒防湿。

四、生活提示

1.发作时休息，保持充足睡眠时间及平和心态；

2.吃富含维生素和高蛋白质食物；不吃寒性食物如蟹、柿子等；

3.注意保暖，防风寒防潮湿；

4.急性发作患部休息，但过后应坚持功能锻炼；

5.热痹应消炎止痛，控制感染。

第二十九节 痿症

一、概述

痿症为人体筋脉弛缓，软弱无力甚则瘫痪麻痹不能自主活动，日久则所涉肌肉萎缩。一般以下肢为多见，其病因复杂：内伤情志、外感湿热、劳累色欲、损伤精气，导致筋脉失养均可成萎。1)肺热伤津：

由于温热毒邪高烧不退或病后余热伤耗津液，使肺不能正常播送津液，以致五脏失濡而伤精气，四肢经脉失养而痿弱失用；2)湿热浸淫，影响气血运行：外邪湿热浸淫经脉使营卫运行受阻而郁遏生热，气血运行不利，筋脉肌肉失养成痿。此外，饮食不节内生湿热导致脾运不畅，筋脉肌肉失养，阳明湿热灼肺金致上枯下湿而加重痿证；3)脾胃亏虚：中气受损则消化失常，气血津液来源不足，难以营养五脏运行气血，使筋骨失养关节不利肌肉消瘦。以上三种多为脾胃虚弱常夹湿热内滞或痰湿；4)肝肾亏损：长期肾虚、男女之事太过，过度劳累致阴精亏损，肾水亏而火旺筋脉失养；脾虚湿热不化流入下焦，久之损伤肝肾而致筋骨失养。现代医学痿症类似于急性脊髓炎、多发性神经炎、进行性肌萎缩、重症肌无力、周期性麻痹、癔病性瘫痪等。

二、临床表现

初期多有发热，随后局部肢体无力，重者麻痹不能动，肌肉逐渐萎缩，但无疼痛。根据临床表现分四型。1)肺热型：发烧后突然出现肢体软弱无力，咳嗽咽干少痰，心烦口渴皮肤干燥，尿黄少大便干燥，舌红苔黄脉细数；2)湿热型：四肢痿软身困重，面黄神疲足感热，胸痞脘闷尿短赤，麻木微肿遇冷舒，舌苔黄腻脉细数；3)脾胃虚型：痿软无力渐加重，食少便溏又腹胀，气短面肿色不华，疲乏脉细苔薄白；4)肝肾不足型：下肢痿软难久立，腰脊酸软晕且眩，咽干耳鸣头发落，遗精早泄或遗尿，腿肌渐萎经不调，起病缓慢步履废，舌红少苔脉细数。

三、治疗

(一)查明原发病作针对性治疗，对有传染性患者如小儿麻痹症，注意隔离。

(二)中西医结合对症治疗。

(三)自我按摩

1.常规按摩　指梳颅三带，擦腰骶，掌擦手背，搓大腿，耙理脊椎，循经用手掌推患肢，拿患肢肌肉，轻拍患肢，下肢痿搓下肢，擦小腿内侧，擦小腿外侧，擦手三阳经，他人协助作患肢关节功能位活动，活动幅度及数量逐渐增加。若患者无自行按摩能力，各种按摩亦应由家人操作。

2.全息按摩　耳部：1 耳舟区(肩一指)，2 对耳轮区(颈椎一足趾)，3 肾,4 胃，5 肝，6 脾；手部：1 手背中轴区(颈椎一骶区)，2 手桡侧区(颈椎一骶区) 3，腰腿，4 肾,5 脾，6 胃，7 肝，8 腰痛区；足部：1 肾，2 肩，3 肘，4 膝，5 肝点，6 脾，7 胃，8 颈椎，9 胸椎，1 0 腰椎，1 1 椎骶，1 2 肝区(右)。

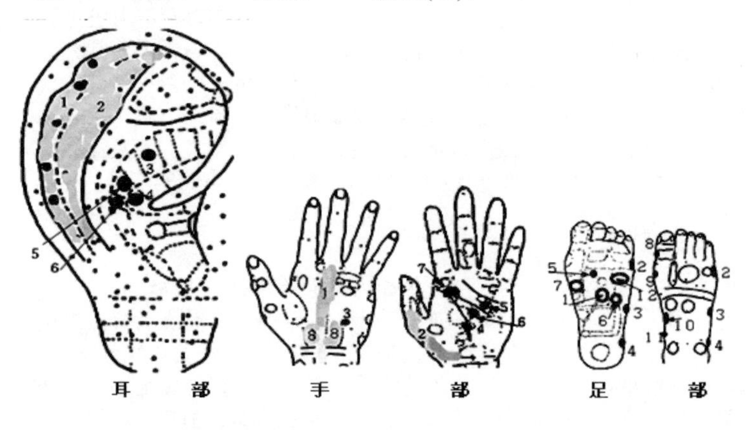

(四)穴位按摩　为辅助性治疗措施，肺热、湿热者用掐法，虚证用按揉，每穴 1-3 分钟，每日二次，分部位取穴。

1.上肢：肩髃、曲池、手三里、阳溪、合谷、外关、大椎；

2.下肢：髀关、伏兔、环跳、次髎、绝骨、足三里、阳陵泉、解溪；

3.肺热加掐尺泽；

4.湿热加掐阴陵泉；

5.肝肾不足加揉肾俞、关元。

（五）其他　针灸，理疗，坚持有针对性功能锻炼。

四、生活提示

1.保暖，防风寒潮湿；

2.戒烟酒；

3.吃低脂高蛋白饮食如瘦肉等；

4.保持清洁，勤翻身，多作被动活动；

5.多吃新鲜蔬菜水果。

第十章 内科疾病

第一节 普通感冒 附：流行性感冒

一、概述

感冒是一种很常见的疾病，一年四季均可发生，但以冬春季节为多见。其病原体主要为呼吸道病毒如鼻病毒、冠状病毒、流感病毒、副流感病毒、腺病毒、呼吸道融合病毒等，少数为肠道病毒如脊髓灰质炎病毒、柯萨奇病毒、埃可病毒等。其中成人感冒主要为鼻病毒，儿童则以副流感和呼吸道融合病毒为主。引发感冒的各种病毒在人群中广泛存在，并可通过呼吸道传播，特别是喷嚏的飞沫。由于各病毒存在很多型且病毒类型常发生变异，故即使同一种病毒亦可使人在一年内发生多次感冒。除病毒外一些细菌引起的疾病早期也可有感冒表现，感冒患者亦常继发细菌性感染。易患感冒者多为平常体质较弱者，常在着凉、气候变化或汗出受风等情况下发生，故常称其为伤风。中医学常将其分为风寒、风热、暑湿三型，也有人分为五型(增加阴虚、气虚两型)。

二、临床表现

起病较急，初起可有咽部干燥或咽痛，同时出现喷嚏、鼻塞流涕，接着出现声音嘶哑、咳嗽、或有胸痛、乏力、头痛、发烧、全身酸痛、食欲差、腹胀、便秘等临床表现。据其表现可分五型。

1.风寒型：恶寒重而发热轻，头痛身热又无汗，鼻塞清涕打喷嚏，喉痒咳嗽咯稀痰，舌苔薄白脉浮紧；

2.风热型：恶寒轻而发热重，头痛眼红汗不畅，咽喉肿痛口渴饮，咳嗽吐出黄粘痰，舌苔黄薄脉浮数；

3.暑湿型：汗少身热微恶寒，头昏痛胀身酸痛，口渴咳嗽痰黄稠，咽喉肿痛口中淡，胸闷呕恶食欲差，鼻流浊涕大便稀，苔腻脉濡尿短赤；

4.气虚型：发热恶寒热不盛，头痛鼻塞咳白痰，乏力气短言语少，舌淡苔白脉弱浮；

5.阴虚型：微恶风寒身且热，头痛头晕汗若无，心烦口渴掌跖热，干咳舌红脉细数。

三、治疗

(一)中草药及抗病毒治疗。

(二)对症治疗，普通感冒可舌下含服 1 片盐酸吗啉胍片(0.1 克)，一天三次，效果远比直接吞服好。前者从舌下吸收后直接进入体循环；后者需通过门静脉，经肝臟处理后才能进入体循环，肝臟使药物失活，影响疗效。

(三)自我按摩

1.常规按摩　推印堂－風府，擦印堂－髮际，擦前额，分抹印堂，揉山根(鼻根)，指擦印堂－鼻尖，揉迎香，刮鼻－顴，擦颈椎，指梳颅后带，指叩鼻尖，拿肩井，耙理脊背，擦小腿内侧，擦小腿外側。轻者单用面部按摩即可。

2.全息按摩　耳部：1 肺，2 鼻，3 气管，4 平喘, 5 额；手部：1 流感, 2 肺区, 3 鼻, 4 前额；足部：1 前额, 2 鼻, 3 咽喉，4 肺气管区，5 胸部淋巴腺和喉气管支气管，6 胸部。

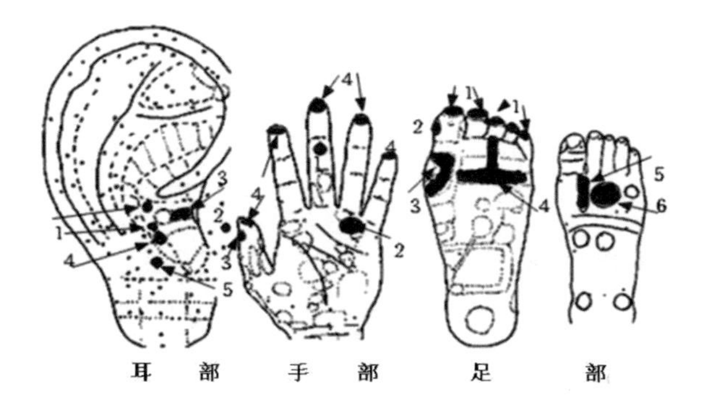

耳　部　　手　部　　足　　部

(四)穴位按摩　每穴 1-2 分钟，每日二次。风寒、风热、暑湿用泻法(掐或重按)，两个虚证型用揉法。1)风寒型：风池、合谷、大杼、外关、列缺、复溜；2)风热型：风门、大椎、曲池、外关、合谷、鱼际；3)暑湿型：合谷、曲池、大杼、阴陵泉、中脘、支沟、足三里；4)气虚型：风池、风府、气海、足三里、大椎、列缺；5)阴虚型：风

池、合谷、血海、复溜、足三里、太溪。头痛加太阳、印堂，鼻塞加迎香、上星，咳嗽加太渊、尺泽，喉痛掐少商、鱼际，便稀加揉天枢。

(五)其他　针灸，耳针，风寒型热疗枕部三十分钟。

附：流行性感冒

流行性感冒中医学称为时行感冒，发病病原体为流感病毒，传染性强。本病起痛、乏力等，同时有咽干、烦燥、声音嘶哑，可有鼻血、血痰，脉浮数。不同个体表现不同，呼吸型有鼻塞流涕、喷嚏不断、咳嗽胸痛、眉间痛、耳痛耳鸣；胃肠型则以恶心呕吐、烦渴、腹泻或便秘为主；神经型则可有呕吐、昏迷、谵妄及脑膜刺激征。有些人可并发细菌性肺炎、鼻窦炎、中耳炎、乳突炎等及单纯疱疹。本病危险度远高于普通感冒。临床治疗以药物为主，在急性症状控制后，病人体力有一定恢复时作按摩，常以对症为主。退热掐合谷、曲池、大椎、足三里、内庭；头痛：指用手掐风池、攒竹、头维、印堂等；筋骨痛掐阳陵泉、曲池、昆仑、外关；鼻塞：指揉迎香、上星；鼻衄掐合谷、迎香；咽喉痛掐鱼际、少商；呕吐揉中脘、内关、足三里；干咳掐太渊；便秘或腹泻揉天枢。每穴 1-2 分钟，每日 1-2 次。治疗期间注意隔离以控制疾病传播。近几年在全球流行的新冠病毒感染，可参考流感防治方法，进行防控。除严重的肺部感染需抢救外，轻者只要早发现，早治疗，亦可获较好防控效果。

四、生活提示

1.保暖防寒，休息，多饮开水；

2.居室空气流通；

3.吃易消化富营养食物如肉粥、鸡蛋羹等；

4.感冒初起可吃大葱、豆腐、生姜等汤菜，以利疏散风寒；

5.警惕并发症；

6.流感或怀疑流感应注意及时诊断，确诊后应隔离，接触者应戴口罩；

7. 为防感冒，家中应常备 1 瓶盐酸吗啉胍(又名病毒灵)。

第二节 支气管哮喘

一、概述

本病是一种常见的发作性支气管过敏性疾病。引起过敏的抗原复杂，常见的有花粉、粉尘、霉菌孢子、螨及其代谢物、动物羽毛、皮毛、蚕丝等。一些食物如鱼、虾、禽蛋等也可激发过敏性抗原引发哮喘。有过敏性体质患者吸入过敏性抗原微粒时，抗原与支气管壁细胞的抗体反应素结合，放出有生物活性的物质如组胺、慢反应素等，使粘膜血管充血、水肿、平滑肌痉挛且腺体分泌增加导致发作。反复发作可致阻塞性肺气肿，严重影响肺功能。病人常有一定遗传体质，有些人在婴幼儿期即开始发病。虽一年四季皆可发病，但好发季节多为秋冬季，春季次之，夏季较轻，或缓解。有些人在找出致敏原因并控制致敏源后发作得以控制。中医学认为哮喘与风、寒、痰、火及肺虚、肾虚有关，间歇期补肾有一定预防作用。

二、临床表现

常突然发作，自觉胸闷呼吸困难，伴哮鸣和干咳，重者可有紫绀、颈静脉怒张、大量出汗，在咳出粘液性痰后则呼吸通畅而停止发作。一般持续数分钟或数小时，亦有持续数日或较长时间不能完全缓解。反复发作胸廓膨胀变形成桶状胸。针灸学常将其分成实证与虚证两型。1)实证：胸胀气粗喉痰鸣，呼吸困难难平卧，脉象滑实苔厚腻；2)虚证：声低息短气难续，肢体倦怠动则汗，神疲舌淡脉虚弱。

三、治疗

(一)发作期

1.药物治疗：解除支气管痉挛药物。

2.对症治疗。

3.自我按摩

(1)常规按摩　擦前额，擦气管带，按揉胸部，推胸正中带，擦脅，拳抹肋缘，拿肩井，指揉天突，耙理背脊，擦小腿外側。

(2)全息按摩　耳部：1胸部, 2神门, 3平喘， 4肾上腺， 5肺,气管, 6大肠, 7气管；手部：1咳喘, 2肺区, 3喘点， 4神门, 5肾上腺，

6 气管, 7 大肠, 8 肺穴；足部： 1 肺支气管, 2 咽喉， 3 肾上腺, 4 胸淋巴腺。

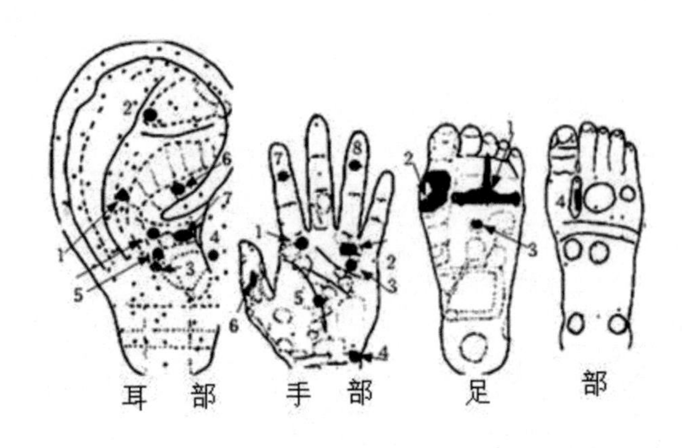

(3)穴位按摩　每穴 1-2 分钟，主穴：中府、定喘、列缺、尺泽、丰隆。实证用掐法加天突；虚证用揉法加肾俞、关元、气海、膻中；外感发热加合谷、曲池；胸闷心慌加内关。

(二)缓解期：大椎、大杼、肾俞、气海、足三里、丰隆、尺泽、太渊。用揉法，每日一次；擦气管带，摩胸部，擦胁，推手太阴肺经(从肘至腕)，抹足少阴肾经(涌泉到太溪)，每日一次。

(三)其他　针灸，理疗，找过敏源并注意避免接触它，预防感冒等诱发因素。

四、生活提示

1.保暖防风寒、烟尘，多休息；

2.吃清淡易消化食物；

3.禁食辣椒等刺激性食物及易致敏食物，如鱼、虾、鸡、蟹等；

4.不饮咖啡、可可、茶等兴奋性饮料；

5.避免接触可疑致敏源；

6.戒烟酒；

7 动物肺、杏仁、雪梨、冬瓜、冰糖有利于缓和症状，可适量服用。

第三节 急性支气管炎

一、概述

急性支气管炎主要为病毒、细菌等致病性微生物感染所致的急性支气管炎症。此外，某些寄生虫的幼虫及物理化学因素对支气管的刺激也易引发，其中较为常见的病毒有鼻病毒、副流感病毒、呼吸道融合病毒、腺病毒等，较常见的细菌为流感嗜血杆菌和肺炎球菌。常在受凉或劳累后，或因感冒、鼻炎、鼻窦炎、扁桃腺炎等疾病漫延而引发。病变主要发生在气管、支气管，呈现支气管粘膜充血水肿，纤毛上皮细胞坏死脱落，粘液腺肥大，分泌增加及粘膜下层水肿，淋巴细胞和白细胞浸润的病理表现。一般病程数日，咳嗽可延致数周，冬春时期为多发季节。

二、临床表现

初起常有感冒或其他上呼吸道感染症状，如鼻塞、流涕、喷嚏、咽痛、声音嘶哑，同时有恶寒、发热、头痛，频繁咳嗽伴胸骨后痛及全身酸痛。早期痰少不易咳出，1-2 日后则较易咳出并逐渐由粘液转为脓性黄痰，可伴恶心、呕吐及支气管痉挛所致哮喘和气急。一般在 3-5 日内症状逐渐消退仅留咳嗽。少数人可有体温不降而上升转成肺炎。中医学将本病分为二型。

1.风寒咳嗽：咳嗽恶寒发热轻，舌苔白滑吐稀痰，鼻流清涕多喷嚏；或有头痛肢体酸，舌苔厚腻痰湿重。

2.风热咳嗽：咳嗽不畅痰黄稠，发热怕风又头痛，喉痒咽痛口干燥，舌红苔黄脉浮数，或有高热咳喘重，警惕肺炎来并发。

三、治疗

(一)中西医药结合抗感染治疗。

(二)对症治疗。

(三)自我按摩

1.常规按摩　按揉胸,擦胁，擦气管带，推胸正中帶，拿肩井，擦印堂一鼻尖，揉迎香，指揉天突，擦颈椎，耙理脊背。

2.全息按摩　耳部：1 胸部, 2 神门, 3 肺支气管, 4 平喘, 5 大肠, 6 气管；手部：1 咳喘, 2 肺区，3 气管, 4 肺穴, 5 神门, 6 鼻；足部：1 肺支气管，2 胸部, 3 胸淋巴腺喉气管支气管，4 鼻。

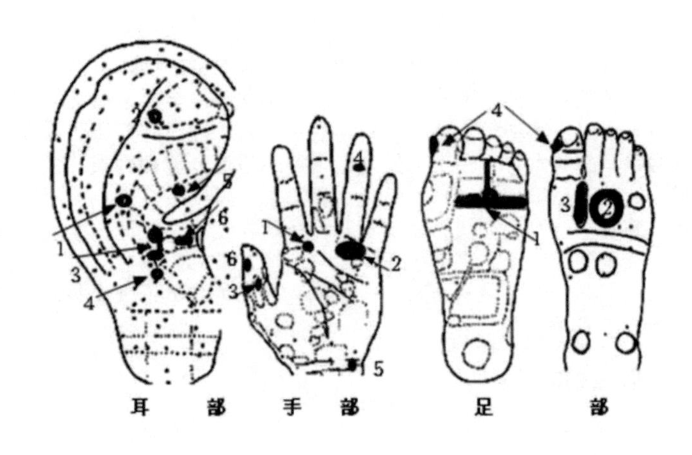

(四)穴位按摩　用掐或重按(泻法)，每穴 1-2 分钟，一日二次。主穴：天突、中府、列缺、鱼际、尺泽、迎香、风池。痰多加丰隆，体弱加足三里，发热加外关、大椎，头痛加太阳、印堂。

(五)其他　理疗，针灸，风寒咳嗽背部热疗。

四、生活提示

1.居室空气清新无烟尘；

2.注意防风寒，保暖；

3.吃易消化、富营养食物如肉粥、蛋羹，不吃油腻食物；

4.禁烟、酒、咖啡，多饮热开水；

5.多吃新鲜蔬菜。

第四节 慢性支气管炎 附：支气管扩张

一、概述

慢性支气管炎为反复发作的急性支气管炎迁延而来，是一种常见疾病，尤其是在北方农村约占冬季门诊 50%左右。特别是年龄老者患病率更高，也是重要的老年病之一。本病病程缓慢，早期多不为人所关注，随着病情加重肺功能逐渐受到损害，特别是发展到阻塞性肺气肿时肺功能严重受损，甚而影响心脏功能成为肺心病。病理改变为支气管壁及粘膜病变。感染、理化刺激和过敏为三大类致病原因。在近代社会，抽烟习惯和空气污染是影响本病的重要因素；寒冷在影响发病及病情进展中起重要作用。戒烟、保暖、抗感染、防止空气污染对老年人预防尤为重要。

二、临床表现

本病多发生在中年以上人群，病程缓慢进展。多在冬季发病，以咳嗽及咳痰为主，且粘度增加而不易咳出。可伴有哮喘、气急。轻者仅冬季发病，重者常年咳嗽咯痰，冬季加剧。常并发支气管扩张、肺炎、阻塞性肺气肿导致呼吸困难。中医学认为慢性支气管炎多为脾胃阳虚体质，发病后根据临床表现分为三型。

1.寒型：外感风寒并阳虚，畏寒咳嗽流清涕，咳呛痰多如水沫，气逆不顺食欲差，苔白或腻脉浮(滑)；

2.热型：外感风寒身有热，气短咳嗽痰不爽，黄痰粘稠带血丝，舌苔黄腻脉滑数；

3.外寒内热型：外感风寒郁内热，咽痒口干咳不爽，恶风怕冷口唇红，舌红苔黄脉沉数。

三、治疗

(一)中西药消炎、平喘、祛痰、镇咳。

(二)防寒，养生保健。

(三)自我按摩

1.常规按摩　按揉胸部，擦气管带，推胸正中带，擦胁，拿肩井，擦手太阴肺经，耙理脊背，拳抹肋缘，指揉天突，擦小腿外侧。

2.全息按摩　耳部：1 胸部, 2 神门, 3 肺支气管, 4 平喘, 5 大肠, 6 气管；手部：1 咳喘, 2 肺区，3 气管, 4 肺穴, 5 神门, 6 鼻；足部：1 肺支气管，2 胸部, 3 胸淋巴腺喉气管支气管，4 鼻。

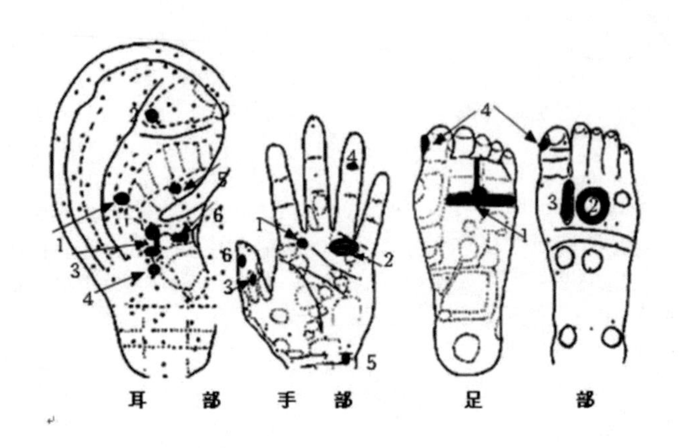

(三)穴位按摩　每穴按揉 1-2 分钟，每日二次。主穴：天突、膻中、中府、丰隆、定喘、孔最、尺泽。体弱加足三里、关元，发热加外关、曲池，流涕多加夹鼻、迎香。

(四)其他　针灸、理疗，寒型病人作背部热疗。

附：支气管扩张

本病多为慢性支气管炎继发病，亦以老年人为多见。主要临床表现为痰多易咯出，清晨起床后咳嗽，咯出多量稀或带脓痰，可有臭味，痰液放置后可出现分层现象。治疗以抗感染促排痰为主，必要时用外科手术切除病变严重部位。针灸、自我按摩必须持久方能见效，仅作为辅助疗法，可参考慢性支气管炎。病人多为内伤阳虚，加揉内关、中脘、足三里、三阴交以扶正气。

四、生活提示

1.居室空气清新，避免烟尘刺激；生活规律适当活动；

2.注意防风寒潮湿，注意保暖防感冒；

3.多休息，禁烟、酒、咖啡；

4.不吃刺激性食物如辣椒、胡椒；不吃生冷、难消化食物及鱼、虾、蟹、肥肉等；多吃新鲜蔬菜如箩卜、丝瓜、白菜、西红柿等；

5.吃富营养、利肺气强脾胃食物，如瘦肉、百合、枣子、杏仁、枇杷、梨、橘、蜂蜜等。

第五节 肺结核 附：结核性干性胸膜炎

一、概述

肺结核为结核杆菌引起的肺部疾病，中医文献称："痨瘵"、"肺痨"。结核杆菌可侵犯人体全身组织器官而发生各部位结核，如肺结核、支气管结核、肠结核、结核性腹膜炎、骨结核、淋巴结核等。肺结核是最为常见的结核病，结核杆菌经呼吸道进入肺部后，如果人体抵抗力差或一次进入数量较多则在肺局部形成原发病灶；细菌繁殖后沿肺内淋巴管进入肺门或纵膈淋巴结形成原发综合征；以后又可通过血液循环播散到全身，在肺则可形成各型肺结核。结核病目前仍是危害严重的传染病。由于患者咳出的痰中往往含有大量结核杆菌，此种细菌对环境耐受力较强，因此结核病常通过呼吸道在人群中传播。及时隔离治疗病人，预防接种卡介苗，养成全民性卫生习惯，提高人体健康素质和防治知识水平，在结核病预防中具有重要意义。

二、临床表现

肺结核的临床表现比较复杂，其全身症状有全身不适、疲乏无力、烦躁、心悸、食欲减退、盗汗、体重减轻、妇女月经失调及发热(长期低烧、午后潮热或高热达 4 0 ℃不等)；局部症状为咳嗽，不同程度咳痰、咯血；胸部针刺样痛并随呼吸咳嗽加重，且可放射到肩和上腹部。重者肺部受严重破坏，呼吸功能障碍而呼吸困难、唇甲发绀。晚期病人极度贫血、消瘦、声嘶力竭。中医针灸学根据临床表现分为二型。

1.阳虚：精神不振身体倦，咳嗽常吐白色痰，胸痛食少体消瘦，面色苍白脉软弱，妇女月经少且淡；

2.阴虚：咳嗽多痰时咯血，骨蒸潮热面颧红，消瘦盗汗声音嘶，，男有遗精女经闭，舌绛少苔脉细数。

三、治疗

(一)抗结核治疗如链霉素、异烟肼、利福平等。

(二)对症治疗。

(三)自我按摩

1.常规按摩　擦手太阴肺经，按揉胸部，擦胁，擦气管带，推胸正中带，拿肩井，指揉天突，擦气管带，耙理脊背，擦小腿外侧，擦小腿内侧，捏脊(由他人代作)。

2.全息按摩　耳部：1 胸部, 2 神门, 3 肺支气管, 4 交感，5 大肠；手部：1 咳喘, 2 肺区，3 气管, 4 肺穴, 5 神门, 6 鼻；足部：1 肺支气管，2 胸部, 3 胸淋巴腺、喉、气管支气管，4 鼻。

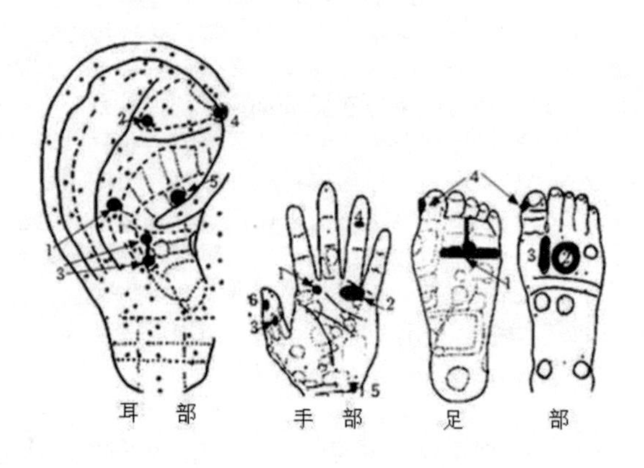

(四)穴位按摩　为辅助治疗，有利于病情好转。每穴按揉 1-2 分钟，每日二次。主穴：中府、膻中、天突、尺泽、足三里、合谷、丰隆、三阴交。食欲差加中脘，肾虚加关元、肾俞，潮红加大椎、间使，盗汗加后溪、阴郄，咳嗽痰多加太渊，咯血加鱼际、孔最、血海、行间，遗精、月经不调加三阴交，失眠加神门、三阴交。每次根据情况选主穴及需加穴，主要症状选 6-8 穴，以不感劳累为宜，也可由他人代作中。

(五)其他　针灸(阳虚多灸，阴虚宜针)，注意加强营养。

附：结核性干性胸膜炎

本病主要为肺结核蔓延至胸膜所引发。起病多较急，常有恶寒发热，主要为胸胁痛，可放射到肩部或上腹和心窝部，随呼吸深度加剧。呼吸一般浅急，可伴干咳。局部有压痛，听诊有胸膜摩擦音。治疗同肺结核。自我按摩用掐法每穴 1-2 分钟，每日 1-2 次，视体质而定。主穴：痛点(阿是穴)、肩井、中脘、尺泽、太渊、阳陵泉，发热恶寒加合谷、外关、风池，体弱无力加大椎、足三里、三阴交。

四、生活提示

1.不随地吐痰，居室空气清新；

2.生活规律，多休息，适当活动，保持平和心态；

3.吃高蛋白、低糖、低脂肪饮食，如瘦肉、豆腐、豆制品、牛奶、蛋、大枣、新鲜果菜；

4.戒烟、戒酒，不吃刺激性食物、饮料、咖啡；

5.虚热、咳嗽、咯血者可吃些熟大蒜、藕、雪梨等；

6.注意防风寒，防潮湿，保持舒适的空气湿度。

第六节 硅肺

一、概述

硅肺是由于长期吸入含二氧化硅粉尘所引起的以肺部表现为主的疾病。一般情况下，呼吸道可将约 90%空气中粉尘阻挡并排出。但当呼吸道有各种病变时则清除能力下降。当含二氧化硅粉尘进入肺泡后为吞噬细胞吞食(尘细胞)，进入淋巴系统到达肺、支气管、肺门、纵膈等处淋巴结。随后发生纤维化引起淋巴结肿大、淋巴管道阻塞，导致淋巴液倒流于肺间质，尘细胞在肺间质停滞。死亡后的尘细胞放出二氧化硅引起局部组织纤维化，进而发展为胶元结节，后发生玻璃样变。许多小结节可相互融合成大结节，引起肺泡萎陷，同时血管发生纤维化影响血流。随着支气管周围结节形成又可导致通气碍进一步影响肺功能。硅肺多发生于从事矿业工作及其他接触矿砂粉尘作业的工人，故被列入职业病。硅肺往往影响肺功能，同时也易并发其他肺部疾病如肺结核、肺部感染、气胸、肺心病等。

二、临床表现

按 X 线表现可将硅肺分成三期。I、II期症状轻或无症状，明显症状主要出现在III期，但若不积极处理，I、II期硅肺可发展加重。临床表现主要为咳嗽及胸部针刺样痛，少数人可咯血痰。肺功能损害较重时可有胸闷、气急。此外，重者常有头昏、乏力、失眠、心悸、食欲差等表现。硅肺诊断必需由专业医师根据 X 线片作出。

三、治疗

(一)脱离粉尘环境，进行针对性治疗如用克硅平药物。

(二)对症治疗和继发病治疗。

(三)自我按摩

1.常规按摩　为辅助治疗。擦气管带，按揉胸部，推胸正中带，擦双胁，拿肩井，指揉天突，擦手太阴肺经(肘-鱼际)，耙理脊背，擦小腿外侧，擦小腿内侧。

2.全息按摩　耳部：1 胸部, 2 神门, 3 肺支气管, 4 交感， 5 大肠；手部： 1 咳喘, 2 肺区， 3 气管, 4 肺穴, 5 神门, 6 鼻；足部： 1 肺支气管， 2 胸部, 3 胸淋巴腺喉气管支气管， 4 鼻。

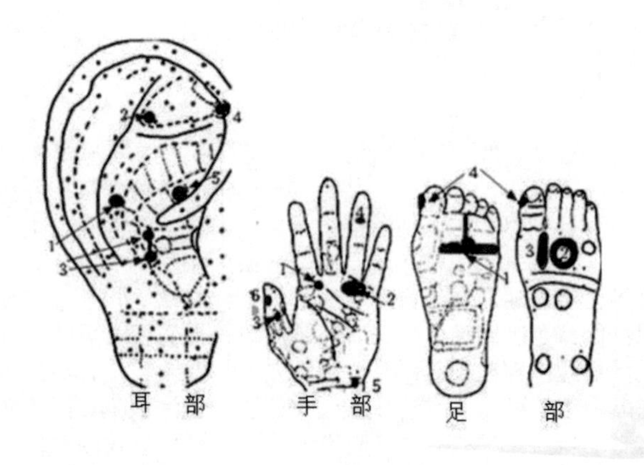

(四)穴位按摩　起促进康复作用。每穴按揉 1-2 分钟，每日二次。主穴：膻中、天突、中府、大椎、曲池、足三里，气短加太渊、气海，

咳嗽、咯血加孔最，胸痛、胸闷加内关、痛点，失眠、心悸加神门、内关、三阴交，食欲差加中脘。

(五)其他　中药，理疗，背部热疗３０分钟。

四、生活提示

1.居室空气清新，注意防寒保暖，防感冒；

2.戒烟、酒、辛辣刺激性食物或饮料；

3.吃高蛋白、富营养食物，常吃瘦肉、豆腐等；

4.注意休息，调工种，不接触粉尘；

5.心态平和，避免剧烈活动。

第七节 肺气肿

一、概述

肺气肿又称肺胀，为老年人常见的呼吸系统疾病，包括慢性阻塞性肺气肿、老年性肺气肿、代偿性肺气肿及间质性肺气肿等。其中慢性阻塞性肺气肿病情危害严重，常与长期慢性支气管炎、反复发作的支气管哮喘、慢性纤维性空洞性肺结核、广泛性支气管扩张等有关。当细支气管受到各种感染或理化因素刺激而发生炎症变化时，使细支气管粘膜充血水肿分泌物增多，且粘膜纤毛破坏而难以清除痰液，致使痰液在细支气管停留并阻塞气道，呼吸时妨碍空气排出，影响肺泡气体交换。当肺泡压力过大时则发生破裂而融合成更大气泡，肺泡周围毛细血管受压，甚而小动脉也发生闭塞，则血流减少进一步影响肺功能并促进肺气肿发展。同时肺血管闭塞也导致肺动脉压升高，右心室负荷加大而发生肺源性心脏病。因此，本病对老年人危害极大。防治引发本病的各种原发病，对预防本病有重要意义。

二、临床表现

本病病程缓慢，患者常有多年慢性支气管炎或其他肺部疾病史。常有多年慢性咳嗽、咳痰史。并逐渐出现气急。早期仅在劳动时出现，随着病情发展则平地走路甚至休息时也感到气促。遇冷支气管分泌物增多，则胸闷气急更明显，常因并发呼吸道感染而更剧。同时出现头痛、发绀、心动过速、嗜睡、精神恍惚，甚至呼吸衰竭死亡。晚期病

人常见咳嗽、咳粘稠泡沫痰、呼吸急促、桶状胸、肤色晦暗、口唇肢端紫绀等临床表现。

三、治疗

(一)中西医结合治疗，以祛痰、解痉、抗感染、控制原发病为主。

(二)必要时给氧。

(三)自我按摩

1.常规按摩　仅为辅助措施，需长期坚持但难以根治，重度病人不作自我按摩。擦气管带，按揉胸部，推胸正中带，擦胁，拿肩井，指揉天突，擦手太阴肺经，耙理脊椎，擦小腿外侧，擦小腿内侧。

2.全息按摩　耳部：1 胸部, 2 神门, 3 肺支气管, 4 平喘, 5 大肠, 6 气管， 7 交流感；手部： 1 咳喘, 2 肺区， 3 气管, 4 肺穴, 5 神门, 6 鼻，7 心穴；足部：1 肺支气管，2 胸部, 3 胸淋巴腺喉气管支气管，4 鼻。

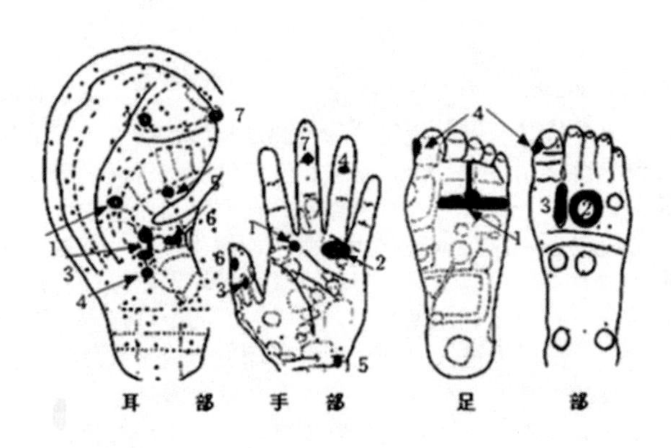

(四)穴位按摩　每穴按揉 1-2 分钟，每日一次。主穴：天突、定喘、膻中、中府、尺泽，痰多加丰隆，喘急加气海、涌泉，胸闷、心动过速加内关，发热恶寒加外关、大椎，咳嗽加郄门，食欲差加足三里、中脘。

(五)其他　针灸，理疗，若无发热可热疗背部每次三十分钟。

四、生活提示

1.居室空气清新，注意防风寒，保暖，防感冒；

2.生活规律，多休息，适当活动，防劳累；

3.戒烟、酒、咖啡，不吃刺激性食物、饮料；

4.吃高蛋白、富营养食物，如瘦肉、豆腐等，多吃新鲜蔬菜水果；

5.心态平和，不长谈、唱歌、演讲。

第八节 慢性风湿性心脏病

一、概述

本病为急性风湿性心脏病迁延而致的以心脏瓣膜病变为主的疾病。一般以二尖瓣狭窄或关闭不全为多见，亦可累及三尖瓣、主动脉瓣和肺动脉瓣，且往往有 2 个或更多瓣膜同时受累及。风湿病发作时，一般先在瓣膜的交界线及基底部发生水肿、炎症或形成赘生物，随后瓣膜粘连、纤维化变形，使瓣膜口狭窄，瓣膜增厚影响关闭而导致关闭不全，同时腱索、乳头肌也出现粘连、缩短而加剧病情。早期轻的狭窄或关闭不全可无明显的临床改变。当二尖瓣口狭窄较明显时，心脏活动舒张期血流由左心房进入左心室受阻，于是出现左心房压力增高；在心脏收缩期时，由于二尖瓣关闭不全左心室压力高，又可导致左心室血流部分逆流入左心房而加大左心房负荷，左心房处于高压状态下则引起肺静脉和毛细血管扩张郁血，导致不同程度肺充血或肺水肿。久之肺动脉压上升，肺小动脉痉挛硬化，致使右心室肥大、衰竭，引起充血性心力衰竭而危及生命。

二、临床表现

临床上根据病变进展分为 3 期。

代偿期：早期可无症状或很轻，可从事一般劳动；

左心房衰竭期(左侧心力衰竭)：不同程度呼吸困难，咳嗽咯血或痰中带血，或咳粉红色泡沫状液(肺水肿)，可有声音嘶哑、吞咽困难等；

右心衰竭期：有明显体循环障碍所致下肢浮肿、肝脾肿大、腹水、呼吸困难及紫绀等。主动脉瓣狭窄所需时间较长，主动脉瓣闭锁不全

则脉洪数。本病常易并发心房颤动、亚急性细菌性心内膜炎、血栓形成及栓塞、急性肺水肿等危重病症。

三、治疗

(一)西医治疗控制心衰及并发症，必要时行外科手术治疗。

(二)对症治疗，控制感染。

(三)自我按摩

1.常规按摩　按摩心前區，擦左胁，推胸正中带，按揉膻中，拳抹肋缘，耙理脊背，拿肩井，推手少阴心经从肘到腕，擦小腿外侧，擦小腿内侧。

2.全息按摩　耳部：1 神门, 2 交感, 3 心区， 4 心脏点, 5 肺；手部：1 心 1 , 2 心穴, 3 心 2 , 4 心区， 5 神门；足部：1 心, 2 心包, 3 心区， 4 肺区。

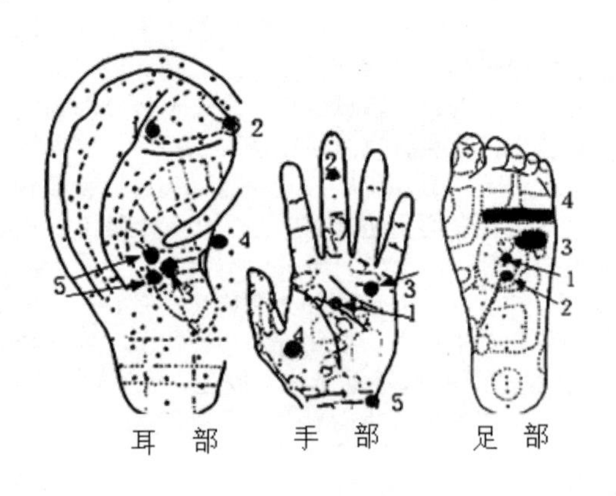

(四)穴位按摩　为辅助治疗，严重者暂不做。每穴揉 1-2 分钟，每日一次。主穴：1)膻中、内关、间使、少府；2)巨阙、内关、郄门、曲泽。两组轮换用。食欲差加中脘、足三里，水肿加太冲、阴陵泉，咳喘加中府、合谷，心动过缓加通里，腹胀加关元、足三里，肝大加太冲、章门。根据身体情况择主要症状加穴，每次用穴在八个以下，若身体情况不许可则减或停，情况较好者也可适当增加。

(五)其他　针灸，耳针，理疗视病情而定，若有肢冷、畏寒可热疗背脊三十分钟，温度以病人自觉舒适为宜。

四、生活提示

1.居室空气清新，注意保暖防寒；

2.安静休息，心态平和，少劳作，节制房事；

3.饮食清淡、低盐、低脂、足够维生素、蛋白质，以鱼类、豆腐为主等；

4.适当饮水，每日不超过 1.5-2 升；

5.多吃新鲜蔬菜水果，保持大便通畅；

6.戒烟、酒、咖啡、浓茶，不吃刺激性食物；

7.积极控制感染及其他并发症，必要时作手术治疗。

第九节 冠状动脉硬化性心脏病

一、概述

本病为冠状动脉硬化所致的心脏病。引起冠状动脉病变的原因较多，常见的有冠状动脉粥样硬化和各种原因引起的动脉炎如梅毒、结节性多动脉炎、风湿性动脉炎、血栓闭塞性脉管炎等引起冠状动脉狭窄或闭塞。其中冠状动脉粥样硬化为最常见原因。习惯上的冠状动脉硬化，指的是冠状动脉粥样硬化，其因为长期进食高脂肪和高胆固醇食物，导致血管壁形成含有胆固醇、胆固醇酯、磷脂和甘油三酯的斑块。随着沉积增多、增大，既破坏了血管壁结构又使管腔变狭窄而影响血流，使该处心肌得不到正常血流供应。有时斑块变性坏死破溃则易在表面形成血栓而加重血管狭窄甚至引起血管闭塞。当病变血管发生痉挛时，所供应区域心肌突然缺血则可引起心绞痛，严重者血流阻断，局部心肌细胞缺血死亡，则成为心肌梗塞而危及生命。两者为本病不同病情程度，心绞痛为暂时性阵发性心肌缺血(中医文献中有称真心痛，但“黄帝内经”的“厥病篇”指的真心痛则类似心肌梗塞)血管痉挛解除后症状可消失；心肌梗塞则是血管堵塞而难以通畅引起心肌局限性坏死，为高危病证不是自我按摩的适应证，应由专业医师抢救。

二、临床表现

为突然发作的心前区或胸骨后阵发性绞痛、闷痛，可有明显压迫感，常放射到背、左肩、左臂尺侧、左颈部。多在清晨、寒冷、饱食、

活动、情绪激动时发作，历数分钟至十多分钟缓解。休息或含硝酸甘油、速效救心丸后可迅速缓解、发作时可伴有面色苍白、出冷汗、焦虑、心慌、恶心、眩晕等表现。不典型者疼痛部位可有变化，如上腹、颈、咽、下颌、背、头、齿等而易误诊。中医学认为属痰瘀痹阻，气滞血瘀，本质上属于虚证。有人将其分为二型：1)阴虚阳亢：心痛胸闷气血滞，头痛头晕又烦躁，肢麻面赤为阳亢，口干怕热掌跖热，脉弦舌红(紫)苔白黄，此型多合并高血压；2)气阴两虚：心痛胸闷又乏力，气短心悸且自汗，掌跖发热口干渴，昼轻夜重脉沉细，苔白舌质淡或紫。

三、治疗

(一)发作时自救：立即停止活动，口含急救药片如硝酸甘油、速效救心丸，或吸入亚硝酸异戊酯以扩张冠状动脉；急掐左手前臂极泉、阴郄、郄门、内关或双耳垂外上区以强刺激，并寻求医疗救护，特别是数分钟仍无缓解者应警惕心肌梗塞的可能，以尽可能快去医院诊治。

(二)缓解后继续诊治：1)尽快去医院进行心脏检查、治疗；2)针灸或自我按摩配合治疗。

(三)自我按摩

1.常规按摩　在介入治疗者半年后，病情相对稳定时再作。推胸正中带，摩心前区，按揉膻中，拳抹肋缘，擦左胁，拿左肩井，耙理脊背，推手三阴经(肘至腕)，擦小腿外侧，擦小腿内侧。

2.全息按摩　耳部：1 神门, 2 交感, 3 心区，4 心脏点, 5 肺；手部：1 心 1 , 2 心穴, 3 心 2 , 4 心区，5 神门；足部：1 心, 2 心包, 3 心区，4 肺区。

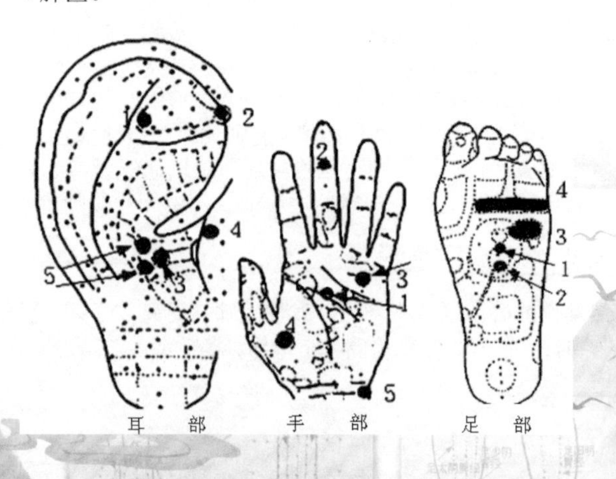

(四)穴位按摩　在病情相对稳定后进行，每穴按揉 1-2 分钟，每日 1--2 次。主穴：膻中、内关、阴郄、间使；内关、郄门、巨阙、侠白、肩井、足三里。两组轮换使用。配穴：咳嗽加尺泽、孔最、丰隆，腹胀加足三里、天枢、气海，失眠、心神不安加神门、三阴交，食欲差加足三里、中脘。

(五)其他　中草药治疗，理疗，胸背部热疗每次三十分钟，每日 1-2 次。

四、生活提示

1.心态平和，睡眠充足,适当活动，少劳作，节制房事；

2.肥胖者适当减肥，高血压者控制血压；

3.吃低脂、低糖、低盐，适当蛋白质和维生素饮食，油以葵花油、豆油、玉米油为好，少吃动物油、花生油、椰子油及菜籽油，动物蛋白以瘦肉、鱼为好，不吃肥肉，蛋黄少吃，可食豆腐、大蒜、青菜、豆芽、萝卜、洋葱、胡萝卜、大枣、芹菜、茄子、白菜、海带等；

4.控制盐油量，禁忌刺激心血管的烟、酒、咖啡、浓茶、辣椒等；

5.生活规律，不暴饮暴食，少量多餐，吃饭七分饱，适当控制饮水量；防便秘，排便不宜太用力，可用导便法以争取每天定时排便；

6.注意防寒保暖，尤其是冬春季节；

7.随身携带硝酸甘油等急救药品以备应急，上厕所、洗浴不反锁门。

第十节　心脏神经官能症

一、概述

本病为神经功能失调所致的心血管功能紊乱，并无心血管的器质性病变。一般以中青年女性多见，以循环系统为主要表现的神经官能症，多发于体力活动少且缺乏体育锻炼又过分关注心脏健康者。其机理为多种体内外因素引起中枢神经和内分泌系统调节失常，导致植物

神经系统对心血管的调节紊乱。本病也是一种常见病，对患者造成一定精神压力。

二、临床表现

本病临床表现多种多样。常见有心悸、心前区短暂刺痛、呼吸不畅、全身乏力、头晕、失眠、易激动、多汗、颤抖、肢麻、心率快、血压短暂升高，偶有早搏出现。胸痛一般位于胸骨下或左前胸，且部位不定，持续数秒钟，与劳累无关且发作时仍可正常活动，心前区可有敏感点。体检、心电图等各项检查无异常。

三、治疗

(一)排除器质性心脏病后按神经官能症治疗。

(二)中药治疗。

(三)自我按摩

1.常规按摩　分抹印堂，指梳颅前带，推胸正中带，擦左胁，拿左肩井，按摩心前区，按揉膻中，推左手少阴心经肘-腕，耙理脊背，擦小腿内侧。

2.全息按摩　耳部：1 神门, 2 交感, 3 心区， 4 心脏点, 5 肺， 6 肾， 7 枕， 8 热穴；手部：1 心 1 , 2 心穴, 3 心 2 , 4 心区， 5 神门， 6 心悸；足部：1 心, 2 心包, 3 心区， 4 肺区。

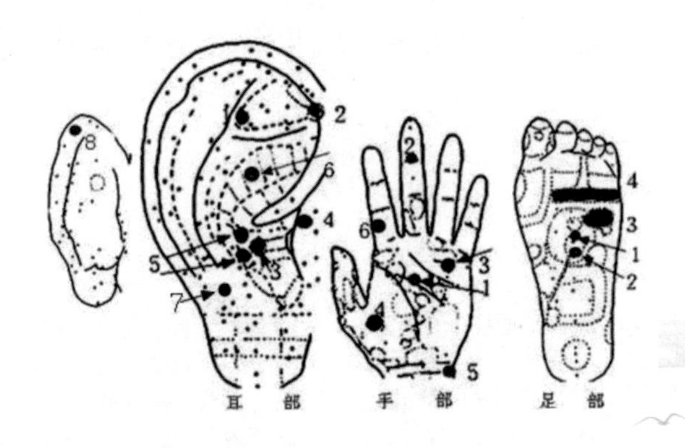

(四)穴位按摩　每穴按揉 1-2 分钟，每日二次。主穴：心前区压痛点、膻中、巨阙、内关、神门，心神不安加三阴交、肾俞，头晕加

印堂、太阳、风池，多汗加合谷、复溜，呼吸不畅加尺泽、中府，体弱加足三里、气海、中脘。

(五)其他　针灸，耳针。

四、生活提示

1.心态平和，适当活动，生活规律；

2.戒烟、戒酒、不饮咖啡和浓茶；

3.饮食注意事项参考上节。

第十一节　血栓闭塞性脉管炎

一、概述

本病为一种慢性进行性的动、静脉同时受累及的全身性血管疾病。主要累及中小血管以下肢为多见。青壮年男性多发，发病年龄多在二十至四十岁。病变主要为广泛的血管内皮细胞和成纤维细胞增生，血管萎缩硬化及全层性炎症，血管内血栓形成，且逐渐机化并与血管壁融合。受累及肢体血流障碍，早期为肢体缺血疼痛，后期则因血管闭塞及血流中止引起溃疡、坏死而脱落。中医学称为“脱疽”、“脱骨疽”。本病病因尚不明确，多发生在我国北方地区。寒冷、吸烟、外伤、感染、精神刺激对发病及病情发展有促进作用。一般不呈地方性分布，但在我国台湾省西南沿海有地方性分布特点。和当地居民饮用深井水有密切关系，水井中检出过量砷和荧光性物质，当地称为乌脚病，患者多因病致残。更换饮水后病情得到控制。

二、临床表现

本病临床特点为动脉血管病变导致的血流供应障碍。早期血流供应受阻可发生疼痛，特别是肢体活动后加剧，患者行走时出现患肢酸胀、疼痛、抽搐，以致被迫中止行走，又称为间歇性跛行。以后逐渐发展到不走路也痛，异常剧烈疼痛常令病人寝食不安，甚至夜不能眠。当局部建立侧枝循环后可有所缓解，但随后又可反复发作，病部从足趾向上发展，重者终至足趾坏死脱落，创面经久不愈疼痛剧烈。同时身体衰弱消瘦乏力，并常并发感染。一般分为三期：

1.局部缺血期：局部麻木、凉、疼痛，呈间歇性跛行，动脉搏动微弱可有浅静脉炎；

2.营养障碍期：麻木、怕冷、肢凉，终日疼痛，动脉搏动消失，局部皮肤干燥潮红、紫红或苍白，汗毛脱落肌肉萎缩；

3.坏死期：足趾溃疡坏死、脱落，身体衰竭，创面久治不愈，疼痛剧烈。经治疗后可减轻症状进入稳定期。

三、治疗

(一)中西医药物治疗，以止痛、扩张血管、溶栓、抗感染为主。

(二)外科手术治疗。

(三)自我按摩

1.常规按摩　早期，膝腓擦，足腿擦，足底足背擦；病在手则掌擦手背、捻手指，擦小腿外侧，擦小腿内侧。晚期则不做自我按摩，静脉发病者也不作按摩以防栓子脱落栓塞。

2.全息按摩　耳部：1 脑, 2 胰, 3 肾上腺， 4 皮质下, 5 心区， 6 脾，7 热穴 1 , 8 热穴 2 ；手部：1 脑, 2 肾上腺, 3 肾, 4 心, 5 肝，6 胰；足部：1 脑, 2 肾, 3 上腺肾， 4 心区， 5 胰。

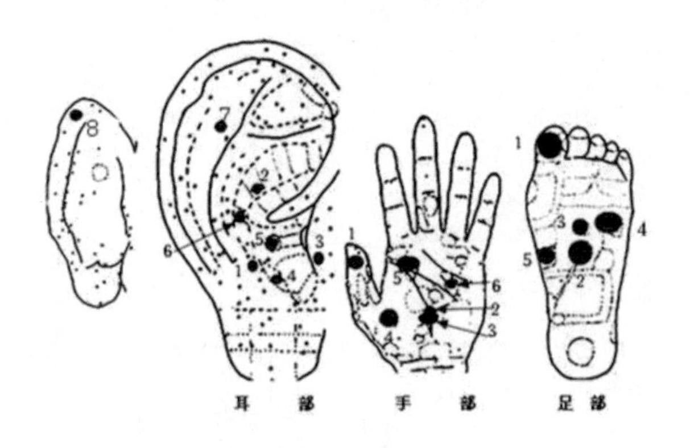

(四)穴位按摩　为早期辅助治疗，以按揉为主，每穴 1-2 分钟，每日二次。主穴：血海、足三里、解溪、三阴交、太渊，肢凉加太溪，浅静脉炎加委中，下肢肿加阳陵泉、复溜，腓肠肌痛按护揉承山、飞扬。并根据发病足趾取上位穴位，如大趾加漏谷、阴陵泉、蠡沟，次趾加下巨虚、丰隆，病在小趾按揉申脉、昆仑等，病在上肢取曲池、

内关、合谷、后溪。失眠加神门、内关、三阴交，虚弱加气海、中脘、肾俞。

(五)其他　早期局部热水浸泡(皮肤破溃禁用)，加强营养、防寒。

四、生活提示

1.戒烟、戒酒；

2.保暖防风寒湿；

3.控制油脂摄入，不吃动物油，以黄豆油、玉米油、葵花油为好；

4.足量优质蛋白和维生素，多吃瘦肉、鱼、蛋白、豆腐、青菜、胡萝卜、大枣、芹菜、茄子、大蒜、洋葱等，少吃辣椒、花生；

5.疾病部位防外伤及继发感染，病变局部最好不用针或灸等损伤皮肤的治疗方法，以防感染；

6.保持大便通畅防便秘。

第十二节 慢性贫血

一、概述

贫血是一种常见病，是指血液中红细胞数或血红蛋白量低于正常水平，临床上出现一系列表现的临床综合征。引发贫血的原因很多，基本上可分成三大类。1)失血：各种急慢性失血直接导致血液红细胞和血红蛋白大量丢失；2)造血功能不良：包括红细胞产生减少和血红蛋白合成障碍；3)红细胞破坏过度：包括各种溶血及红细胞过早死亡如脾功能亢进等。因此，当发生贫血时应尽可能找出原发疾病，以便作有针对性治疗，自我按摩只能作为辅助手段，无法从根源上解决问题。根据贫血进展速度，临床上可将贫血分为急性贫血和慢性贫血两类。急性贫血为短期内因失血或溶血所致贫血，应由专业医师进行紧急治疗，不是自我按摩适应症。本处主要讨论慢性贫血，其中最常见的为缺铁性贫血。

二、临床表现

各种原因引起的慢性贫血，临床表现大体相近。早期，由于代偿功能，多无明显自觉症状，仅在血液检查时被发现；随着病情进展，逐渐出现皮肤苍白、面色无华、疲乏无力、头晕、耳鸣、记忆力减退

及思想不集中等临床表现；进一步发展，可有怕冷、失眠、食欲减退、恶心、呕吐、腹胀、活动时呼吸急促、心悸、心率快、心脏扩大、浮肿、闭经及男性性功能障碍等，严重者可致心力衰竭。中医学认为本病多属虚证。

三、治疗

(一)积极查找原发病，以获针对性治疗，必要时输血。

(二)中西医对症治疗。

(三)自我按摩

1.常规按摩　指梳颅前、颅后带，推胸腹中带，按摩心前区，按揉膻中，摩腹壁，擦腰，擦腰骶，擦小腿外侧，擦小腿内侧。

2.全息按摩　耳部：1 肾, 2 脾, 3 胃, 4 肝, 5 小肠, 6 神门；手部：1 肾, 2 脾, 3 胃, 4 肝, 5 腹腔神经丛, 6 小肠, 7 神门；足部：1 肾, 2 脾, 3 胃, 4 肝, 5 小肠。

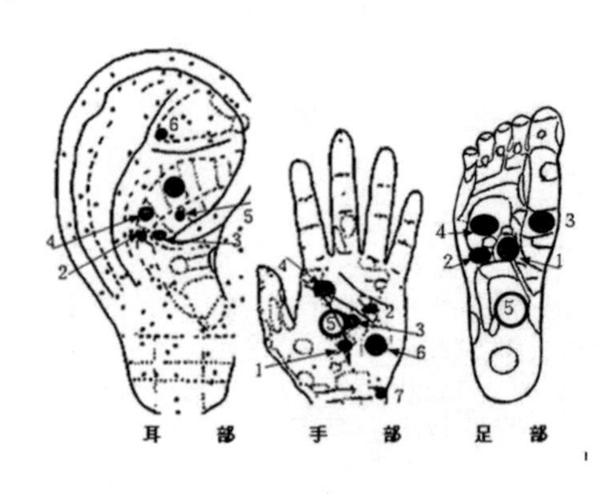

(四)穴位按摩　为辅助治疗，主穴：中脘、气海、关元、足三里、三阴交、血海、曲池、绝骨。耳鸣，加听宫、翳风，头晕加风池、太阳、印堂，心悸加通里、内关、膻中，失眠加神门，呕吐、恶心加内关、上脘，呼吸急促加中府、尺泽，水肿加阴陵泉、中极。

四、生活提示

1.补铁和蛋白质：含铁较多食物如瘦肉、动物血、动物肝、蛋黄、豆类、菠菜、芹菜、香菇、木耳、红枣等，用铁锅做饭菜也可增加食物中铁；

2.多吃新鲜蔬菜、水果以增加维生素，特别是叶酸、维生素 C 的摄入；

3.适当饮低度酒如葡萄酒、吃菜加适量食醋有利于铁吸收；

4.改变烹调方式，制作成肉泥、肉末、豆腐脑、蛋羹等易消化且提高食欲的饮食；

5.少饮茶，不吃柿子等影响铁吸收的食物。

第十三节 肢端动脉痉挛病(雷诺氏病)

一、概述

本病为血管神经功能障碍所致肢端小动脉痉挛性疾病，以双手指阵发性发作为特点。多发于二十至四十岁女性，寒冷与情绪变化为诱发因素。本病病因尚不明确，可能与植物神经功能障碍有关。反复发作可使血管内膜增生、肌层增厚、血管弹力膜断裂，严重者血栓形成及肢端局部营养障碍，发生肢端溃疡或坏死。局部血管解痉后，一般循环可恢复，肤色转为正常。预防寒冷刺激尤其是冬季，对于减少发作十分重要。

二、临床表现

本病起病缓慢，一般在寒冷或手指接触冷水后发作。发作时手指颜色先苍白后呈紫色，常由指尖开始逐渐波及整个手指或手掌。同时感到手冷、麻木、针刺样疼痛，持续数分钟后逐渐消失皮色转为潮红，最后恢复正常肤色。对局部加温、按摩或活动上肢可使发作停止。常以小指、无名指开始，随着病程进展波及其他手指，多呈对称性。少数患者足趾甚至鼻、耳、面颊等也可累及。发作间歇期除手足凉外无其他不适。有些病人可有局部轻度发绀，甚至表皮坏死，通常在妊娠期间发作停止。严重者发作间歇缩短甚而成持续状态，指端营养障碍发生溃疡、坏死疼痛剧烈。

三、治疗

(一)解痉、扩张血管或交感神经阻滞剂等药物治疗。

(二)对症、抗感染，必要时作交感神经手术治疗。

(三)自我按摩

1.常规按摩　擦发病部，指端互掐，掌擦手背，擦手三阳经，推手三阴经；足部发病加膝腓擦，足底足背擦，足腿擦，指掐趾端，擦小腿外侧，擦小腿内侧。

2.全息按摩　耳部：1脑,2肾上腺,3交感,4皮质下,5枕，6热穴；手部：1脑，2肾上腺，3肾,4心,5肝；足部：1脑,2肾上腺，3肾，4心区。

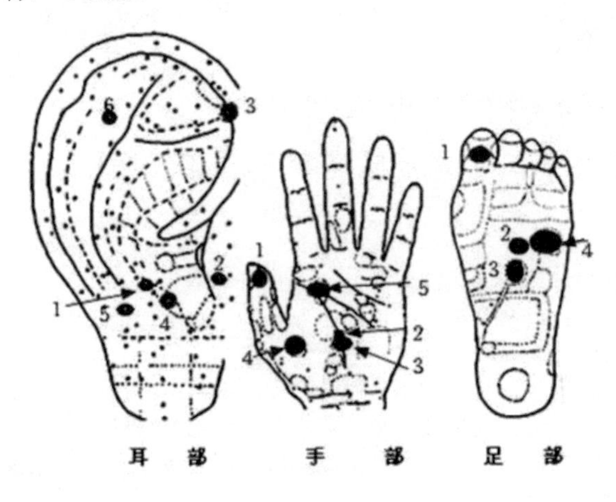

(四)穴位按摩　每穴按揉1-2分钟，每日二次。主穴：手部取曲池、内关、合谷、太渊、后溪；足部取涌泉、太冲、足三里、三阴交、阳陵泉、委中。体弱加中脘、关元、足三里、肾俞。

(五)其他　中医药治疗，理疗。

四、生活提示

1.避免寒冷刺激；

2. 戒烟、烈性酒，可少量饮低度酒；

3.心态平和，防止情绪激动；

4.饮食参考血栓闭塞性脉管炎。

第十四节 原发性高血压

一、概述

高血压是指在安静休息时肘部动脉血压经常超过 14 0 /9 0 毫米汞柱者。一般分原发性高血压和继发性高血压两类。原发性高血压为血压增高所致疾病；继发性高血压则是由其他疾病所引起的高血压，此时高血压为疾病症状之一，又称症状性高血压，如妇女怀孕时的高血压、肾病引起的高血压等。高血压中约 8 0 %以上为原发性高血压。原发性高血压发病原因不明确，发生率一般随年龄增长而上升，精神紧张的脑力劳动者，肥胖和体形魁梧者多发。发病机理尚未完全阐明，小血管痉挛致外周阻力增大为主要病理生理变化。早期改变是可逆的，久之则出现小动脉硬化及血管壁增厚，血管内膜下玻璃样变，管腔狭窄等改变。同时出现较大血管内膜类脂质沉积的动脉粥样硬化。血管改变常易导致心、脑、肾等各脏器改变而发生冠心病、脑血栓或脑出血及肾功能不全等继发症。此外，急性发展的高血压又称恶性高血压，常导致病情迅速发展，严重者发生高血压危象而危及生命。生活中精神紧张、盐摄入过量、抽烟、高脂肪饮食等对高血压发病及进程有一定影响。

二、临床表现

本病按病程发展分为缓进型和急进型两类。

1.缓进型：病情发展缓慢，早期可多年无症状，仅在测血压时发现本病。一般收缩压和舒张压同时升高。早期血压波动较大，精神紧张、劳累后升高，休息后降低；持续一段时间后则成为稳定的高血压。早期主要症状多与中枢神经系统功能失调有关而与血压高度不一定成比例，常见有头痛、头晕、头胀、耳鸣、眼花、失眠、记忆减退、注意力不集中、烦闷、心悸、疲乏等。有些人可因脑血管痉挛而突然加重，血压急剧升高而出现剧烈头痛、恶心、呕吐、视力模糊、气急、心悸，甚至昏迷、抽搐、肺水肿称为高血压危象。有些可发生脑血管破裂出血或发生脑动脉血栓形成，中医学称为中风。有些人由于动脉粥样硬化易并发心绞痛、心肌梗塞。发生中风或心肌梗塞后血压可有所下降。肾功能损伤可致尿毒症，眼底视网膜动脉可引起视神经乳头水肿、眼底出血、渗出物。

2.急性型：病情发展快，多见于中青年人。数月至数年即出现心、肾、脑、眼的改变，若不积极治疗，较短时间内可发生高血压危象(脑病)，预后多不良。

三、治疗

(一)调整饮食和生活习惯：食低盐、碱、低脂肪、低热卡饮食，避免含胆固醇高食物，减肥，放松心情，适当活动，保持足够睡眠和休息时间。

(二)坚持药物降压治疗：

1.控制血压，积极处理高血压的各种并发症，药物治疗中存在耐药性问题，应及时调整。

2.对症治疗。

3.针灸，理疗：针灸治疗有一定效果，但同药物治疗一样易出现耐受性而减弱效果，可轮换使用部位。此法仅为辅助治疗措施。

(三)自我按摩

1.常规按摩　指梳颅前带至耳后，抹印堂一太阳，拇擦耳背，擦颈侧部，耙理脊背，擦胷，擦足底内侧，摩腹部，掐足趾端，擦小腿外侧。

2.全息按摩　耳部：1 心, 2 耳尖, 3 耳轮降压点， 4 降压沟, 5 肝, 6 皮质下, 7 交感, 8 神门, 9 肾；手部： 1 高血压, 2 肾, 3 血压区, 4 降压；足部： 1 颈项, 2 内耳迷路, 3 脑, 4 肾区, 5 肝点, 6 胆点。

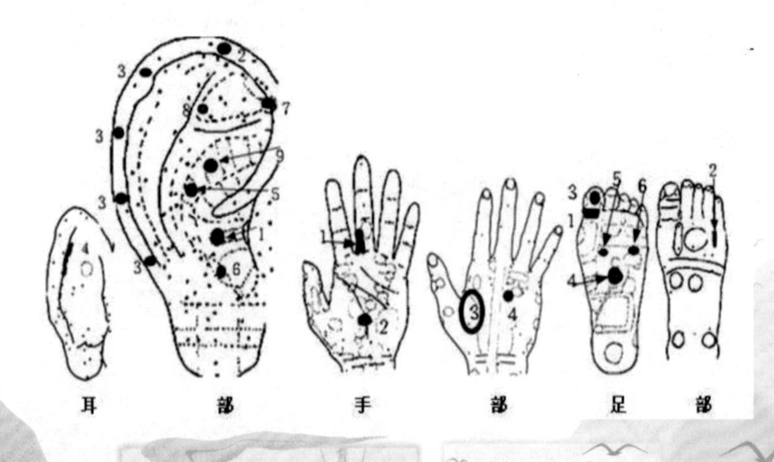

(四)穴位按摩　为辅助措施，存在耐受性问题，现提出几组穴位供选用，每穴按揉 1-2 分钟，每日二次。主穴：1)曲池、足三里、血海、少海；2)太冲、内关、足三里、曲池、三阴交；3)曲池、风池、血压点、足三里、太冲；4)曲池、风池、足三里、百会、印堂；5)太冲、太溪、三阴交、足三里、阳陵泉、涌泉；6)委中、承山、合谷、神门、行间、足三里、复溜。头痛、头晕加太阳、风池、印堂、百会，心悸、失眠加神门、内关，肢麻加外关、阳陵泉，烦躁加行间、侠溪。严重继发症者，暂不做自我按摩。

(五)其他　太极拳，气功。

四、生活提示

1.减少食盐摄入量，一般控制在每日 3 克以下，喜食蒸馍者及合并糖尿病者不超过 2 克；

2.多吃蔬菜水果，如萝卜、芹菜、茄子、洋葱、胡萝卜、青菜、香蕉、香菇、大枣等，生吃萝卜或萝卜汁也有利于控制血压；

3.控制脂肪、胆固醇摄入量，少吃肥肉、蛋黄，多吃鱼类及海产食品；

4.戒烟、酒、咖啡等刺激性强的饮料；

5.若有肾功能障碍应控制蛋白质量；

6.每天自测血压，有心脏病者参见心脏疾病；

7.保持平和心态，睡眠充足，生活规律化，适当活动但不剧烈或劳累，肥胖者应减肥，有习惯性便秘者应防便秘，可吃些含纤维素高的蔬菜及蜂蜜等，或用“导便法”导便，以保持有规律排便；

8.洗浴、上厕所不反锁门，以防意外时打不开门影响救治。

第十五节 溃疡病

一、概述

本病指胃肠道中与胃液接触部位的慢性溃疡，一般包括胃和十二指肠溃疡，又称胃十二指肠溃疡。其发病与胃幽门螺杆菌、胃酸和胃

蛋白酶多方作用有关。精神紧张、饮食因素和体质因素也有关系。溃疡多发生在胃小弯、幽门的后壁和十二指肠第一段。多数为单个也可有数个溃疡同时存在，或分别见于胃和十二指肠。溃疡为园形或椭园形深达粘膜肌层，边缘较整齐的病灶，周围有轻度炎性改变，可侵及较大血管引起出血，也可穿孔引发腹膜炎。胃壁溃疡可与邻近脾、胰、肝、横结肠发生粘连甚至产生慢性穿孔。有的溃疡面也可自行愈合，并产生大量瘢痕组织，可使胃或十二指肠变形、狭窄，导致幽门梗阻等。严重者常需手术治疗。

二、临床表现

反复发作的上腹部压迫感或胀感以至钝痛、灼痛、酸痛、刺痛、饥饿样痛，进食、呕吐或用抗酸剂后疼痛可暂时缓解。疼痛部位多在脐与剑突之间，可放射到胸骨旁或后背部，应警惕穿孔。大部分无并发症者疼痛有规律性，胃小弯溃疡多在餐后半小时至 1 小时，持续 1 至 2 小时；十二指肠溃疡约在餐后 3 至 4 小时，直到下次进餐后缓解。也有人疼痛不规则，甚至有人无疼痛而突然穿孔。当病变高度活动或出现并发症时，疼痛加剧，规律消失，饮食与抗酸剂无效。除疼痛外常伴恶心、呕吐、嗳气、反酸，缓解时上腹部可有压痛。有出血穿孔时疼痛剧烈，引起腹膜炎可危及生命。仅有出血时除疼痛外，可因出血量多少而出现呕吐咖啡色液或血性呕吐物或排出黑便等表现。

三、治疗

(一)内科药物治疗：抗酸、抗胆碱能药物、镇静、粘膜保护及抗幽门螺杆菌。

(二)警惕并积极防治并发症，必要时手术治疗。

(三)自我按摩

1.常规按摩　确认无重大并发症时才能进行此疗法，擦左胁，摩腹，斜摩腹壁，拳抹肋缘，擦腰，擦曲池一合合，擦腰骶(大便不正常时)，耙理脊椎，擦小腿外侧，擦小腿内侧。

2.全息按摩　耳部：1 胃, 2 心, 3 胆, 4 十二指肠, 5 皮质下, 6 脾；手部：1 胃, 2 腹腔神经丛, 3 心, 4 小肠， 5 脾；足部：1 胃, 2 心, 3 十二指肠， 4 脾。

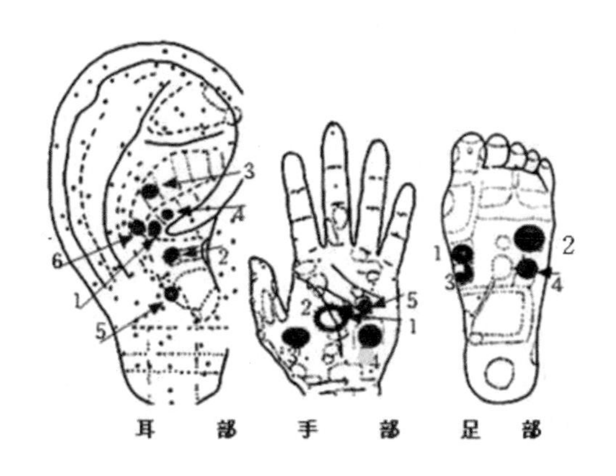

(四)穴位按摩　在确认无重大并发症时作辅助治疗，以按揉手法每穴 1-2 分钟，每日二次。主穴：1)足三里、内关、中脘、阴陵泉、三阴交；2)鸠尾、上脘、胃仓、梁门、内关、足三里。急痛不止加梁丘、公孙；痛连胁、胸闷、嗳气加丘墟、阳陵泉、太冲；小量出血加孔最、太溪；气胀加天枢、气海、关元。

(五)其他　理疗，针灸，调整饮食，太极拳，气功。

四、生活提示

1.心态平和，睡眠充足，生活规律，吃饭定时定量，少食多餐(次)不过饱,饭后休息；

2.吃富蛋白质、维生素 C、B1、A 等食物，多吃瘦肉、蛋、牛奶、豆浆、豆腐、西红柿、鲜枣等食物；

3.食物烹调成易消化食物，如粥、羹、糊、菜泥，有少量出血可吃牛奶、豆浆等到流食；出血较多应禁食；新鲜荔枝有可能诱发胃出血或低血糖也不应吃；

4.不吃难消化食物，如炒、油炸食品及纤维素过多的蔬菜，不吃粗粮和过于油腻食物；

5.不吃带刺激性食物，如辣椒及过酸过碱过甜过咸食物；

6.戒烟、酒、咖啡、浓茶；

7.注意食物温度，不吃生冷及过热食物；

8.警惕溃疡病并发症如出血、穿孔、癌变等。

第十六节 急性胃肠炎

一、概述

急性胃肠炎多为暴饮暴食、过量饮酒、吃腐败不洁食物或过食油腻辛辣食物，刺激或损伤胃粘膜而引起的炎症。往往也同时引发肠炎而腹泻，常发生在节假日、请客吃饭或婚丧等群体性活动时。若无细菌、毒素或其他毒物存在，则可用自我按摩控制病情。若食物中有细菌污染或生物性毒素存在，如沙门氏菌、嗜盐菌、葡萄球菌、肉毒杆菌等细菌和毒素，某些化学药品或药物等所引起的急性胃肠炎则单靠按摩是难以治疗的。此外，某些传染病也可引起急性胃肠炎表现，必须由医生进行治疗，单靠自我按摩也是难以控制病情的。因此，按摩后不见好转就尽快就医。

二、临床表现

本病临床症状轻重不一，主要表现为上腹部不适、疼痛、恶心、呕吐、食欲减退等。多在食后 1 到数小时发病。可有低烧、头晕、出汗、肢体软弱无力、口干、皮肤干燥，吐泻严重者常有脱水现象，舌苔多黄腻。也可伴有头痛、恶寒等，重者可脱水、昏迷。病程短，一般 1 至 2 天即愈，重者可迁延多日。若为肠道传染病所致则时间较长，且相关临床表现逐渐明显，应尽快找专业医师诊治。

三、治疗

(一)严重急性胃肠炎应由专业医生救治，去病因、解痉、补液、卧床休息，禁食或进流食，重者给以抗菌药物，休克者作抗休克处理。

(二)针灸或按摩。

(三)自我按摩

1.常规按摩　擦曲池－合谷，推腹中区(分推腹部两侧，或扯、捏上腹部皮肤)，反摩腹壁，擦腰骶，耙理脊椎及两侧,擦小腿外侧，擦小腿内侧。

2.全息按摩　耳部：1 胃, 2 小肠, 3 大肠, 4 直肠；手部：1 胃, 2 腹腔神经丛，3 脾，4 小肠，5 止泻；足部：1 胃, 2 大肠, 3 小肠。

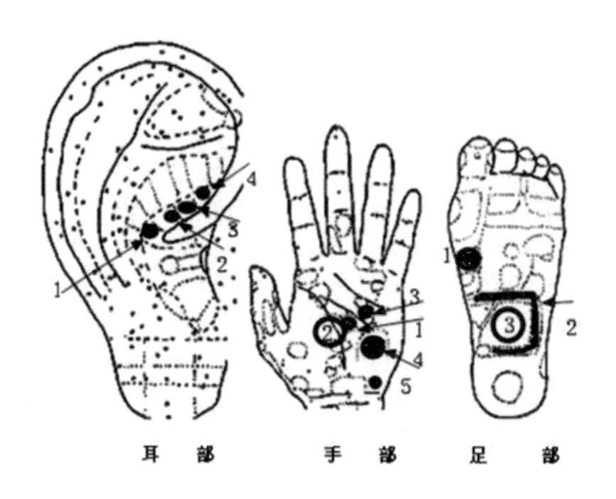

(四)穴位按摩　按揉天枢、中脘、足三里、梁丘，腹泻加三阴交、阴陵泉，腹痛加气海，头痛加印堂、攒竹，恶心、呕吐加内关。每穴1-2 分钟，每日 1-2 次。

(五)其他　热疗腰背及腹壁中区，单纯的饮食不慎引发急性胃肠炎经治疗可很快好转，若未见好转则应去医院就医。

四、生活提示

1.卧床休息，腹部保暖,饭后休息；

2.多饮温开水，吃流食如牛奶或豆浆等，辅以稀粥，少量多餐；

3.忌油腻、粗纤维蔬菜水果，蔗糖易产气，亦不应多用；

4.少在外面饭店用餐,隔夜饭菜应冷藏，吃前应加热消毒。

第十七节 慢性胃炎

一、概述

本病为胃粘膜慢性疾病。病因比较复杂：1)急性胃炎后遗症；2)长期服用对胃有刺激性食物，如烈酒、浓茶、咖啡、胡椒、辣椒、芥末以及过于粗糙、坚硬食物等；3)口、咽、鼻、鼻窦等部位慢性感染灶的细菌、毒素吞入胃内；4)胃酸缺乏使进入胃内细菌在胃内繁殖；5)营养缺乏，如蛋白质或維生素 B 缺乏；6)内分泌障碍；7)中枢神经系统功能失调等，在致病因素作用下胃粘膜发生病变；8)幽门螺杆菌感染。根据粘膜变化从病理上常分为浅表性、萎缩性和肥厚性三型。浅表性胃炎其浅表胃粘膜充血水肿，可有渗出、糜烂、出血，间质浆细胞浸润，但腺体尚正常，可继续发展为其他两类胃炎；萎缩性胃炎粘膜萎缩变薄，腺体多消失，细胞浸润涉及粘膜下层，胃消化功能下降，可有局部过度增生，产生息肉甚至发生癌变；肥厚性胃炎的粘膜间质大量细胞浸润，上皮细胞和腺体过度增生使粘膜肥厚粗大、胃酸分泌过多，可有消化性糜烂与溃疡。一般来说单纯的浅表性胃炎较易治疗，并有萎缩性胃炎则有可能继发癌变，肥厚性胃炎易发生溃疡、出血，但大出血不多见。

二、临床表现

慢性病程可反复发作，常无典型症状，浅表性胃炎多有上腹胀满、疼痛、食欲差、恶心、嗳气，或有反酸、腹泻等，为病情最轻一型；萎缩性胃炎还可有胃酸减少、贫血、消瘦、舌炎、苔少、腹泻、食欲差；肥厚性胃炎有上腹痛、反酸、胃出血类似于溃疡病，食物或碱性药物可缓解疼痛。

三、治疗

(一)结合临床进行胃镜检查确定胃炎类型，排除恶性变，清除幽门螺杆菌，控制感染灶并作针对性治疗。

(二)中西医结合治疗，调整饮食。

(三)自我按摩

1.常规按摩　拳抹肋缘，擦左胬，摩上腹，斜摩腹壁，耙理脊背，擦腰，擦曲池－合谷，擦小腿外侧，擦小腿内侧。

2.全息按摩　耳部：1 胃，2 十二指肠，3 皮质下，4 内分泌，5 心，6 脾；手部：1 胃，2 腹腔神经丛，3 脾，4 小肠，5 止泻；足部：1 胃，2 脾，3 十二指肠，4 腹腔神经丛。

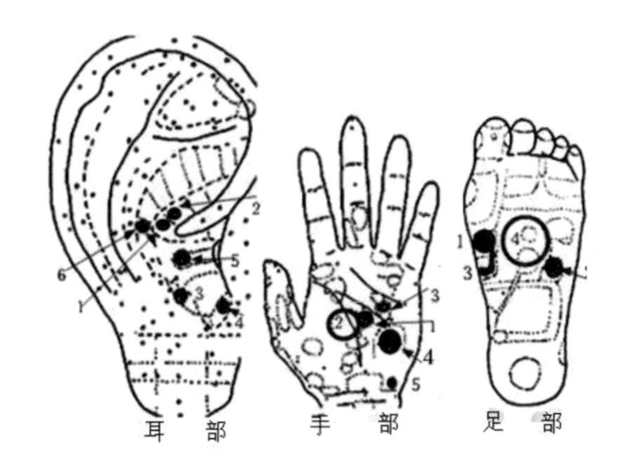

(四)穴位按摩　每穴按揉 1-2 分钟，每日二次主穴：1)中脘、足三里、内关、左肋缘中点；2)上脘、建里、梁门、上巨虚、公孙。两组交换使用。腹胀加气海、天枢，呕吐加鸠尾、内关，空腹痛加三阴交，反酸加阳陵泉。

(五)其他　针灸，热疗腰背。

四、生活提示

1.心态平和，适当运动，冷天注意腹部保暖防寒,饭后适当休息；

2.戒烟酒及刺激性强的食物、不吃油炸煎等不易消化的食物及生冷食物；

3.饮食规律，吃饭 7 分饱，少量多餐(次)，主食以易消化的米面细粮为主；

4.吃高蛋白、易消化食物如瘦肉、鱼、蛋、豆腐等；

5.可适量吃一些有利于消化的水果如苹果、无花果、枣、山楂等水果；饮牛奶、酸奶，但脂肪不宜过多，若胃酸过多则不宜吃酸性食物；

6.精细制作，尤其蔬菜既要新鲜又不宜粗纤维过多，少用盐及动物油。

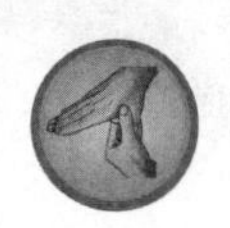

第十八节　胃肠神经官能症

一、概述

本病为临床常见的内脏神经官能症。主要表现为胃肠道分泌与运动功能紊乱但无器质性改变，且常伴神经官能症表现。精神因素在发病中起重要作用，导致中枢神经系统活动失调引起胃肠植物神经功能紊乱。饮食失调，长期服用泻药或身体某些慢性病的刺激及其他消化道疾病后遗症等都可能导致发病。暗示疗法对本病有一定效果。

二、临床表现

本病呈慢性过程，症状轻重不一，可持续性或反复发作。既有一般神经官能症的失眠、头痛、健忘、注意力不集中、疲乏、忧虑、心悸、胸闷、盗汗、遗精、神经质等消化道外症状，又有胃肠道症状。胃型表现有反酸、厌食、烧心、饱胀，神经性呕吐(无恶心的食后呕吐，不影响食欲)，发作性连续嗳气，幽门痉挛致剧烈上腹痛，贲门痉挛致胸骨后闷感和咽下困难。肠型症状常有腹痛、腹胀、肠鸣、腹泻或便秘。腹泻可为水样泻伴脐周痛和明显肠鸣，常在餐后或情绪波动时激发；亦可有结肠过敏呈现左下腹阵发性痉挛性绞痛，结肠分泌功能障碍而便秘，或为分泌功能亢进而腹泻。检查无器质性改变。

三、治疗

(一)调整生活及饮食，避免刺激性食物。

(二)对症治疗。

(三)自我按摩

1.常规按摩　分抹印堂至太阳，指梳颅前带，擦左胁，拳抹肋缘，摩左上腹，擦腰骶，耙理脊椎，擦曲池－合谷，擦小腿外侧，擦小腿内侧。

2．全息按摩　耳部：1 胃，2 十二指肠，3 皮质下，4 内分泌，5 心，6 脾，7 神门；手部：1 胃，2 腹腔神经丛，3 脾，4 小肠，5 止泻，6 神门；足部：1 胃，2 脾，3 十二指肠，4 腹腔神经丛，5 大肠，6 小肠。

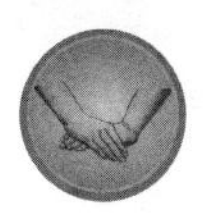

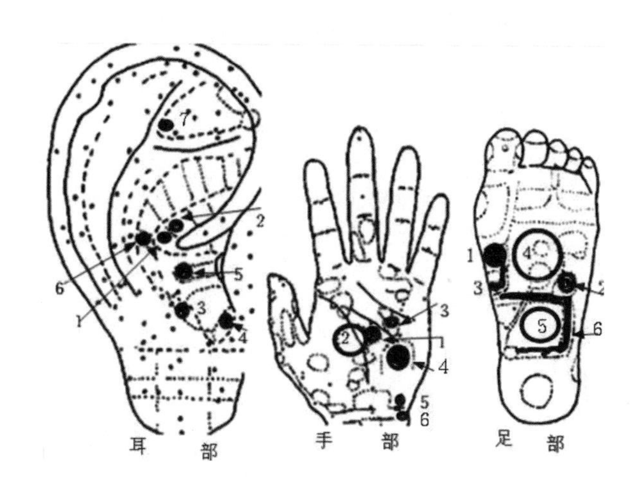

(四)穴位按摩　每穴 1-2 分钟，每日二次。主穴：1)中脘、关元、天枢、足三里、三阴交；2)上脘、气海、曲泽、足三里，两组交替使用。呕吐加大陵，心悸、胸闷加内关，神经质、失眠、健忘加神门、三阴交；腹泻加八髎、大肠俞。

(五)其他　针灸，理疗。

四、生活提示

1.生活规律，心态平和；

2.腹部保暖防寒；

3.少食多餐，吃营养丰富易消化食物，不吃生冷、刺激食物,饭后适当休息；

4.不饮酒、咖啡、浓茶；

5.参考慢性胃炎饮食。

第十九节 慢性胆囊炎、胆石症 附：胆道蛔虫症

一、概述

慢性胆囊炎为常见的胆囊疾病，呈慢性发作过程，有些人曾有急性胆囊炎史，但多数病人为慢性发病。其中相当一部分病人同时伴有胆结石症。在胆汁排出尚未受阻时，胆囊壁多呈中度增厚且与周围组织粘连；若胆管被浓稠粘液或结石所堵塞，则胆汁排出困难，胆囊膨胀，囊壁变薄，囊内有稀或浓缩粘液可含胶结小块或结石。结石可引发囊壁溃疡或慢性穿孔。有些病人囊壁有局限性或弥漫的胆固醇或脂质沉着。有些病人出现息肉样增生物突入囊腔。长期慢性炎症、胆结石刺激及息肉增生有可能诱发胆囊癌。因此，慢性胆囊炎一般应予以手术摘除胆囊。

二、临床表现

慢性胆囊炎与胆结石症临床表现大体相同，为上腹或右上腹轻重不一的腹胀，持续性钝痛可反射到右肩，同时可有胃灼热、嗳气、反酸、恶心等，且可以碱性药物缓解。进食油腻加剧症状为其特征。当急性发作或阻塞痉挛之时常有胆绞痛发作，阻塞严重者可有阻塞性黄疸。

三、治疗

(一)手术切除，一般在抗感染及发作平息之后进行。

(二)中药治疗，对症治疗。

(三)自我按摩

1.常规按摩　擦右胁一髂嵴，揉右肋弓中段，摩腹壁，拳抹肋缘，拿肩井，擦腰，耙理脊椎，擦曲池一合谷，擦小腿外侧。

2．全息按摩　耳部：1肝,2胆,3十二指肠,4脾，5肩；手部：1肝,2胆,3小节,4右肩；足部：1胆,2肝,3肩,4十二指肠。

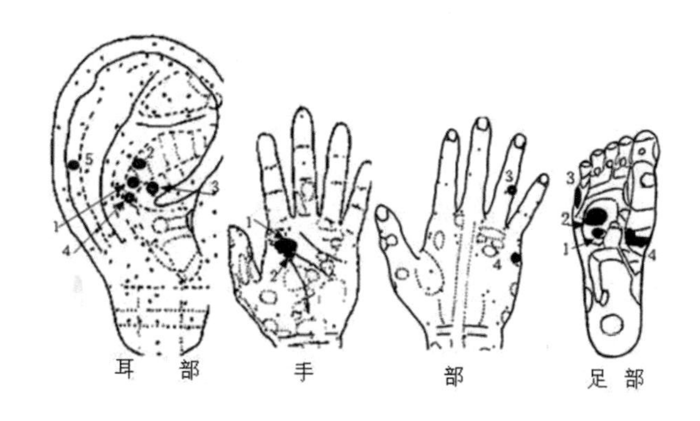

(四)穴位按摩　胆囊、章门、阳陵泉、支沟、太冲、肩井，胃痛、恶心、呕吐加足三里、内关，绞痛加迎香、四白、合谷、人中，黄疸加曲池、大椎、期门；每穴 1-2 分钟，发作时用掐法。

附：胆道蛔虫症

本病为蛔虫钻入胆道引起胆道口括约肌痉挛导致剑突下阵发性绞痛，可向右肩、背部放射，可有出冷汗、发热、黄疸、恶心、呕吐。剑突右侧可有压痛，取胆囊点、鸠尾、日月、阳陵泉，以掐法，每穴 1-2 分钟，放射右肩时加肩井，恶心、呕吐加内关、中脘，剧痛加迎香、人中、四白、合谷，发热加曲池，黄疸加曲池、大椎、期门。

四、生活提示

1.注意饮食卫生，饮食清淡，少量多餐，肥胖者应适当减肥；心态平和适当运动；注意休息不劳累,饭后适当休息；

2.不吃油腻、含油多食物和刺激性食物及酒、浓烈调味品，戒烟酒；

3.不吃富胆固醇食物如蛋黄、动物脑、内脏、鱼籽、蟹黄、贝壳等及易产气食物；

4.吃高蛋白、易消化食物如瘦肉、动物血、肝、蛋等，以补充蛋白质；

5.少吃动物油，做菜以黄豆油、葵花油等为好；

6.胆囊炎饮食应富含蛋白质和维生素，适量糖，多吃新鲜蔬菜，一般制成易消化的软饭菜。

第二十节 疟疾

一、概述

疟疾是由寄生在人肝和红血球的疟原虫所引起的疾病。其传播媒介为按蚊，我国主要为中华按蚊、雷氏按蚊、微小按蚊，局部地区有麦赛按蚊、日月潭按蚊、大劣按蚊。若无按蚊本病难以进行人与人之间传播。按蚊为疟疾病区存在的决定因子，疟疾为生物因素性地方病的典型代表。当雌蚊叮咬病人时将疟原虫吸入胃，其中配子体发育成雌雄配子并交配成合子在胃壁发育成囊合子，再分裂繁殖成许多子孢子并侵入唾液腺。当雌蚊再叮咬人时随其唾液进入人体。因此，控制疟疾必须同时采取治疗病人(消除传染源)和消灭按蚊的措施以切断传播途径。

二、疟疾发作与临床表现

当疟原虫孢子进入人体后很快侵入肝细胞，经增殖成裂殖体并发育成熟。肝细胞破裂后放出裂殖子，侵入红细胞，在红细胞内发育。经滋养体发育成裂殖体。裂殖体成熟后，红细胞破裂，放出裂殖子，又进入另一红细胞重复增殖。其中有些裂殖子在多代增殖后成为雌性或雄性配子体，在按蚊吸血后进入蚊胃重复以上过程。疟疾临床发作发生在红血球破坏时，为放出的裂殖子、疟原虫代谢物、红血球残余细胞碎片、变性血红蛋白等对人体的异性蛋白反应。表现为寒战、发热、出汗等三阶段。

1.发冷期：病人突然发冷、发抖、面色苍白、口唇指甲发绀，身起鸡皮疙瘩，常有牙齿打颤、头痛、恶心、呕吐，体温很快上升，一般持续十多分钟至 2 小时；

2.发热期：寒战停止全身灼热，面色潮红、结膜充血、头痛、口渴、呼吸急促、烦躁不安，重者神志不清，体温高达 4 0 ℃左右，持续 1 至 8 小时；

3.出汗期：高热后，病人由颜面双手开始出汗，渐而全身大汗，体温下降，各种症状消退，自感舒适而入睡，约 2 至 3 小时。如此症状周期性出现，间歇期间一般无明显不适。也有人在发作前有头痛、

低热、疲乏、食欲差等轻度反应。多次发作可有贫血、肝脾肿大。间歇时间随病型不同有隔日、三日及不规则的恶性疟疾，与疟原虫成熟周期有关。

三、预防和治疗

(一)灭蚊：灭蚊是控制疟疾流行的根本途径。

(二)临床治疗：常用氯喹啉、奎宁、氨酚喹啉、阿的平等及中草药如青蒿素、马鞭草等。

(三)截疟：在发作前 2 至 3 小时用针灸或自我按摩，有可能控制或减轻发作，但起不到治疗作用。

1.常规按摩　掌擦手背，擦曲池一合谷，推前臂，掐疟门、后溪，擦颈椎，拳抹肋缘，擦右胁一髂嵴。

2.全息按摩　耳部：1 肝, 2 脾, 3 肾上腺, 4 内分泌, 5 皮质下；手部：1 疟门, 2 鱼际, 3 肝, 4 脾， 5 肾上腺；足部, 1 肝, 2 脾, 3 肾上腺。

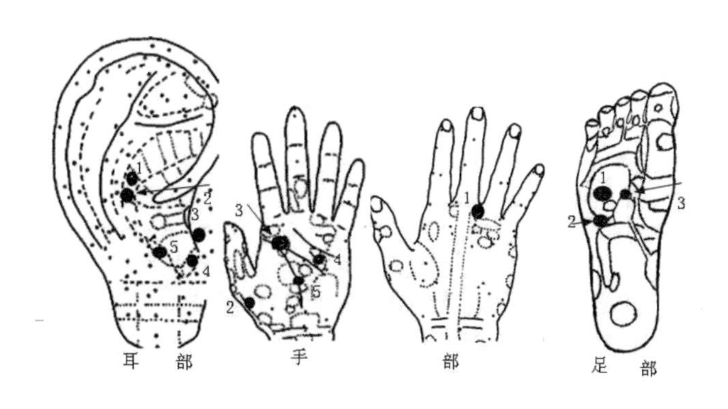

(四)穴位按摩　疟门(手 3、4 指间蹼后)、后溪、大椎、内关、间使、合谷、至阳、足三里。慢性疟疾加章门、痞根(第一腰椎旁 3 寸半)。但需注意已进入发作第二期以后(高热、出汗)禁用大椎和合谷，以防虚脱。穴位按摩采用掐法(指甲)以加强刺激，退烧可加曲池。每穴 1-2 分钟。

(五)其他　病区疟疾感染人群有带疟原虫未发作者，一经查出应作预防性治疗，这样既可防止发作，同时也起到消除传染源作用；恶

性疟疾易危害生命应作急救处理；截疟成功并不是治愈，仍应服药直至血片检查疟原虫阴性。

四、生活提示

1.防蚊虫叮咬；

2.注意休息多饮水；

3.加强营养，尤其是蛋白质和铁的补充，多吃瘦肉；

4.未控制时，注意防寒防风。

第二十一节 糖尿病

一、概述

糖尿病中医学称消渴，是一种代谢性内分泌疾病，为胰岛素分泌不足或人体组织细胞胰岛素受体相对敏感性降低而致糖代谢障碍的疾病。依此曾将本病分为胰岛素依赖型及非胰岛素依赖型两类。各年龄均可发生，但四十岁以上年龄发病较多。成年病人起病较缓，胰岛素浓度比幼年发病者高，可接近正常，但对进食后血糖反应较慢。糖尿病病因尚不清楚，可能与免疫反应使胰岛 β 细胞功能障碍有关，或与人体细胞胰岛素受体敏感性低，或体内激素障碍使抗胰岛素作用激素增高有关。其病理生理基础为高血糖及糖代谢障碍所引发的一系列人体改变，并产生相应并发症，如酮症酸中毒、心血管病、肾病变、神经病变、眼病变等等。重者导致肢端动脉硬化性坏疽和昏迷危及生命。糖尿病发病与遗传倾向性有一定关系。

二、临床表现

早期可无明显临床表现，仅有空腹血糖或餐后二小时血糖超过正常人。有些人可先见高血压、动脉硬化及皮肤易感染等表现。常见症状有烦渴、多饮、多尿、易饥饿而多食、消瘦、疲乏、皮肤瘙痒、肢体酸痛及麻木、便秘、性功能失调、视力障碍、皮肤易感染等。传统中医将其分为上消、中消、下消三型。以口干多饮，舌红苔黄脉洪数为主，称上消(肺消)，属肺热；以口渴多饮，多食易饥，消瘦便结自汗，脉滑有力为主称中消(胃消)；以尿多尿浊，伴面黑气短自汗，遗精阳萎，烦躁乏力，舌红脉细为下消。幼年发病者病情进展较快，症状明显，对胰岛素敏感，血糖波动大，病情控制较难，消瘦多明显。

三、治疗

(一)内科治疗，以控制血糖、防治并发症和对症治疗为主，对严重并发症进行抢救。

(二)中医药治疗。

(三)自我按摩

1.常规按摩　为辅助治疗，用于轻、中度病人。擦左肋，揉左腰眼，推腹中带，摩腹，揉左上腹(清晨空腹時)，指擦肋弓缘，拿左肩井，擦足底内侧，膝腓擦，足腿擦，耙理脊椎，揉湧泉，擦小腿外侧，擦小腿内侧。

2.全息按摩　耳部：1 肝, 2 胆, 3 三焦, 4 胰, 5 内分泌, 6 脾, 7 肾上腺；手部： 1 降压区, 2 胰, 3 肝, 4 胆, 5 消渴；足部： 1 肝, 2 胆, 3 胰, 4 三焦。

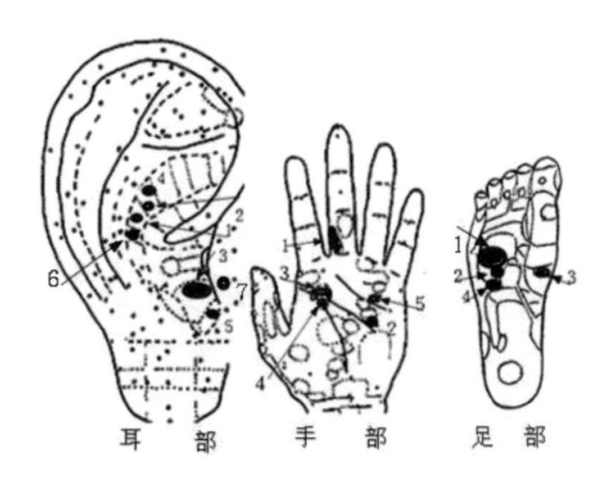

(四)穴位按摩　1)三消取穴：上消取穴位：廉泉、中府、手三里、内关、太渊、神门、内庭；中消取中脘、足三里、三阴交、然谷、胃俞；下消取:涌泉、肾俞、三焦俞、关元、太溪、气海、太渊；2)轮换取穴：期门、章门、行间、中脘、天枢、足三里、肾俞、命门、照海、内关、手三里；太渊、廉泉、神门、关元、中脘、肾俞、气海、三阴交、然谷、涌泉。均以揉法操作。每穴 1-2 分钟，一日二次，选取 6-8 穴。

(五)其他　针灸，耳针。

四、生活提示

1.关键是控制血糖，饮食治疗为治疗基础，按医生要求计算每餐进食量，每天监测血糖或尿糖；

2.主食以谷物、米、面为主，按工作情况调整量，活动量小者少些，劳动量大者多些，一般每日在 5-8 两之间，重体力劳动者可超过 8 两；

3.如无肾功能障碍，应给以足够蛋白质，如瘦肉、鱼、蛋、豆制品，每支 1 两蛋白质；

4.膳食中有适量脂肪，以植物油为好，每日二十克左右；

5.戒烟、酒，少糖、低盐、低胆固醇；

6.肥胖者应减肥，体瘦者适当增加蛋白质；

7.多吃低糖蔬菜、瓜果如白萝卜、青菜、芹菜、西红柿、黄瓜、苦瓜、洋葱、竹笋、莴笋、木耳、香菇、海带等每支至少 3 种总量约半斤；

8.肢体防外伤、烫伤、冻伤，防继发性感染，作适量活动。

第二十二节 甲状腺机能亢进

一、概述

本病为常见内分泌疾病，中医学认为是瘿病的肝火旺盛和心肝阴虚。为甲状腺分泌激素过多所致疾病，其发病原因尚未清楚，可能与垂体促甲状腺激素分泌过多，长效甲状腺刺激激素对甲状腺作用及自身免疫因素等有关。临床表现与情绪和精神刺激有关。甲状腺激素是人体内涉及能量代谢、蛋白质、脂肪、醣、水盐、维生素、肌肉代谢及人体生长发育等多方面的重要激素。对神经系统、循环系统、消化系统、内分泌系统、生殖系统都有重要作用。但长期过量的甲状腺激素又可危害人体健康，使人体产热耗能增多，蛋白质、脂肪、醣消耗较多，水盐维生素代谢失调，肌肉及各系统紊乱导致一系列临床表现。本病多呈缓慢过程，以二十至四十岁女性为多，且常在精神刺激后加剧。甲状腺可呈弥漫性或结节性增大。属于以人体组织氧化速率增加，

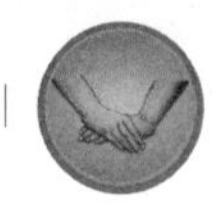

代谢率增高以致消耗增多，以及心血管和神经系统功能紊乱为重要表现的消耗性内分泌疾病。严重者可出现甲状腺危象而危及生命。

二、临床表现

临床表现较为复杂。1)甲状腺：可有肿大，常呈软的弥漫性肿，或结节性不对称肿大，亦可两者同时存在。有些人肿大的甲状腺位于胸骨后则易压迫纵膈局部器官；2)全身症状：常见疲乏无力、怕热、多汗、多有持续性低热、体重减轻；3)神经系统：易激动、多言、多虑、急躁、思想不集中、失眠、神经过敏、面部潮红、震颤、多汗、无意识多动、手心热；4)心血管：心悸、胸闷、气急、脉率加速、心率不齐(早搏、房颤或心房扑动、传导阻滞等)，脉压差大，心衰等；5)消化系统：多食易饥、腹泻；6)生殖：女性月经紊乱、闭经，男性阳萎；7)其他：突眼、闭眼障碍，肌肉软弱，胫骨前粘液水肿等。

三、治疗

(一)以西医内科抗甲状腺药物治疗为主，重者可作外科手术或同位素治疗。

(二)对症及抗甲状腺危象治疗。

(三)自我按摩

1.常规按摩　在药物等治疗基础上作辅助治疗。分抹印堂-太阳，指梳颅前带，擦颈椎，指揉天突，耙理脊背，推胸正中带，按摩心前区，按揉膻中，拳抹肋缘，擦左肋，擦曲池一合谷，推前臂，食指研揉耳郭中下部，擦小腿外侧，擦小腿内侧。

2.全息按摩　耳部：1 甲状腺, 2 心, 3 神门， 4 颈椎, 5 内分泌；手部：1 甲状腺, 2 脑垂体， 3 心悸， 4 心区， 5 神门；足部：1 脑垂体, 2 甲状腺。

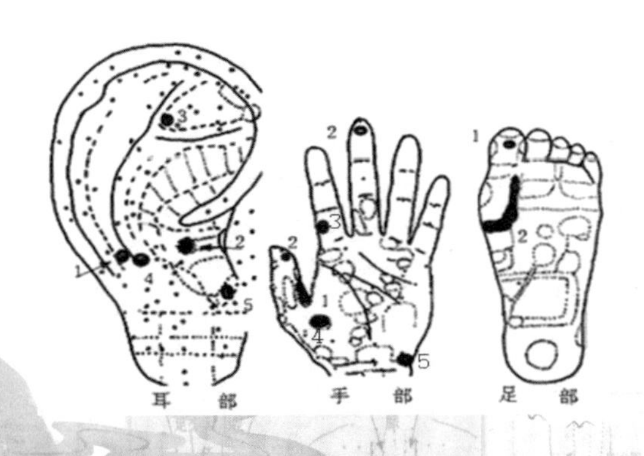

(四)穴位按摩　每穴按揉 1-2 分钟，一日二次。主穴：1)内关、曲池、天突、太冲、期门、足三里、三阴交；2)内关、神门、阴郄、间使、肾俞、风池、天突、肩井。突眼、口苦、目赤、易怒掐期门、太冲，心跳、胸中不适加揉膻中、阳陵泉、郄门，腹泻揉天枢、大肠俞，生殖系统加三阴交、曲骨、拿大腿内侧，神经系统加神门、大陵、风府、三阴交、曲池、上星、劳宫。

(五)其他　中药辨证治疗，针灸。

四、生活提示

1.甲状腺机能亢进代谢过高，应进食富含蛋白质、碳水化合物、脂肪高的食物，多吃肉蛋，但血脂高者脂肪应少些；

2.吃少纤维的蔬菜水果，富蛋白质、维生素 C、B 族维生素饮食，增加糖类含量，有条件者可采用少量多餐进食或加餐方式；

3.戒烟、戒酒，不饮咖啡，不吃刺激性食物及海产等富碘食物，控制碘的摄入量；

4.保持平和心态，规律作息，适当休息，警惕甲亢危象。

第二十三节 地方性甲状腺肿

一、概述

地方性甲状腺肿的病因为区域性环境缺碘，或摄入致甲状腺肿物质影响碘代谢导致甲状腺肿大两类情况。多数情况下，区域性环境缺碘是主要发病原因。推行食盐加碘法可有效控制因环境缺碘所引起的碘缺乏性地方性甲状腺肿。致甲状腺肿物质大致分两类，一类为硫氰酸盐类致甲状腺肿物质，其作用是在甲状腺富集碘的过程中与碘竞争，提高了人体对碘需求量，以致一些环境碘并不低的地区发生甲状腺肿病，这一类情况可通过增加碘的供应而克服；另一类致甲状腺肿物质是在甲状腺进行激素合成时干扰碘的有机化过程，这一类物质的作用不能为碘克服，这些物质常存在于一些十字花科蔬菜中，其致甲状腺肿作用类似于硫脲类抗甲状腺药物，称之为“硫脲类致甲状腺肿物质”，常少量存在于甘蓝、卷心菜、芥菜等蔬菜中。因此，地方性甲状腺肿不能用碘缺乏一词来取代。

二、临床表现

地方性甲状腺肿一般无明显症状，轻者仅在检查时可触知甲状腺肿大，肉眼看不到；明显者头部在正常位置时很容易看到，肿大的甲状腺随吞咽活动上下移动；进一步发展甲状腺体常出现不同程度结节，随着肿物增大颈部变粗，严重者成为巨型甲状腺肿，肿物甚至超过小儿头大。甲状腺肿大明显者特别是有巨大腺肿者，常压迫气管引起呼吸不畅，压迫食管引起吞咽困难，颈部静脉受压迫可引起头部静脉怒张、颜面浮肿。若喉返神经受压迫可引起声音嘶哑，巨大的肿块常继发炎症、囊化、坏死、出血及恶性变成为甲状腺癌。严重病人劳动和生活常受影响。

三、治疗

(一)控制引发地方性甲状腺肿病因：在环境缺碘病区推广加碘食盐以全民补碘，轻者可痊愈，重者病情也可有所好转；致甲状腺肿因子引起的甲状腺肿大，则首先要除去致甲状腺肿因子，才可能获得进一步治疗效果。

(二)一般治疗：补碘是最常用的治疗方法，效果不明显时可试用甲状腺片剂，巨大腺肿可行外科切除。

(三)自我按摩

1.常规按摩　患者长期坚持可作为一般治疗过程中的辅助方法，以促进其康复。擦气管带，拿胸锁乳突肌，按摩喉结，擦頸椎，按揉頸側，耙理脊背，擦曲池一合谷，推前臂，指揉天突。

2.全息按摩　耳部：1 甲状腺, 2 心, 3 神门, 4 颈椎, 5 内分泌；手部：1 甲状腺, 2 脑垂体，3 心区；足部：1 甲状腺，2 脑垂体，3 心区。

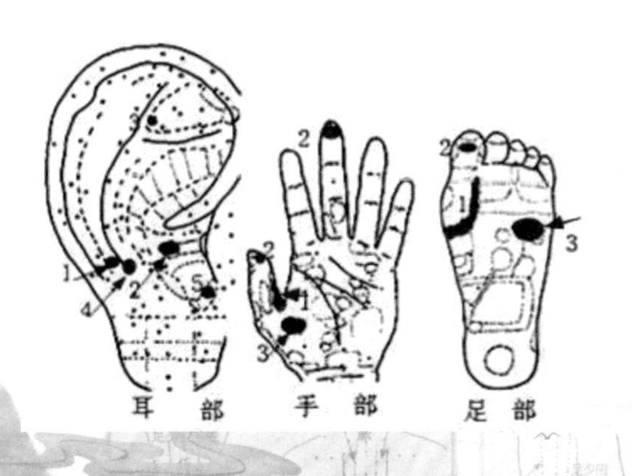

(四)穴位按摩　天突、廉泉、肿物局部、曲池、合谷、养老、臑会、三中(喉结下 2 寸气管两旁)、气舍、尺泽，每日二次。

(五)其他　针灸，梅花针，中药等。

四、生活提示

1.常吃海带、紫菜(每周 1-2 次);

2.使用加碘食盐;

3.心平气和;

4.少吃芥菜、甘蓝、卷心菜等蔬菜。

第二十四节 地方性克汀病

一、概述

本病为胚胎发育至婴儿期严重碘缺乏，导致胎儿及婴儿甲状腺激素缺乏，引起脑发育障碍所致脑发育不全及甲状腺机能低下的综合征。往往见于碘缺乏病区为地方性克汀病。在非病区也可由于影响甲状腺发育种种原因引发同样病情，称为散发性克汀病。一般情况下环境缺碘是主要因素。地方性克汀病也是一种精神发育迟滞性疾病。因此，精神发育迟滞性疾病也可仿此治疗。

二、临床表现

临床上地方性克汀病主要表现为身材矮小、智力低下、聋哑、甲状腺机能低下、活动障碍、性发育落后及克汀病面容等。各病人临床表现有一定差异，据此大致可将克汀病人分成 3 型。

1.粘液水肿型：以甲状腺机能低下为主要表现，呈现皮肤粘液水肿，体格发育落后以致身材矮小、出牙迟、性发育落后、骨龄低于实际年龄，生理机能低下，如心率慢、肢凉怕冷、动作迟缓、肌肉松弛无力及克汀病面容：头大、颈短、塌鼻梁、面部粘液水肿、头发干枯、表情淡漠、语言含糊、傻笑、傻相。这型病人常有甲状腺萎缩，甲状腺激素低下，基础代谢低，但聋哑和神经障碍轻，一般无甲状腺肿大;

2.神经型：以严重精神和智力障碍为主，常表现为痴呆或白痴，聋哑、运动障碍，可有痉挛性瘫痪，体格发育尚可，甲状腺机能低下表现轻或不明显，无粘液水肿，常有不同程度甲状腺肿大;

3.混合型：介于两者之间，一般均较轻。

三、治疗

(一)针对病因治疗：补碘纠正碘缺乏，同时根据病情决定补充甲状腺激素，在专业医师指导下进行甲状腺激素替代治疗。

(二)营养支持治疗：患儿往往营养状况甚差，根据病情纠正营养不良状况。

(三)自我按摩

1.按摩

(1)按摩治疗：患儿智力有不同程度障碍，一般难以进行自我按摩，可由家长按时进行。

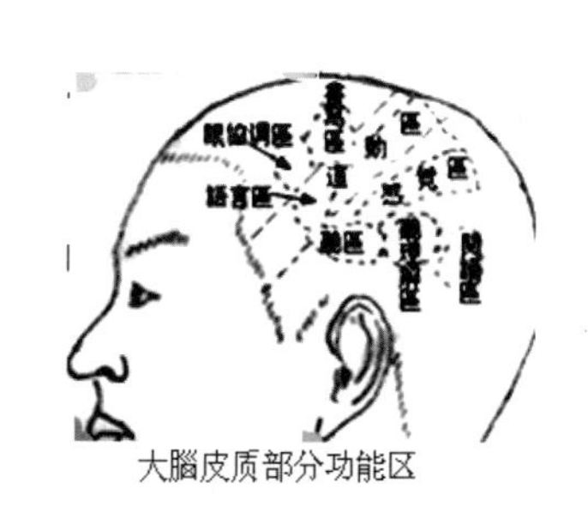

大腦皮质部分功能区

(2)增智按摩：指梳颅脑中部顶颞区(大脑多功能区)、枕项带(枕部正中区以下至大椎，包括治脑 1、哑门、副哑门、脊中、治脑 2、治脑 3、治脑 4、脊一等对大脑功能及发育有作用穴位)。

(3)常规按摩：指梳颅正中带(前发际－后发际)，指梳颅顶带，指梳颅后带，擦颈椎，分抹印堂，擦气管带，指揉喉结，拿胸锁乳突肌，指揉天突，摩腹，指端互掐，掌背手背，擦小腿内侧，擦小腿足阳明经，按揉大拇趾趾腹，每日二次，可分成两组轮换操作。

(4)训练患儿作双手括眉带、颧带及舌自主活动(上下，左右，口内转舌等)。

(5)有肢体痉挛者作局部肌肉按摩，以疏筋活络。

2，全息按摩　耳部：1 甲状腺, 2 心, 3 神门, 4 颈椎, 5 内分泌，6 脑；手部：1 甲状腺, 2 脑垂体，3 心区，4 脑；足部：1 甲状腺，2 脑垂体，3 心区，4 脑。

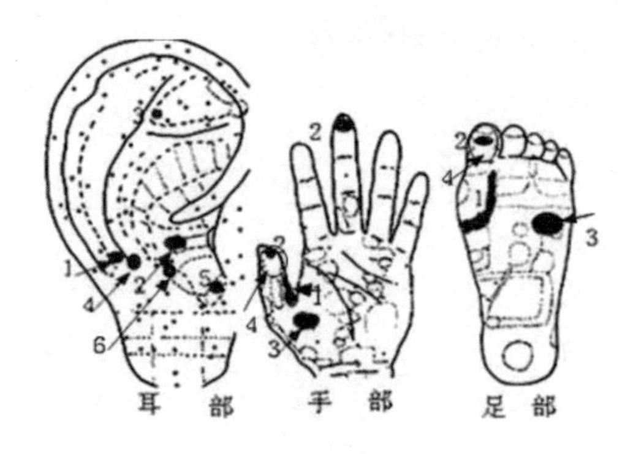

(四)穴位按摩　肾俞、大椎、足三里、三阴交、哑门、内关、腹股沟中，绝骨、阳陵泉，每日二次。

(五)其他

1.中药：健脾、胃，补肾气，养心，养血，补中益气等调理；

2.加强教育与训练相结合，有条件时可办康复训练班。

四、生活提示

1.常吃海带、紫菜、海鱼等海产食品，有条件者可口服鱼油丸；

2.食用加碘食盐；

3.多吃动物性食物如鱼、瘦肉、蛋等；

4.补充维生素；

5.多与患儿交流。

第二十五节 地方性砷中毒

一、概述

地方性砷中毒是由于长期饮含砷高的饮水或长期进食被砷污染食物所致的慢性中毒性疾病。我国大部分病区为饮高砷水所致，称为饮水型砷中毒；南方部分省区有用高砷煤污染空气和食物所致砷中毒，称为燃煤污染型砷中毒。

二、临床表现

地方性砷中毒临床症状个体差异较大。神经系统为常见症状，中枢神经系统中毒有头痛、头晕、乏力、睡眠异常、记忆减退等。脑神经损害可有耳鸣、听力减退、眼花、视力下降、味觉或嗅觉减退等；脊神经损害表现为肢体麻木、感觉异常、自发痛及四肢末端手套、袜套样麻木的感觉异常，甚而四肢麻痹、肌肉萎缩。较重病人可有心慌、心跳、胸闷、胸痛、气短、怕冷及胸部不适感。消化系统可有食欲减退、恶心、呕吐、腹痛、腹泻、便秘、腹胀、肝区痛等。但这些表现多无特异性。皮肤色素沉着、脱色斑点及掌跖角化为地方性砷中毒特异性较好指标，具有临床诊断意义。地方性砷中毒易继发鲍文氏病或皮肤癌、肺癌及肝癌等内脏肿瘤。

三、治疗

(一)控制砷的来源：地方性砷中毒是由于砷摄入所引起的疾病，改水、改革炉灶，控制砷的摄入是最根本的防治措施。

(二)临床对症治疗：根据病情进行对症治疗，针对掌跖角化可用水杨酸软膏等溶解角化物；周围血管病变可用扩张血管药物；针对神经炎可采用 $VitB_6$、$VitB_{12}$ 等。保护性治疗：使用抗氧化剂如維生素 C 、维生素 E 、硒制剂、谷胱甘肽等，早期切除可疑恶变病灶等。

(三)自我按摩

1．常规按摩　自我按摩为配合临床治疗方法，促进病人康复。结合病情具体分析，一般多有心、脾等虚劳表现。故以强壮为主，结合病情进行。（1）手足麻木：足、小腿，用足腿擦；手、腕、前臂，用掌擦手背、捻手指，一日二次。（2）中枢神经非特异性症状：推印堂一風府，抹印堂-太阳，指梳颅正中带，指梳颅顶带，指梳颅后带。（3）消化系统症状：摩腹壁。（4）四肢痛、肌萎缩：上肢擦手三阴和手三阳经，下肢拿髋膝带，拿大腿内侧，膝腓擦或搓大腿、小腿，擦小腿外侧，擦小腿内侧。

2．全息按摩　耳部：1 神门，2 交感，3 心，4 内分泌，5 皮质下，6 脑，7 枕，8 额；手部：1 心穴，2 入眠，3 脑，4 头晕，5 脾，6 胃，7 肺，8 肾上腺；足部：1 心，2 脑，3 头，4 额，5 脾，6 胃。

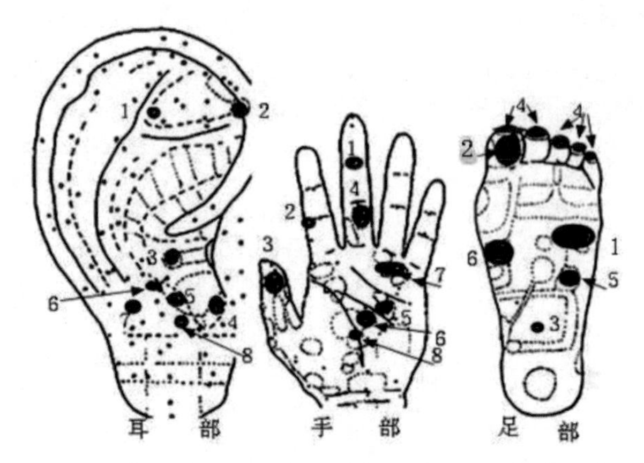

(四)穴位按摩　基本穴位为三阴交、足三里、血海、关元、中脘、膻中、内关、太渊、少海、尺泽、印堂、百会，各按揉 1-2 分钟，一日二次。

(五)其他　除地方性砷中毒外，其它慢性砷中毒也可以参考进行治疗。

四、生活提示

1.注意防寒；

2.加强营养，尤其是多食豆类、鸡蛋等含巯基化合物较高食品；

3.坚持改水降砷；

4.补充 B 族维生素。

第二十六节 慢性肾小球肾炎

一概述

慢性肾小球肾炎，简称慢性肾炎。为一种常见的肾脏疾病，不同年龄均可发病，以中青年男性为多见。其病因不完全清楚，部分人为急性肾小球肾炎治疗不彻底迁延而来，但多数病人无急性肾炎病史。可能为变态反应性疾病，与自体免疫有关。寒冷和潮湿多为诱因。肾组织中存在免疫球蛋白复合体。基本病变在肾小球，肾小球内皮细胞、上皮细胞增生，炎性细胞浸润，毛细血管、间质细胞增生，血管腔狭

窄缺血，肾小管缺血萎缩；肾小球毛细血管基底膜增厚，毛细血管阻塞，基底膜通透性上升，导致大量蛋白质漏出。后期肾小球纤维化或透明变性，丧失功能，肾小管萎缩，间质纤维化。残存肾小球及肾小管代偿性增大，小动脉硬化。晚期，广泛纤维化使肾体积缩小而硬化，肾表面呈颗粒状。

二临床表现

本病慢性迁延，临床表现多变，从无症状到血尿、浮肿、高血压，甚而尿毒症。病程长者可达二十多年，但恶化迅速者可在几个月内进入尿毒症。轻者也可自愈。常见临床表现有非特异的疲乏无力、腰酸痛、食欲不振，不同程度浮肿，肾性高血压或心衰，高血压脑病，贫血与营养不良，视力减退等。尿液中有大量蛋白质及不同程度红血球和白细胞与管型。

三治疗

（一）中西医药物治疗，如激素、免疫制剂；

（二）对症治疗，加强营养，预防传染，抢救危重病人。

(三)自我按摩

1.常规按摩　扒理腰背脊椎，分抹印堂-太阳，推腹中帶，擦腰，擦小腿外側，膝腓擦，抹股内側,擦小腿外側，阴水型热疗脐下区三十分钟。

2.全息按摩　耳部：1 膀胱, 2 肾， 3 肺, 4 肾上腺；手部：1 肾区， 2 膀胱， 3 肾穴；足部：1 肾区， 2 肾点， 3 膀胱。

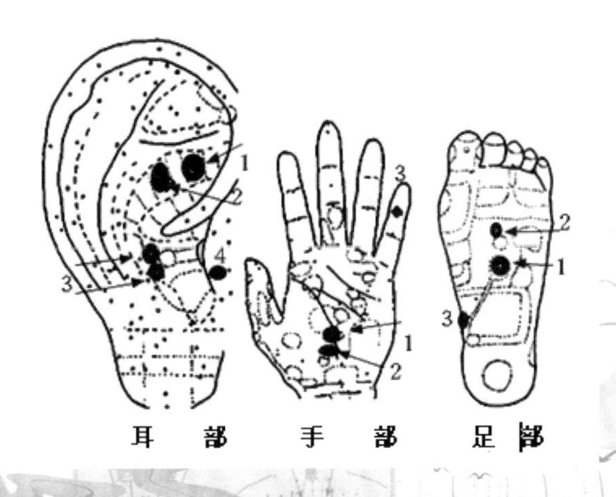

耳　部　　手　部　　足　部

（四）穴位按摩　为辅助治疗，促进水液排出以消肿，每穴按揉 1-2 分钟，每天 2 次。主穴：水分、中极、关元、气海、中脘、足三里、三阴交。阳水型：加掐阴陵泉、复溜、偏历，头面肿者加按揉水沟(人中)，外感恶风咳喘加合谷、列缺、外关、大杼；阴水型：加按揉肾俞、阴陵泉、足临泣，面肿者加水沟，上肢肿者加偏历、曲池，大便稀加揉天枢。

（五）其他　针灸，耳针，中药。

四、生活提示

1.控制钠盐摄入(低盐或无盐饮食，少吃含苏打食品)；

2.红小豆、冬瓜利尿消肿可常吃，不吃虾蟹及生冷食物；

3.戒房事(夫妻生活)；

4.食高蛋白高维生素高能量(非蛋白氨上升则应控制蛋白摄入量)饮食；

5.控制饮水量；

6.有腹水应卧床休息。

第二十七节　慢性肝炎和迁延性肝炎

一、概述

慢性肝炎和迁延性肝炎均为急性期未治疗彻底的急性传染性肝炎病程迁延而致，两者并无本质上的差别，只是在临床表现上迁延性肝炎轻于慢性肝炎。经过治疗两者症状好转，肝功能改善并相对稳定则进入非活动期；但非活动期也可因某些原因又使症状复现或加剧肝功能改变而进入活动期。因此本病可迁延多年。有些病人可发展成肝硬化、急性和亚急性肝坏死、肝肾综合征、肝癌、肝昏迷等。因此，对于肝炎病人应坚持积极治疗，努力控制其发展。经过积极治疗大部分病人可以康复，只有少数病人进入慢性期，成为慢性肝炎或迁延性肝炎。对于已进入慢性期的这两种肝炎，在非活动期间仍应注意防止反复。此外，妊娠对肝炎患者可引起很多不良后果而加重病情，甚至诱发肝功能衰竭且对胎儿危害较大，故对患有肝炎的孕妇应更小心治疗。

二、临床表现

迁延性肝炎：患急性肝炎症状、体征持续半年以上，仍有疲乏、食欲差、胁痛、腹胀、低热、肝区刺痛、钝痛，体检肝轻度增大，触痛但质地较软，可有一项或以上肝功能检查指针异常；慢性肝炎：症状、体征持续一年以上，一般有疲乏无力、食欲差、腹胀、腹泻、低热、失眠、肤色黝黑、肝掌、蜘蛛痣、肝脾肿大，有些青年女性可有狼疮样肝炎表现。除上述症状外可有黄疸、皮疹、关节炎、腹水或并发肾炎、心肌炎、结肠炎等。血象可有狼疮细胞，肝功多项指标异常。

三、治疗

(一)综合治疗，加强营养，预防传染。

(二)对症治疗，抢救危重病人。

(三)自我按摩

1.常规按摩　擦右胁，揉右肋弓缘中段，摩右上腹及肝区，拳抹肋缘，拿肩井，摩腹壁，擦腰，耙理脊椎，擦小腿外侧，擦小腿内侧。

2．全息按摩　耳部：1 肝，2 胆，3 肝阳，4 肝炎点；手部：1 小节，2 肝区，3 肝穴，4 胆，5 脾，6 胃，7 心区，8 肾上腺，9 腹腔神经丛；足部：1 肝区，2 胆，3 胃，4 肾上腺，5 腹腔神经丛，6 心区。

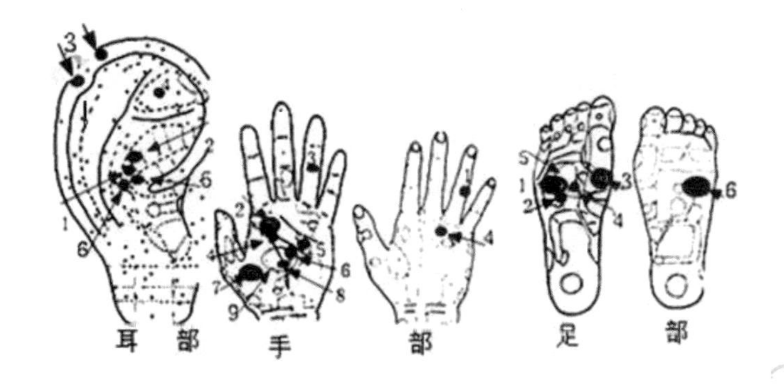

(四)穴位按摩　为辅助治疗，严重的未控制病情者不做。每穴按揉 1-2 分钟，每日一次。主穴：1)右侧期门、右大包、右肋弓中点、

大椎、中脘、太冲、阳陵泉；2)右章门、右日月、右肾俞、足三里、三阴交、太冲。两组轮换使用。黄疸加后溪、合谷、中封、太溪，肝胆区痛加胆囊点、阳陵泉、支沟，恶心、呕吐加内关、天突，食欲差加内关、合谷，失眠加三阴交、神门。

(五)其他　中医辨证治疗，针灸，理疗。

四、生活提示

1.休息，心态平和，戒烟酒，不吃霉花生、浓鸡汤、浓肉汤、肥肉、鱼子、动物脑、蛋黄及刺激性食物如辣椒，不吃粗糙难消化食物，饭后适当休息；

2.饮食少量多餐，吃易消化、富蛋白质、低脂肪、低胆固醇食物如瘦肉、鱼、豆腐、牛奶及新鲜茄子、胡萝卜、萝卜等新鲜蔬菜；

3.精心烹调使食物易消化、可口，食油以植物油为好；可适当用一些可溶性糖、蜂蜜，但不应过多。

第二十八节 神经衰弱

一、概述

神经衰弱是常见的神经官能症之一，多为人体在一些内在或外界因素作用下，大脑皮层兴奋与抑制活动紊乱所致的病症。其原因包括精神因素和器质性损伤两类，分别称为神经衰弱症和神经衰弱综合征。1)神经衰弱症：由于精神创伤，长期过度紧张或疲劳等所致；2)神经衰弱综合征：器质性疾病所致，如脑动脉硬化、脑瘤、结核病、高血压、贫血、甲状腺机能亢进、垂体或肾上腺皮质机能减退、心肌病，及砷、汞、铅、苯等中毒。因此，对于神经衰弱患者应注意区别不同情况，特别是涉及神经衰弱综合征时应查明原发病，以免耽误病情。

二、临床表现

病人临床症状很多，一般可分三类表现。

1.兴奋型：精神易兴奋、失眠、易激动、伴心悸、头痛、头晕、出汗、短暂血压上升；

2.衰弱型：多愁善感、精神萎靡、疲乏无力、记忆减退、对工作及周围事物无兴趣、食欲差、消瘦、性功能减退、可有出汗、胸痛等；

3.中间型：介于两者之间，易兴奋又易疲乏，情绪不稳定，难坚持工作，夜间失眠、多梦，白天无精打采、思睡，常表现植物神经功能紊乱。临床表现可因意外刺激加重，神经系统检查多无器质性病征。

三、治疗

(一)排除器质性病变。

(二)综合治疗：对症药物治疗，心理治疗，针灸，理疗等。

(三)自我按摩

1.常规按摩　双手指自印堂经百会梳到风府，指梳颅顶带，指梳颅后带，擦頸椎，分抹印堂，指揉鼻根，掌擦手背，指端互掐，斜摩足底，擦小腿内侧，揉足拇趾的反射区。

2．全息按摩　耳部：1神门，2交感，3心，4内分泌，5皮质下，6脑，7枕，8额；手部：1心穴，2入眠，3脑，4头晕，5脾，6胃，7肺，8肾上腺；足部：1心，2脑，3头，4额，5脾，6胃。

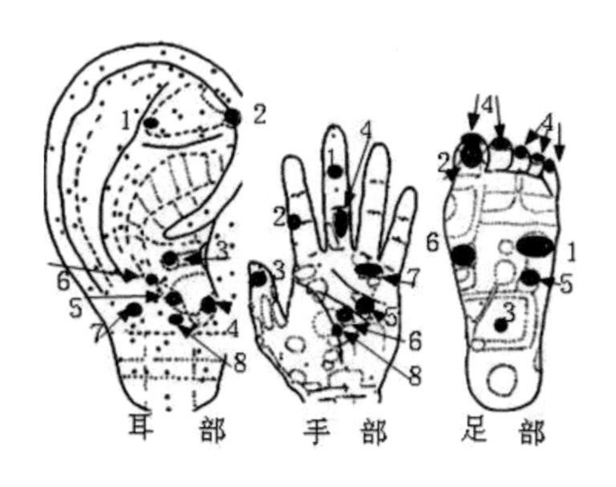

(四)穴位按摩　每穴按揉1-2分钟，每日二次。主穴：1)百会、头维、风池、神门、内关、三阴交、足三里；2)四神聪、印堂、太阳、关元、肾俞、气海、通里、大椎、劳宫。

四、生活提示

1.生活规律化，保持平和心态，多做户外运动；

2.避免用脑过度，不看刺激性书、戏剧、电视；

3.不吃刺激性饮食，如辣椒、不饮刺激神经饮料如酒、浓茶、咖啡等，常吃海鱼或服鱼油丸；

4.睡前洗脚不想其它事，晚餐清淡不过饱，以保障睡眠良好。

第二十九节 三叉神经痛 附：偏头痛

一、概述

本病包括原发性三叉神经痛和症状性三叉神经痛两种。多见于四十至六十岁，女性较多。原发性三叉神经痛病因不明，三叉神经无器质性病变，寒冷、牙齿局部感染常为发作诱因；症状性三叉神经痛又称继发性三叉神经痛，多由其他疾病引起的三叉神经痛，如胆脂瘤、异位动脉压迫，动脉硬化所致神经节硬化及局部硬脑膜硬化、骨膜炎、骨折等对三叉神经压迫、损伤而引起。所以对三叉神经痛应区别其性质，对于症状性三叉神经痛应找出原发病作针对性治疗。

二、临床表现

本病呈周期性突然发作的剧烈的闪电样、刀割样、钻刺或火烙样剧烈疼痛，持续数秒至 1-2 分钟，突然发作突然停止。疼痛仅在三叉神经范围内，以右侧多见。初期多自三叉神经上颌支或下颌支开始，也可二支同时发作，甚或两侧发病。随着病程迁延发作周期逐渐缩短。发作可为口、舌等受刺激或风吹而引起，常在口、鼻、唇等部位存在触发点，受刺激后即易发作。发作严重时常用手紧按或搓揉患部以减轻疼痛。久之可致局部擦伤、增厚或感染，还可有流泪、流涎、抽搐、口角牵拉等表现，一般夜间停止或减轻。

三、治疗

(一)对于症状性发作应查明原发病，并作针对性治疗。

(二)药物治疗，必要时作封闭治疗或手术治疗。

(三)自我按摩

1.常规按摩　分抹印堂，指梳颅三带，擦颈椎，擦前额，刮鼻一颧，擦耳根带，掌擦手背，揉大拇趾外侧(三叉神经反射区)。

2．全息按摩　耳部：1 外耳，2 神门，3 肝，4 上颌，5 下颌，6 面颊，7 枕；手部：1 三叉神经，2 肝，3 头疼，4 耳，5 口颌；足部：1 肝，2 三叉神经，3 颌，4 耳。

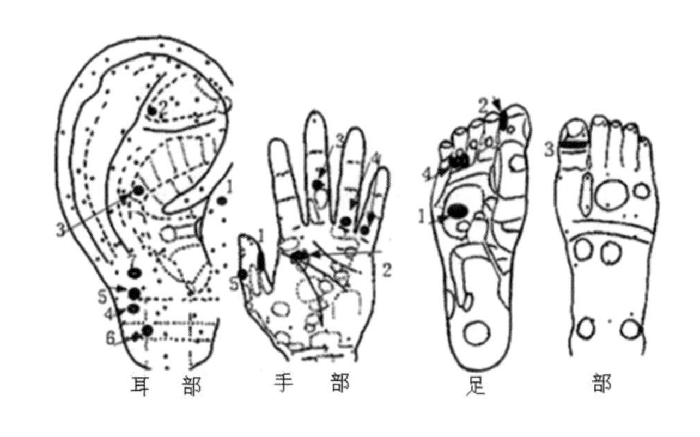

(四)穴位按摩　按发作部位每穴 1-2 分钟，每日一次。主穴：(1)眼支痛(鼻梁、眼窝以上至颅顶)：攒竹、鱼际、阳白；(2)上颌支(上唇、鼻侧、面颊、颧)：四白、下关、颧髎、巨髎、风池；(3)下颌支(下唇、下颌、耳前、颞部)：颊车、听会、翳风、承浆。远程取穴：合谷、外关、内庭、阳陵泉、足三里、三间。发作时用掐法，间歇时用按揉(避开触发点)。

(五)其他　中药，针灸，理疗。

附：偏头痛

为周期性发作性单侧头痛，可有闪光、偏盲、短暂失语或半身麻木等先兆症状，头痛多位于颞部、眶部或眼眶后部，呈搏动性，历时数小时或数日。发作周期数日至数月不等。压迫颈总动脉可减轻。发作时可伴面色苍白或发红、畏光、流泪、恶心、呕吐、食欲差、思维能力下降等，为血管神经活动障碍。可用针灸、理疗治疗，以调整血管植物神经而止痛并减少发作。穴位按摩以按揉手法，每穴 1 分钟，每日 1-2 次。主穴：1)太阳、头维、听宫、风池、列缺、合谷，2)印堂、下关、完骨、翳风、丰隆、行间、申脉，两组交换用。恶心、呕吐加中脘、内关，失眠加神门，眼部症状加攒竹、丝竹空、承泣。非穴位按摩：指梳颅前带，刮印堂-太阳，指梳颅顶带，掌擦手背，推手阳明经(肘-合谷)。

四、生活提示

1.戒烟、酒，不吃刺激性食物，如辣椒；不吃奶酪、熏烤及腌制鱼肉，做菜不加味精；

2.心态平和，睡眠充足，生活规律，避免各种刺激，少说话，尤其避免刺激诱发部位；

3.吃易消化食物如软食，多吃蔬菜、杂粮防便秘；

4.防风、寒、湿，发作时静卧休息。

第三十节 坐骨神经痛

一、概述

本病为腰及下肢的坐骨神经通路及分布区内的疼痛，为臀、大腿后面、小腿后外侧的放射疼痛，大致与足太阳膀胱经走行相近。以三十至六十岁男性为多见。有原发性与继发性两类。原发性为坐骨神经炎，多为单侧，寒冷、潮湿为诱因，可为腰骶神经根炎或坐骨神经干炎；继发性则为神经邻近病变而致，亦因部位不同而呈神经根或神经干性痛，常见有腰椎间盘突出、腰椎肥大性脊柱炎、腰椎结核、肿瘤等导致神经根性痛；骶髂关节炎、子宫附件炎、髋关节炎、糖尿病、感染灶、外伤、注射药物刺激等导致神经干性痛。因此，对坐骨神经痛应注意查找病因，特别是继发性坐骨神经痛。

二、临床表现

1.坐骨神经炎：起病急，先为下背酸痛、腰僵直，随后由臀或髋部向大腿后、腘窝、小腿外向远程扩散，呈持续钝痛和发作性烧灼样痛或刺痛。下肢活动，伸膝屈髋加剧，屈膝减轻。足背、小腿外侧有针刺、麻木感，坐骨切迹、股后、腘窝、腓骨小头、外踝后及腓肠肌压痛；

2.根性坐骨神经痛：起病较慢，先有慢性腰背酸，好发部位为第4腰椎—-骶椎，因咳嗽、喷嚏、弯腰等活动而加剧。病变部位有压痛但坐骨神经及腓肠肌无压痛，腰背活动受限，腰椎可弯向病侧，伸膝屈髋痛，小腿外侧与足背感觉减退或消失；

3.干性坐骨神经痛：与坐骨神经炎相似，但较缓慢且有明显肌肉萎缩和感觉缺失，并有原发病的表现。

三、治疗

(一)查明病因，作针对性治疗，坐骨神经炎及腰椎间盘突出症急性期应睡硬板床休息。

(二)局部热疗以解痉挛减轻疼痛，理疗，必要时作封闭治疗或手术。

(三)自我按摩

1.常规按摩　耙理腰骶，擦腰骶，钳擦跟腱，膝腓擦，足底足背擦，足腿擦，指梳颅顶带，擦小腿外侧，擦小腿内侧。若有肌肉萎缩则局部拿肌肉三十至六十遍，治疗时若痛剧难忍则中止治疗。

2.全息按摩　耳部：1 坐骨神经，2 坐骨神经痛，3 臀，4 枕，5 神门；手部：1 腰椎 1，2 腰椎 2，3 骶 1，4 骶 2，5 肾上腺；足部：1 臀坐骨神经，2 髋关节，3 骶尾骨。

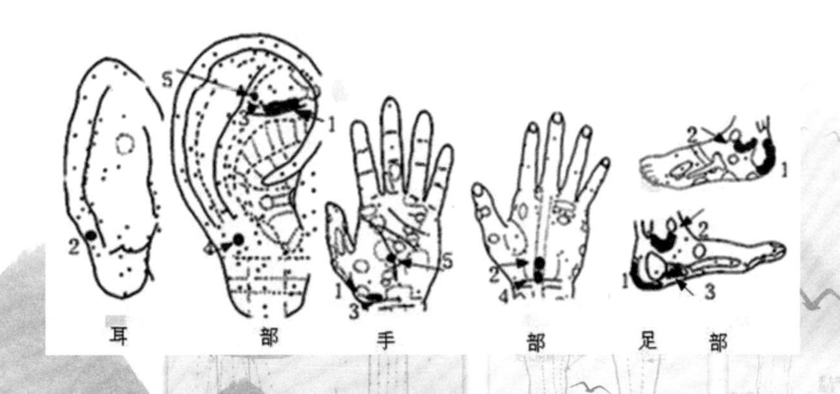

(四)穴位按摩　用掐法，每穴 1-2 分钟，每日 1-2 次。主穴：1)次髎、环跳、承扶、殷门、委中、昆仑，2)肾俞、阳关、风市、绝骨、承山、三阴交、水沟。两组交替使用。

(五)其他　保暖，腰骶部热疗。

四、生活提示

1.防风、寒、湿，注意保暖；

2.不作过多劳动，防疲劳，生活规律；

3.戒烟、酒，不吃刺激性食物如辣椒，吃富营养易消化食物如西红柿、菜花(维生素 C 高)，动物肝、花生、豆类(维生素 B 类高)食物；

4.若有椎间盘突出，应睡硬板床。

第三十一节　臂丛神经痛

一、概述

一般指颈部和上肢臂丛神经痛，按病因可分为原发性和继发性两类。原发性臂丛神经炎多见于各种感染、血清病及免疫接种等，有些则无明确病因；继发性则为邻近病变所致。由颈椎肥大性关节炎与椎间盘突出压迫颈神经根或根神经为颈椎病，多见于第六或第七颈神经；由于臂神经在穿过斜角肌进入第一肋和锁骨间狭窄区时因先天畸形或生理变异而受压迫为干性臂神经痛，称为颈前斜角肌综合征；除以上原因外，外伤、肿瘤、颈部手术、结核等也可引起发病。其中颈椎病最为多见。

二、临床表现

1.臂丛神经炎：多为成人，起病急始为肩痛并向颈和上肢扩展，上臂外展与上举痛加剧；局部肌肉无力，以肩胛带和上臂近端为重，后出现肌萎缩；局部不同程度感觉障碍及肢端肿胀，一般 1-2 周自愈。

2.颈椎病：以中年后男性为多，主要为颈肩部和受累涉神经根分布范围疼痛：第六颈神经根痛可沿桡侧放射至拇指和食指；第七颈神经根则放射到食指、中指，颈部有僵硬感，活动或喷嚏、咳嗽时加重；颈椎间盘突出可有脊髓压迫症。

3.颈前斜角肌综合征：多见于成年女性。慢性发病,由肩部沿尺侧(内侧)向远程放射痛及感觉障碍。常在夜间发作，上臂活动及拿物品加重，上举过头及上臂内收屈肘减轻，手皮肤凉、苍白或紫绀，重者手肌肉无力、萎缩。

三、治疗

(一)查明病因作针对性治疗，减少肩部活动，屈肘将患肢吊于胸前。

(二)止痛，理疗，针灸。

(三)自我按摩

1.常规按摩　按揉颈侧部，擦颈椎(风府-大椎)，拿肩井，掌擦手背，指端互掐，指梳颅后带，耙理脊背，擦手三阳经(手-肩)，活动肩关节从小范围开始，以无明显痛感为准并逐渐加大活动度。

2.全息按摩　耳部：1 锁骨, 2 肩关节，3 肩，4 肘，5 腕，6 指；手部：1 肩, 2 颈椎, 3 肘，4 掌，5 胸椎；足部：1 肩, 2 肘, 3 肩胛, 4 颈椎，5 胸椎。

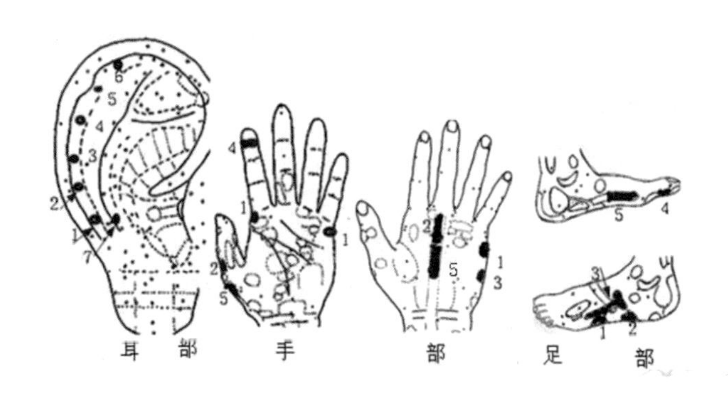

(四)穴位按摩　每穴按揉 1-2 分钟，每日 1-2 次。主穴：1)肩髃、大椎、天宗、曲池、外关、合谷、压痛点，2)肩井、天宗、臂臑、压痛点、风池、尺泽、列缺。两组轮换使用。

(五)其他　疼痛局部热疗。

四、生活提示

1.多休息，特别是上肢；

2.防寒、湿，保暖；

3.戒烟，吃富营养饮食，特别是富含维生素 B 族，如肝、花生、豆类食品，富磷脂食品如动物脑、带鱼、鸡蛋、黄豆等，但胆固醇过高者不宜多吃动物脑及鸡蛋。

第三十二节　多发性神经炎

一、概述

本病又称周围神经炎，为各种引起全身的周围神经呈对称性损害的疾病。引发本病原因很多，包括感染如格林-巴格综合征，继发于细菌、病毒、原虫、螺旋体等疾病，中毒(药物、化学药品、有毒元素等)，代谢和内分泌如糖尿病，结缔组织疾病如红斑性狼疮，营养障碍如脚气病，遗传如遗传性感觉神经根炎，肿瘤及过敏反应等。病理变化多以神经远端为重，如砷中毒引起肢端为主的末稍神经炎呈手套、袜套样感觉障碍。严重者可出现下肢运动神经元瘫痪及支配区营养障碍。

二、临床表现

为四肢远端对称性的感觉运动和营养障碍。按病程可分为急性与慢性两类：

1.急性多发性神经炎：多为感染所致，呈急性发病。多自下肢肌力减退开始，迅速向上发展到躯干及上肢及至颅神经，常有肢体无力、肢端麻木、疼痛、感觉异常呈手套、袜套样对称分布；肌肉呈弛缓性瘫痪，远端肌萎缩。重者因延髓麻痹表现而声音嘶哑、吞咽困难，及肋间肌和膈肌麻痹的呼吸困难。一般数日至十余日达高峰，1 0 --25 日后逐渐平稳进入恢复期。除神经肌肉表现外可有头痛、全身疲乏、发热或风湿样表现，皮肤凉、干燥、皲裂，指甲松脆、多汗或无汗。

2.慢性多发性神经炎：病程缓慢发展，多从下肢开始。以异烟肼多发性神经炎为例，早期足趾部感觉异常，逐渐影响上肢，进而四肢远端肌力减退，腱反射消失。

三、治疗

(一)病因治疗，急性发病期进展快，要进行紧急救治，特别是严重病人常应用肾上腺皮质激素治疗。

(二)对症治疗。

(三)自我按摩

1.常规按摩　擦手三阳，拿肩井，双手互擦，掌擦手背，指掐足趾，由末端向躯干捏患肢，踝主动活动，膝腓擦，足腿擦，足底足背擦(选患者能完成的做)，擦小腿外侧，擦小腿内侧。

2.全息按摩　耳部：1肾上腺，2肩关节，3肩，4肘，5腕，6指,7颈椎，8神门，9坐骨神经,1 0内分泌，手部：1肩,2颈椎,3肘，4膝，5胸椎；足部：1肩,2肘,3肩胛,4颈椎，5胸椎，6膝。

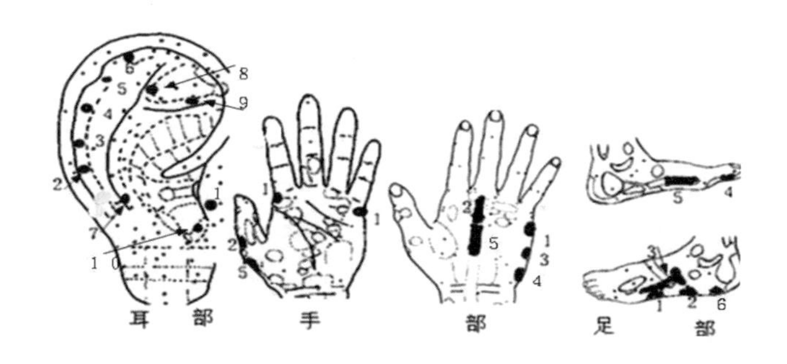

(四)穴位按摩　用于病情稳定的恢复期，促进神经功能恢复，控制肌萎缩发展。每穴按揉1-2分钟，每日1-2次。主穴：1)八邪(手指间缝)、八风(足趾间缝)、曲池、内关、阳陵泉、大椎；2)气冲、足三里、昆仑、阳溪、阳谷、手三里、尺泽、合谷。两组交换用。

(五)其他　理疗，针灸，中药。

四、生活提示

参考上节臂丛神经痛。

第三十三节 面神经炎

一、概述

本病又称面瘫、颜面神经麻痹、口眼喎斜、周围性面神经瘫痪，为较常见的颅神经疾病。已知病因有炎症(中耳炎、脑膜炎、传染性多发性神经炎等)、外伤、肿瘤压迫及手术损伤等。但大多数病人发病急，病因不明，往往与着凉、局部受风寒有关，可能为局部营养神经的血管受风寒刺激痉挛，以致神经失养而致。面神经经过的骨性管腔的面神经管缺血、炎症所致局部水肿可加剧病情。本病各年龄均可发生，以青壮年为多。病理表现为面神经水肿，以茎乳孔和鼓窦部位的神经最明显。

二、临床表现

急性发病，数小时达高峰，往往在清晨洗脸时发现口角歪斜及面肌麻痹。有些人发病前有同侧耳、乳突部或面部轻度疼痛，一般为单侧。同时可有闭眼困难、流泪、语言不清楚，吃饭时食物停留在病侧牙齿与面颊之间。病侧面部无表情活动，额纹消失，眼裂增宽不能闭合，鼻唇沟变浅，口角下坠，口角歪向健侧。少数人有耳内、耳后及下颏角疼痛及病部麻木、胀感，可有舌前味觉减退或消失，听觉过敏，唾液分泌减少。一般在 2 个月内有所恢复，亦有多年不愈者。少数人并发面肌挛缩，口角反牵向患侧，鼻唇沟变深，睑裂缩小，情绪激动时更明显。重型患者不易康复。

三、治疗

(一)早期用药物治疗控制病情，必要时行外科手术治疗。

(二)治疗原发病。

(三)自我按摩

1.常规按摩　指梳颅顶带、颅前带，擦印堂－发际，指擦耳背，擦颈椎，刮鼻－颧，指揉鼻根，摩病部，擦耳根带，擦曲池－合谷，擦腰。开始时手法宜轻以后逐渐加重刺激量。

2.全息按摩　耳部：1 口, 2 太阳, 3 三叉神经, 4 上颚, 5 下颚, 6 面颊；手部：1 口 1 , 2 口 2 , 3 颔, 4 眼, 5 鼻, 6 耳, 7 三叉神经；足部：1 三叉神经, 2 额, 3 眼, 4 鼻, 5 耳。

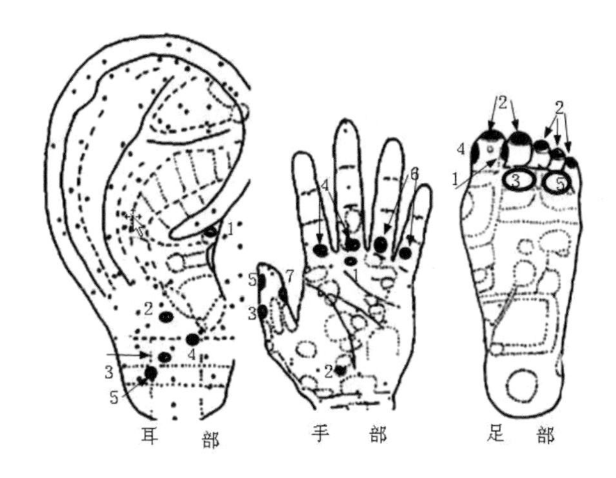

(四)穴位按摩　以局部配远程，每穴按揉 1-2 分钟，每日 1-2 次。主穴：1)地仓、颊车、人中、阳白、风池、丰隆、合谷；2)迎香、四白、颧髎、翳风、列缺、足三里；3)鱼腰、丝竹空、承泣、牵正(耳垂前 0 .5-1 寸)、承浆、内庭、曲池。轮换使用。4)中枢性面瘫：百会、颊车、下关、地仓、风池、翳风、阳陵泉、合谷。

(五)其他　配合理疗，针灸。

四、生活提示

1.防风寒刺激，不用凉水洗脸；

2.应尽早进行功能训练，如对镜作皱眉、闭目、露齿、吹气、微笑等动作；

参考臂丛神经痛。

第三十四节 地方性氟中毒

一、概述

地方性氟中毒是由于长期摄入过量氟所引起的,以骨、关节和牙病变为主的全身性中毒性疾病。根据氟进入体内介质，地方性氟中毒可分为三型，即饮水型氟中毒、燃煤污染型氟中毒和饮茶型氟中毒。其中饮水型氟中毒为长期饮用含氟过高的饮用水(一般超过 1mg/L)所

致；燃煤污染型氟中毒为室内敞开式燃用含氟过高煤炭，导致室内空气污染，同时引起粮食、蔬菜污染所致地方性氟中毒；饮茶型氟中毒多见于习惯饮含氟过高砖茶而致摄氟过高所致氟中毒。三型地方性氟中毒都具有各自地区性发病特点。其病因都是长期摄入过量氟。

二、临床表现

氟斑牙是氟中毒常见临床表现，主要为 7 岁以前受氟危害时形成牙釉质的造釉细胞受毒害，以致影响牙釉质发育所致牙齿表面釉质损害。轻者为不透明的白垩样线条、斑点、斑块，严重者可因造釉细胞失去造釉功能所引起的釉质呈凹坑或大面积剥脱缺损，甚而牙齿外形发生变化。随着年龄增长，外源及内源性色素在病损处沉着，而显现为浅黄至焦黑的不同程度着色改变。恒牙萌出后，因无造釉细胞不会再发生氟斑牙，氟斑牙实为幼年牙齿氟中毒的后遗症。除氟斑牙以外，氟对全身各系统都有一定程度毒害，其中最主要的是对骨、关节、肌腱、韧带的中毒作用，临床上通称氟骨症。常表现为不同程度的躯体骨关节疼痛、功能障碍、麻木、僵硬等，但无发热红肿，可伴有头痛、头昏、心悸、乏力、食欲不振、恶心、呕吐、腹泻或便秘，肌肉痉挛等。有些病人有尿路感染、结石而发生尿频、尿急、尿痛、肾绞痛等。严重者脊柱、骨盆、胸壳变形，以致呼吸困难、心悸、心功能不全及长期卧床所致肌肉萎缩与恶病质等。X 线检查可有骨质硬化、软化、疏松等不同类型改变。长骨骨间膜及骨周组织骨化等变化为特征性改变，诊断以 X 线片为准。

三、治疗

(一)切断高氟来源：改饮含氟正常的水，取暖、烘烤食物时将煤烟汇出室外，改饮含氟正常砖茶，病区停用含氟牙膏。

(二)药物治疗：疏松型、软化型病者可用钙制剂、维生素 D；硬化型病者可用镁制剂(蛇纹石、三硅酸镁等)及维生素 C 等。

(三)自我按摩

1.常规按摩　氟骨症临床上类似于中医学的痹症，其中疼痛剧烈者为痛痹；疼痛固定、关节变形、肢体麻木者为着痹；骨质疏松者为肾虚骨空，绝大多数病人都存在肾虚。穴位按摩主要用绝骨、足三里、阳陵泉、涌泉、肾俞、曲池、外关、肩髃、大椎等。每日二次，每次选 4-5 穴或全用，每穴 1-2 分钟。仅局部症状者以局部为主加其他，如膝关节痛按摩膝关节周围，按掐绝骨、足三里、阴陵泉、阳陵泉，热疗双肾俞及腰脊；腰背痛：取身柱、腰阳关、肾俞、委中，热疗腰

脊；骶髂部痛：热疗腰骶、肾俞；硬化型可按摩髂翼，推大腿外侧，揉腹股沟中部。疏松型手法要轻，以揉、轻摩为主，防止用力过度引发骨折。总之，一般情况可取局部加上足三里、三阴交、绝骨、阳陵泉、肾俞、曲池、外关等。全身关节、肌肉痛：取大椎、后溪、曲池、阳陵泉、肾俞、气海等穴，用按揉手法。对其他表现可按症状而加：消化系统按摩腹部，心胸不适加内关，睡眠障碍加神门、三阴交。

2.常规自我按摩　掌擦手背，擦手三阳，拿肩井，擦腰，耙理脊椎，指揉腹股沟中点，摩腹，擦腰骶，推大腿外侧，擦臀－腘，膝腓擦，足腿擦，擦小腿外侧，擦小腿内。

3.全息按摩　耳部：1 肾, 2 耳舟(锁骨－指)，3 对耳轮(颈椎－趾) 4 坐骨神经；手部：1 颈椎 1，2 胸椎 1， 3 腰椎 1， 4 骶椎 1， 5 手背中轴(颈椎－尾骨)， 6 膝, 7 肩, 8 肘， 9 腰腿， 1 0 腰痛区；足部：1 颈项， 2 胸椎， 3 腰椎， 4 骶椎， 5 坐骨神经， 6 肩, 7 肘, 8 膝， 9 髋关节。

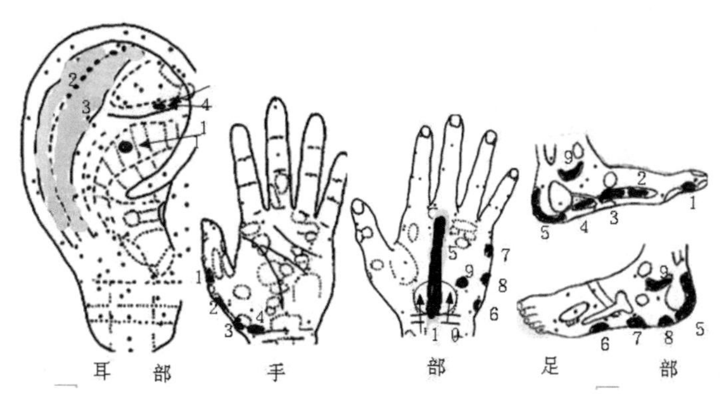

(四)关节活动　氟中毒常引起关节功能障碍，应尽可能进行关节活动。活动范围从小开始逐渐加大，如颈部活动的左顾右盼，观天看地；肩部活动的举臂甩手；肘部可作屈肘伸肘；腰部作弯腰、侧腰；膝、髋关节、踝关节都应适量活动，以防止关节固定。即使已经有功能障碍的关节，也应作适当活动，活动幅度由小到大，　般每日二次。

(五)其他　其他辅助治疗：家用治疗仪可按上法，也可按有关治疗仪说明参考其中类风湿或骨关节痛部分进行。可用热疗或电脉冲，用电脉冲治疗刺激不宜过大，尤其是疏松、软化型患者以轻刺激为宜。

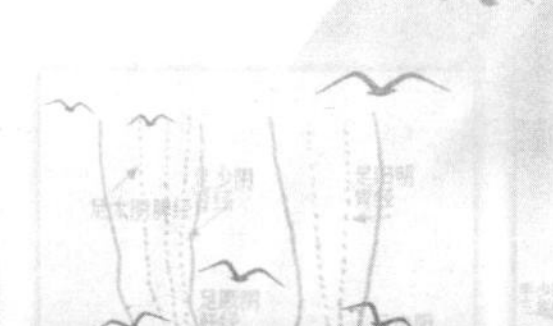

四、生活提示

1.控制高氟来源(改饮低氟水，烧低氟煤，不饮高氟茶)；

2.不用含氟牙膏；

3.多吃新鲜蔬菜水果补充维生素；

4.保暖防寒湿；

5.多饮牛奶、吃瘦肉补充蛋白质；

6.适当活动防止关节固定。

第三十五节 大骨节病

一、概述

大骨节病是一种原因不明的地方病。可疑的致病原因涉及环境地球化学因素，如锶、钡、铁等过多，钙、镁、硫代谢失调。特别是硫代谢障碍，导致体内含硫的酸性粘多糖不足，硫酸软骨素合成受限以致软骨发育障碍。毒物中毒也有可能与发病有关，比较引人注意的是病区小麦、玉米常受镰刀菌污染，换粮对控制发病有一定效果。水中有些有机物干扰硫代谢，改水后病情也有好转。总之，病区导致发病原因较复杂，尚未发现特定的排他性致病因数。

二、临床表现

大骨节病主要侵犯儿童、青少年的骨关节部位，多呈慢性发病，患者很难确认开始发病时间。早期，患者主要有疲乏感和四肢活动不灵活，尤以晨起时为明显，活动后有所缓解；手足发麻，四肢肌肉发紧，指、趾和小腿可有痉挛或隐痛；手指、腕、肘、膝、踝关节触痛，双手指末节对称性向掌侧弯曲，尤以食指为明显；关节活动时可有捻发样的骨擦音，此时患者关节外形无改变。I 度，此期关节疼痛和疲乏感加重，四肢运动更不灵活，手指、膝、踝等关节增粗，伸屈活动障碍，肘关节弯曲不能伸直(伸展角度低于 17 度)，四肢关节活动时有明显的捻发样摩擦音，四肢肌肉可有轻度萎缩，但身高尚未受影响，病情仍较轻，若防治得当或离开病区，病情不再发展而渐获得恢复。II度，即中度病情，患者指、踝、膝关节明显增粗活动受限，可有短指畸形，手握拳时指尖碰不到手心，前臂旋前旋后障碍，肘关节屈曲挛缩，四肢肌肉明显萎缩，劳动能力明显降低。III度，即重度，患者

行走不便，活动困难，身材矮小，明显短指而不能握拳，关节挛缩严重，活动明显受限，肘关节屈曲，膝不能下蹲，四肢肌肉显著萎缩，关节普遍有骨摩擦音，甚至完全丧失劳动能力。X线检查是诊断和分型的基础，根据手部骨X线表现可分为干骺型、干骺骨骺型、骨端型和骨关节型四型。

三、治疗

病因不明给预防和治疗都带来很大困难。目前尚无特效治疗办法，更无解除病因危害的特殊方法。作为地方病，切断致病因子進入人体途径，仍然是预防和治疗的主要环节。在切断致病因子危害途径后，才有可能获得有效的治疗效果。

(一)消除未知病因来源：尽管大骨节病的病因尚未最终明确，但换粮对于控制该病有较好效果。因此换粮是可能起到消除大骨节病的有效措施。

(二)一般治疗：采用硫酸软骨素、硫酸镁、硫酸钾、亚硒酸钠、中药制剂等，有一定疗效。

(三)自我按摩

本病属着痹或痛痹，多为风、寒、湿邪入侵导致筋骨发病。应以驱风散寒除湿，疏通气血，强筋壮骨为主，配合药物促进康复。(1)患部按摩：如膝关节:按摩膝周围;髋关节:擦臀-坐骨;指腕关节:用掌擦手背，手指、足趾:用捻法或勒法等，擦小腿外侧，擦小腿内侧。(2)防肌萎缩：上肢病以对侧手拿手三阳经和手三阴经，下肢病则作膝腓擦，或搓大腿、小腿，拿髋膝带，作踝主动活动等。

1.常规按摩　掌擦手背，指端互掐，擦手三阳，推手三阴，拿肩井，擦臀一腘，搓大腿，掐膝周，膝腓擦，足腿擦，足底足背擦，指掐趾端，擦小腿外侧，擦小腿内侧。

2.全息按摩　耳部：1 肾, 2 耳舟(锁骨一指)，3 对耳轮(颈椎一趾) 4 坐骨神经；手部： 1 肾, 2 肾穴, 3 肾上腺, 4 膝, 5 肩, 6 肘， 7 踝点, 8 腰腿， 9 腰痛区；足部： 1 坐骨神经， 2 肾, 3 肾上腺, 4 肩， 5 肘, 6 膝， 7 髋关节。

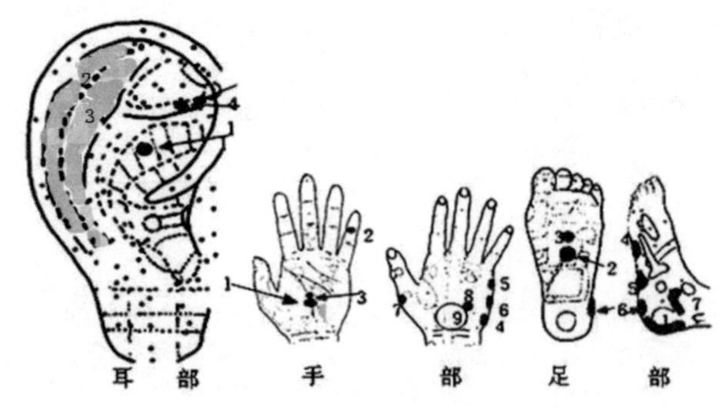

(四)穴位按摩　基本穴位有绝骨、阳陵泉、大椎、足三里、阴陵泉等，结合受损部分增加穴位，如指腕关节痛：后溪、合谷、液门、中渚、八邪、外关；趾踝关节：太溪、昆仑、八风、申脉、照海；肘关节：曲池、少海、尺泽、支沟；肩关节：肩髎、肩井、肩贞、大杼；髋关节：革命、秩边、承扶、冲门；膝关节：犊鼻、阳陵泉、阴陵泉、足三里等。每穴 1-2 分钟,每日 2 次。

(五)其他　患部针灸，热敷。

四、生活提示

1.注意防寒保暖；

2.换吃商品粮，不吃霉变食品，改吃玉米为吃大米，食物多样化多吃杂粮；

3.吃富含蛋白质饮食如瘦肉、蛋、鱼等；

4.多吃胡萝卜及其他新鲜蔬菜；

5.有条件者可经常吃一些动物软骨。

第三十六节　大脑发育不全

一、概述

本病以智力发育障碍为特征，又称智能发育不全、精神发育迟滞、精神幼稚症，俗称弱智，是一种对儿童智力危害很大的常见病。由于智力损害必须及早干预才能收到较好效果，因此将此病列入，以期在

家庭人员协助下尽早对患儿进行早期按摩治疗，以促进智力发育，增强日后生存能力。引起智力障碍原因很复杂，大致可分为胚胎期、分娩因素、幼儿期疾病及遗传病等。妊娠期间任何影响神经系统因素如碘缺乏、某些病毒感染、过敏、放射线等影响神经发育因素，分娩过程中难产、助产器械使用、脐带绕颈、产后窒息等，婴幼儿时期的高烧、病毒或细菌感染及颅脑外伤等损伤大脑，遗传代谢病如尿苯丙酮症、唐氏综合征等。及早诊断查明原因，解除引起智力损害因素，对部分病人控制病情有较好效果，如对克汀病患儿早期补充碘和甲状腺激素，对苯丙酮症患儿及早采用专用食物。

二、临床表现

智力障碍是本病特点，早期患儿显得比正常孩子安静。生长发育慢，婴幼儿的对环境注视、抬头、坐、爬、站立、行走、说话等时间都明显推迟，甚至好几岁后仍不能学说话。按照智力障碍程度可分为愚鲁、痴愚、白痴即轻度、中度、重度。1.轻度：能自己完成一般生活活动，可上学，但成绩差，常留级，理解、判断、分析等综合能力差，运算能力差，缺乏积极性，可从事简单劳动；2.中度(痴愚)：能学会自理生活，作一些简单操作，可学会讲话但词汇贫乏难以表达清楚，能识数，但不会运算，可部分自理生活，缺乏主动性；3.重度(白痴)：不会讲话或仅有简单音节，不能自理生活，不知避险，不识数，动作笨拙，行动困难，生长发育迟缓，抗病能力差，易夭亡。

按精神活动可分为安定和躁动两型。安定型：温顺易接近，易接受教育、训练，容易获得治疗效果；躁动型：性情不稳定，情绪变化大，喜怒无常，有破坏性，有情绪和行为等精神障碍，需耐心进行教育、训练，必要时配合药物治疗。不少患儿常有一些神经系统表现，如四肢瘫、共济失调、抽搐、感觉障碍、多动、聋哑、癫痫等，有人将其列为瘫痪型。

三、治疗

(一)查清原发病因，尽早控制可控病因，如克汀病及早补充甲状腺素，尿苯丙酮症尽快更换食物(吃专用低苯丙氨酸饮食)。

(二)对症治疗，针灸，理疗：配合药物控制精神病症状，对癫痫发作者及时作抗癫痫治疗，及早进行康复训练。

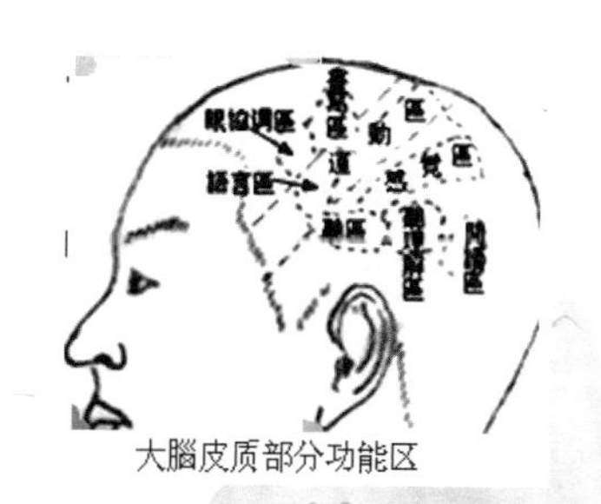

大腦皮质部分功能区

(三)自我按摩

1.常规按摩　指梳颅正中带，颅顶带，颅前带，分抹印堂，擦颈椎，舌自动活动(舌在口腔内作上下，左右及顺时针和逆时针转动)，指端互掐，指揉腹股沟中点，指掐足趾，按揉大拇趾趾腹，足腿擦，擦小腿外侧，耙理脊椎。

2.全息按摩　耳部：1 脑, 2 脑干, 3 内分泌, 4 肾, 5 枕, 6 皮质下；手部：1 肾, 2 肾上腺, 3 脑垂体, 4 腦， 5 额；足部：1 脑垂体, 2 额, 3 肾, 4 肾上腺， 5 腦。

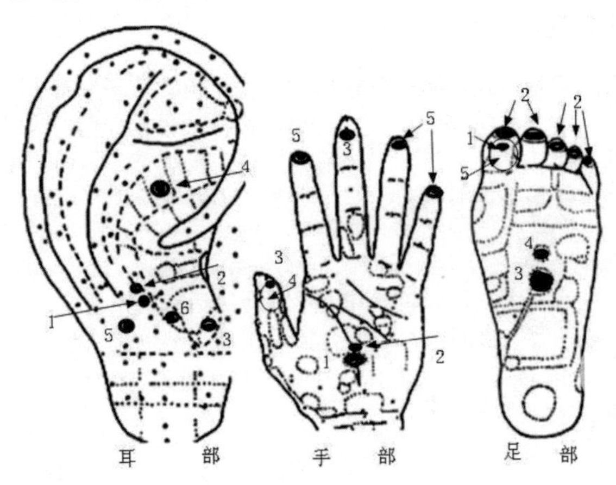

(四)穴位按摩(先由家长操作、训练，掌握后由患儿操作，家长监督)　每穴按揉 2-3 分钟，每日二次。主穴：百会、率谷(耳尖上入发际 1.5 寸)、四神聪、哑门(项后发际内 5 分)、神门，配穴：大椎、风池、内关、劳宫、足三里、涌泉、肾俞、中脘，每次取 4 穴与主穴相配；耳聋加听宫，流涎加承浆、廉泉，多痰加天突、丰隆。

(五)其他　针对患者情况做生活能力训练，练习穿针、左手用筷、涂鸦及语言训练等。

四、生活提示

1.加强营养，吃富蛋白质、维生素饮食，参考臂丛神经痛一节；

2.苯丙酮病患者尽早吃专用饮食，碘缺乏者及时补碘，常吃海带、海鱼，有条件者还可服用鱼油丸；

3.增加磷脂摄入量，适当吃一些动物脑、蛋，可多吃黄豆、虾米、鱿鱼、腐竹等；

4.常吃西瓜子、南瓜子、核桃、芝麻、蜂蜜、金针菇、山药、苹果、大枣等益智食品；

5.鼓励参加集体活动和康复训练。

第十一章 外科、皮肤科疾病

第一节 扭挫伤

一、概述

扭挫伤是常见的肢体伤害，为身体的局部在受外力作用下扭转、牵拉、碰撞等所致的肌肉、韧带、肌腱、血管、皮肤等软组织损伤，以致受伤局部出现疼痛、肿胀、内出血及关节活动受限等临床表现，但无骨折、脱臼等骨关节损伤者。常见于体力劳动、体育竞技、跌仆、持重物、剧烈活动、某些游乐活动及交通事故等。病理变化为局部小血管、淋巴管破裂，引起受伤局部内出血、血肿、关节内积血，局部肌腱、韧带因撕裂而出现反应性肿胀。

二、临床表现

损伤初期有局部疼痛、肿胀，皮肤有青紫色瘀斑。轻者肿胀不明显，仅有压痛，重者可呈红肿鼓包。若位于关节及周围则活动受限。随着时间推延，轻者局部皮色由青紫转为黄色，疼痛渐轻，原有肿胀逐渐消退。若治疗不及时，特别是重伤者可逐渐引起肌肉挛缩、关节僵硬而影响活动，有些人有持续轻度肿胀、疼痛。

三、治疗

(一)损伤初期：止血、消肿、止痛，可局部冷敷以减少渗出。急性肿痛消退后以加强血液循环，促进渗出物吸收和损伤组织恢复为主，如有功能障碍则逐渐进行功能恢复训练。

(二)对症治疗：有筋腱断裂应作手术缝合和固定治疗，较大血肿在 2-3 天内抽出积血。

(三)自我按摩

1.常规按摩　损伤初期不作局部按摩及活动。康复期间开始作适当按摩及活动。局部用按揉、摩等方法，擦病处上部及下部经脉，病伤部主动活动(由小幅度开始)，颈肩手等部位可作指端互掐，掌擦手背；腰以下部位可作指掐膝周，按揉内外踝，指掐趾端，膝腓擦，足腿擦，足底足背擦，按揉足外踝周围(昆仑、绝骨、申脉等)，以促进康复。

2.全息按摩　耳部：颈扭伤(1颈)，腰扭伤(2臀，3腰椎，4热穴，)，5腰痛,6肾；手部：肩上肢(1扭伤1),2腰椎,3肩,4肘,5腰腿,6腰痛区,7前头点，8小节，9扭伤2；足部：1臀,2肩,3肘,4膝,5坐骨神经，6髋关节。

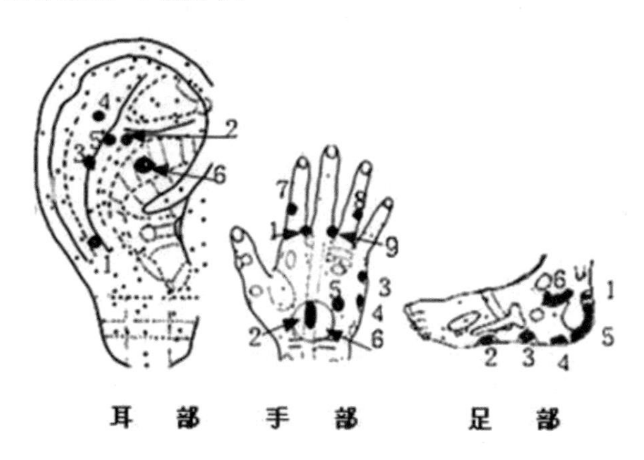

(四)穴位按摩　急性期损伤部位不作按摩。急性期后，局部用梅花针，病伤局部周围取穴以轻揉手法，由重复数次(5-10遍)开始，逐日增长时间至每穴1-2分钟，以患者耐受为度。按不同受伤部位取穴：1)颈部：大椎、风池、肩井、后溪、合谷；2)肩部：肩髃、曲垣、肩髎、肩贞、巨骨、二间、合谷、外关；3)肘部：曲池、肘髎、小海、天井、外关、手三里；4)腕部：阳池、阳溪、合谷、曲池、外关、手三里；5)腰部：肾俞、腰阳关、志室、八髎、委中、水沟；6)髋部：环跳、秩边、志室、承扶、阳陵泉、绝骨；7)尾骨：八髎、秩边、腰俞、委中、承山、绝骨；8)膝部：膝眼、梁丘、足阳关、阳陵泉、阴陵泉、绝骨；9)足踝：解溪、太冲、昆仑、丘墟、太溪、绝骨，如某穴位位于病伤处则该穴暂不按摩。

(五)其他　针灸，理疗：根据不同伤情对受伤局部进行。

四、生活提示

1.早期保持功能位；

2.若作外科手术，拆除固定物后应进行活动，作功能锻炼；

3.反复扭伤者应注意局部关节保护，如膝部可用护膝，踝部可穿包帮鞋。

第二节 急性乳腺炎 附：乳房肿痛

一、概述

本病中医称乳痈，为外科常见的疾病。多见于初产妇产后三周左右，为乳腺被细菌感染所致，以乳房出现急性红肿热痛，甚而化脓破溃为主要表现的急性化脓性疾病。其致病菌主要为金黄色葡萄球菌，次为白色葡萄球菌及大肠杆菌。乳汁为营养丰富易被细菌污染且适于细菌生长的乳腺分泌液。当乳头或乳晕的薄弱皮肤受损伤时，细菌易从破损处侵入，经淋巴管侵入腺间质繁殖，或进入乳腺小管在乳腺小叶内繁殖。特别是积在乳腺内较久的乳汁更易分解，有助于细菌繁殖，形成乳腺局部炎症。因此妊娠及哺乳期妇女特别应注意做好防范。

二、临床表现

本病临床表现为乳房局部红肿热痛，往往并有寒战、发烧、头痛、关节疼、胸闷、恶心、呕吐、心烦、口渴等全身症状，一般分为三期。

1，早期(瘀乳期)：排乳不畅且乳房出现边界不清楚肿块，局部稍红肿有肿痛感，或有血管搏动性痛，同时可有发热、恶寒等全身症状。为感染初期局部乳汁郁积或循环不畅的早期乳腺炎；

2.浸润期：炎症继续发展，局部肿块增大呈跳动性痛与压痛，肤色潮红，高热不退，可有腋下淋巴结肿大；

3.脓肿期：炎症局限化成脓肿，硬块中央变软且触时有浮动感，宜切开排脓。

三、治疗

(一)分期治疗：早期以疏通乳汁，消除肿块，抗菌。消炎为主，可采用针灸、按摩协助病情控制；浸润期则以防止炎症蔓延，使其局限化，同时作对症处理以减轻症状，抗菌消炎控制菌血症；脓肿期则以手术排脓为主。

(二)自我按摩

1.常规按摩　用于早期疏通乳汁，在乳房肿块局部按摩，由基部向乳头边按边排乳。手法先轻摩，后用手指作揉法，力度由轻而重至硬块变软为止，适用于早期。已到浸润期则不作自我按摩。可选择推胸正中带，按揉膻中，擦胁，拿肩井，摩腹，拳抹肋缘，掐合谷、少泽，耙理脊背，擦小腿外侧等，以配合临床治疗。

2.全息按摩　耳部：1乳腺，2胸,3肾上腺，4枕，5肩，6肝；手部：1胸肋,2乳腺,3肩,4上身淋巴腺；足部：1胸,乳腺,2胸部淋巴腺，3肩,,4上身淋巴腺。

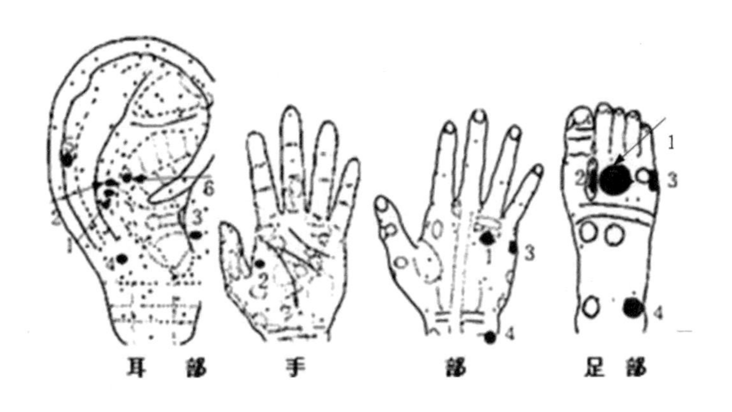

(三)穴位按摩　每穴指掐1-2分钟，每日1-2次。常用穴：乳根、膻中、期门、合谷、肩井、尺泽、太冲，发热加曲池、大椎，恶心、呕吐、胸闷加内关、中脘、足三里，局部肿甚加足临泣、少泽。

(四)预防　平时注意保持乳头清洁，哺乳后清洗乳头，并挤出少量乳汁弃去，再用酒精棉球擦干净。

附：乳房痛

为乳房局部无明显肿块的疼痛且无发热、恶寒等炎性反应，为乳汁过多、乳房神经痛、外伤、内分泌等因素所致。一般存在时间较久，治疗以镇痛为主。穴位按摩：乳根、期门、膺窗、膻中、天池、少海，用按揉或掐法。非穴位按摩：同侧手托起乳房(或卧位)对侧手从乳房基部向乳头方向轻摩三十遍，再稍用力摩三十遍，改揉法用手指由四周向乳头方向揉三十遍，捏拿三十遍。平时注意保持乳房清洁，乳汁胀满时应予以排出，警惕继发急性乳腺炎。

四、生活提示

1.妊娠末期注意清洁乳头，可擦75%酒精消毒；

2.哺乳后排空存乳；

3.乳头皮肤破损及时治疗；

4.婴儿定时哺乳，不让孩子含乳头睡觉；

5.及早治疗婴儿口腔炎症。

第三节 阑尾炎

一、概述

阑尾炎中医学称肠痈、缩脚小肠痈，为大肠杆菌等化脓性细菌侵袭阑尾，或宿便、异物嵌入阑尾不得出，或盆腔内其他炎症波及阑尾等原因所致。也有因饮食不节、暴饮暴食或饭后剧烈活动而诱发。急性阑尾炎发病急，处理不当可发生穿孔、坏死、局限性腹膜炎甚至弥漫性腹膜炎，也有因保守治疗不彻底而转成慢性阑尾炎。因此，在手术适应证范围内，初发的急性阑尾炎还是以手术治疗为好。

二、临床表现

急性阑尾炎：初起为脐周或中上腹痛，后移至右下腹呈固定位置疼痛。局部腹壁肌紧张、压痛、伸右腿而痛加剧。可有阵发性疼痛加剧、高热恶寒或有恶心呕吐，尿短赤，苔腻脉洪数。

慢性阑尾炎：症状不及急性剧烈，但可反复发作。多为间歇性右下腹轻度疼痛或持续性隐痛或不适感，行走、活动或站立过久症状加重，右下腹阑尾点有压痛。有些患者上腹部不适或痛，或有消化不良，或有痉挛性便秘等。

三、治疗

(一)急性阑尾炎有条件者尽可能手术治疗。

(二)针灸或中药或抗感染药物治疗非手术适应证的病人。

(三)自我按摩

1.常规按摩　用于慢性阑尾炎。掐右髂前上棘，指揉右腹股沟中点，擦腰骶，耙理腰骶，擦腰，按揉耻骨联合区，拿大腿内侧，擦曲池一合谷，擦小腿外侧，擦小腿内侧。

2.全息按摩　耳部：1 阑尾 1，2 阑尾 2， 3 阑尾 3， 4 大肠，5 小肠，6 交感，7 神门；手部：1 大肠，2 小肠，3 胃， 4 小腸区， 5 前头点；足部，1 阑尾，2 大肠，3 小肠，4 胃。

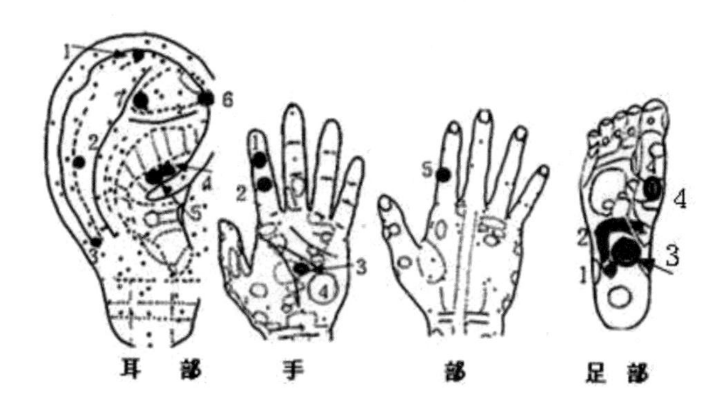

(四)穴位按摩　辅助治疗，用于早期未化脓者和症状较轻的慢性阑尾炎，配合抗感染治疗。若控制效果不好仍应选择外科手术治疗。每穴掐 1 分钟，每日 1-2 次。主穴：1)天枢、髂翼内、阑尾、上巨虚、足三里、骶部压痛点、合谷，发热加曲池、内庭，呕吐加内关、上脘，腹胀加气海，便秘加阳陵泉、腹结。用于未化脓的急性阑尾炎；2)天枢、腹结、水道、髂翼内、阴陵泉、三阴交、冲门、阑尾，用于慢性阑尾炎，每穴按揉 1 分钟，每日 1-2 次。

四、生活提示

1.注意饮食卫生，饭后休息；

2.保守治疗症状消失后持续治疗 1 周；

3.发作期间吃易消化食物如流食或软食，不吃刺激性食物如辣椒；

4.如保守治疗效果不好应手术治疗。

第四节 痔

一、概述

痔又称“痔疮”，是成年人极为常见的疾病。为直肠下部粘膜及肛管部位的痔环(痔带)处，静脉曲张形成的静脉团。“痔环”位于直肠下端的肠粘膜与皮肤交界处，在此以上所形成的痔为内痔，位于直肠粘膜内；以下则称外痔，位于皮肤下。有些人在此线上下部都有痔，则称为混合痔。形成痔的原因为直肠静脉丛血压增高及静脉血管壁薄弱，在血液压力作用下血管曲张而成痔。经常便秘、妊娠、肝硬化、盆腔肿瘤、长时间站立、久坐不活动、经常负重，以及慢性心肺功能较差时，都易发生直肠静脉丛血压上升。营养不良、衰弱或先天性血管壁薄弱，对血压抗力减低，促进了痔的形成。静止时轻痔可无明显症状。有时可在大便时感到肛门不适、疼痛或大便表面带血。外痔位于肛门口易于发现，小者如樱桃，可逐渐增大并有肛门刺痛感，当发生炎症和血栓时有强烈胀痛；内痔一般易出血，大便干燥时可导致痔破裂出血、疼痛，若经常有较多出血可导致贫血。

三、治疗

(一)中西医结合治疗：严重者西医可行手术治疗，中医外治效果也较好。

(二)针灸，理疗。

(三)自我按摩

1.常规按摩　按揉百会，摩脐周，按揉肛门五点，擦腰骶部，耙理腰骶，掌根互擦，擦小腿外侧，擦小腿内侧等。轻症无出血者可按揉肛周四点(长强、会阴和肛门左右两点)，擦小腿外侧，擦小腿内侧。

2，全息按摩　耳部：1 肛门, 2 大肠, 3 直肠, 4 直肠下段, 5 痔核点, 6 脾；手部：1 肛痔, 2 肛门 1 , 3 肛门 2 , 4 脾, 5 会阴；足部：1 肛门, 2 直肠, 3 大肠， 4 脾。

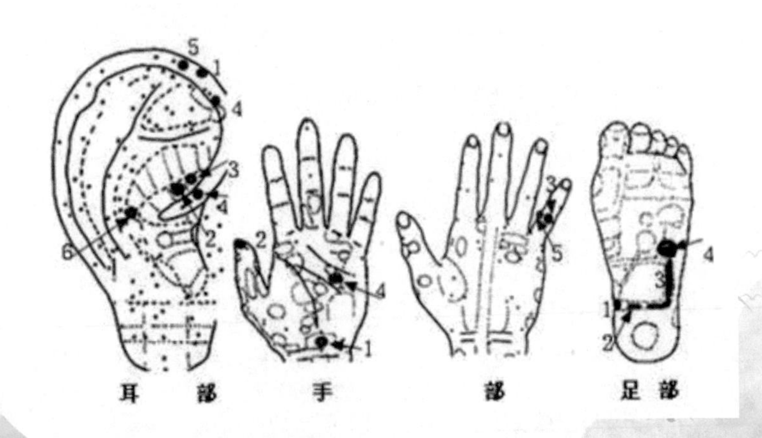

耳　部　　手　　部　　足部

(四)穴位按摩　对病情较轻者可作为辅助疗法，通常以按揉或掐法，每穴 1-2 分钟，每日二次(其中 1 次在大便后作)。主穴：长强、腰阳关、八髎、承山、会阴、二白，出血多或脱肛加腰俞、百会。

四、生活提示

1.排便时尽量少用腹压,可用“导便法”促排便,大便后缩提肛门六十次；

2.预防便秘，保持大便通畅，多吃蔬菜，不饮酒，不吃辛辣等刺激性及易上火食物；

3.加强营养；

4.久坐或长期站立工作者，工作期间适当活动；

5.夜间入睡前热水坐浴；

6.积极治疗慢性咳嗽。

第五节 直肠脱垂

一、概述

本病又称脱肛，指直肠壁或粘膜向远部肠腔内翻、套迭，并脱出于肛门外。多见于年老、久病体弱、幼儿及严重痔疮患者。中医学认为是，气虚中气下陷阳气不足，因而固摄无力，肠脱不能收，或因多食辛燥酒辣食物而蕴湿生热，以致湿热下坠而致。根据临床表现可分为肠壁粘膜脱垂和直肠完全脱垂两类。粘膜脱垂为直肠粘膜下层组织松弛，或肛管括约肌松弛；直肠完全脱垂可能为盆腔底部解剖缺陷，或盆底肌张力弱，或长期腹压过高等原因所致。

二、临床表现

初起时仅在排便时有肠粘膜出于肛门外，便后可自行缩回。以后发展成需用手送回，重者直肠脱出排便困难，不但排便时脱出，平时在腹压增加如咳嗽、喷嚏时也可脱出。粘膜因久受刺激而色紫变厚，分泌血性粘液，自觉胀坠不适。同时可有疲乏无力、心悸头晕、食少便稀等虚证表现；有时呈现肛门灼热肿痛便意频急，面红身热，腹胀便秘，小便短赤，舌红苔黄腻的实证表现，常有炎症存在。

三、治疗

(一)中西医结合治疗，必要时作手术治疗，炎症时及时抗感染。

(二)理疗，针灸。

(三)自我按摩

1.常规按摩　按揉百会，摩脐周，按揉肛门五点，擦腰骶，耙理腰骶，膝腓擦，擦股内侧，双手掌根互擦，擦小腿外侧，擦小腿内侧等。

2.全息按摩　耳部：1 肛门, 2 大肠, 3 直肠, 4 直肠下段, 5 皮质下, 6 脾；手部：1 肛痔，2 肛门 1 , 3 肛门 2 , 4 脾, 5 会阴，6 大肠；足部：1 肛门, 2 直肠, 3 大肠，4 脾。

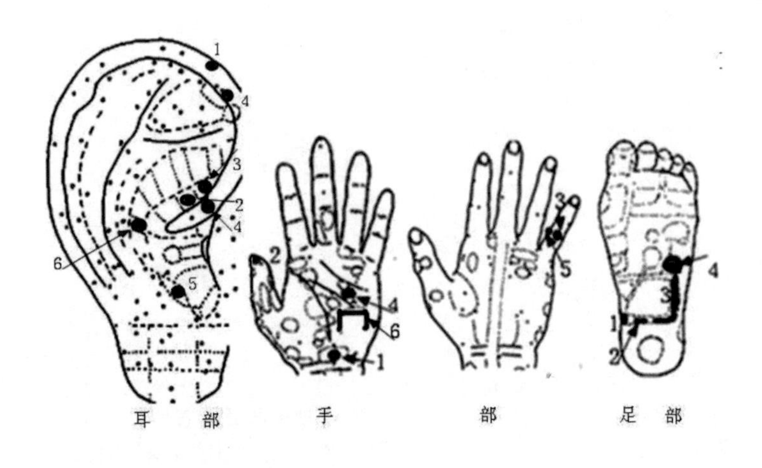

(四)穴位按摩　为辅助治疗，每穴按揉 1-2 分钟，1 日 2 次(大便后作 1 次)。主穴：长强、会阴、大肠俞、承山、百会、腰阳关，虚证加揉关元、肾俞、足三里；实证用掐法并加曲池、秩边、阴陵泉。

(五)其他　保持肛门清洁预防感染，脱肛重症难以收回及心慌、气短、出冷汗等，必须专业医生救治，不属自我按摩范围。

四、生活提示

1.有慢性腹泻或慢性咳嗽者应积极治疗；

2.加强营养防便秘，适当吃一些多纤维蔬菜及香蕉；

3.不饮酒，不吃辛辣食物及调料；

4.多休息，减轻腹压,排便时试用导便法；

5.排便后立即复位，清洁局部，防继发感染。

第六节 泌尿系结石

一、概述

泌尿系结石包括肾、输尿管、膀胱或尿道结石，其原发结石多来自肾脏。较小的肾结石经尿液冲刷可由肾盂向下沿输尿管、膀胱和尿道排出。在沿途停顿则可成为输尿管结石、膀胱结石或尿道结石(少数结石可源于膀胱)。结石在膀胱停留过久则可继续增大。泌尿系结石发病率较高，可有地区性高发现象，一般男性较女性多发。引起结石发病原因复杂，可能与代谢失调、尿路感染、泌尿系局部畸形、梗阻、肾多囊症等疾病有关。肾和输尿管结石还能导致肾盂积水或继发感染。尿道结石可使排尿困难甚而引发急性尿潴留。

二、临床表现

临床症状往往因结石存在部位而异。早期较小结石可能无症状而存在多年。随着结石增大而出现肾区钝痛，发作时为突发性肾绞痛，可沿输尿管方向放射到阴部或大腿内侧。结石运动过程可损伤尿路而发生不同程度血尿。小的结石也可能仅有血尿而无典型疼痛。当结石下行近膀胱处时可有膀胱刺激症，呈现尿频、尿急、尿痛。在膀胱和尿道，结石也可划伤粘膜而引起出血，表现为终末血尿。同时，耻骨或会阴及尿道钝痛或剧痛，尿频急，且排尿困难或尿中断等。

三、治疗

(一)较大难以自行排出的结石应由专科医生处理，通过手术或碎石治疗。

(二)理疗，针灸，中药排石。

(三)自我按摩

1.常规按摩　推腹中带，摩小腹，擦腹股沟，指揉腹股沟中点，按揉耻骨联合区，擦腰骶，擦股内侧，耙理腰骶，擦小腿外侧，擦小腿内侧等。

2.全息按摩　耳部：1 肾, 2 输尿管, 3 膀胱, 4 尿道, 5 神门, 6 交感, 7 皮质下；手部：1 肾, 2 输尿管, 3 膀胱, 4 神门；足部：1 肾, 2 膀胱, 3 输尿管。

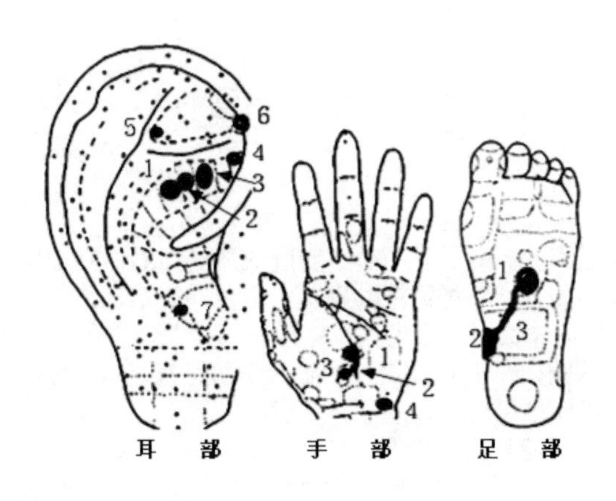

(四)穴位按摩　辅助治疗及排石后预防再发。每穴掐 1-2 分钟，每日 1-2 次。主穴：肾俞、中极、石门、关元、足三里、膀胱俞、阴陵泉、三阴交、上巨虚。肾结石加京门、腹结、大横，发烧加合谷、曲池，尿血加血海，预防再发用按揉。

四、生活提示

1.多饮水结合运动，体质好者可蹦跳以协助排石；

2.少吃含钙高(牛奶、虾米、巧克力等)、草酸高(菠菜、蕃茄、咖啡、浓茶等)及动物内脏(含嘌呤高)等食物；可选一些有利于草酸盐及尿酸盐排出的果菜如柠檬、梨、苹果、冬瓜、土豆、白萝卜等,如为磷酸盐结石则可适当多用一些醋；

3.睡前及半夜适当饮水以减少结石形成。

第七节 落枕

一、概述

落枕又称失颈、失枕，为睡眠时姿势不当、枕头不合适或遇风寒等原因所致。一觉醒来，突然感到颈部酸痛头部活动不便。轻者约经3-5 天而愈，重者可迁延较久，甚至病痛加重。也有人在转头时不慎扭伤，或举重时不慎致颈部肌肉受伤，或头部固定身体突然前倾致颈部疼痛加剧，本病常反复发生。

二、临床表现

多数为觉醒后突然发觉一侧颈项或两侧酸痛，颈项强直不能抬头、低头及左右转动，动则疼痛加剧。疼痛为牵扯状，涉及背、肩、上臂。颈部肌肉呈轻度强直性痉挛，有些患者头可偏向健侧。检查病处可有压痛但无红肿，头部枕骨下侧方可有压痛点，有时在疼痛部位可摸到条状物。部分患者可同时见到头痛、发热等外感症状。

三、治疗

(一)理疗，针灸，按摩。

(二)自我按摩

1.常规按摩　摩患处，擦頸椎，按揉頸側，拿肩井及颈部肌肉，拿风池到大椎，擦风府到肩井，拿胸锁乳突肌，掌擦手背，指端互掐，耙理脊背，揉压痛点及局部条状物等。要求颈部放松，并缓缓作头部左右转动或仰俯活动；可配合穴位按摩，按揉落枕、前谷、后溪等穴。

2．全息按摩　耳部：1 枕, 2 颈椎, 3 肩；手部：1 颈椎, 2 落枕, 3 颈, 4 扭伤 1， 5 肩；足部, 1 斜方肌, 2 颈项, 3 肩。

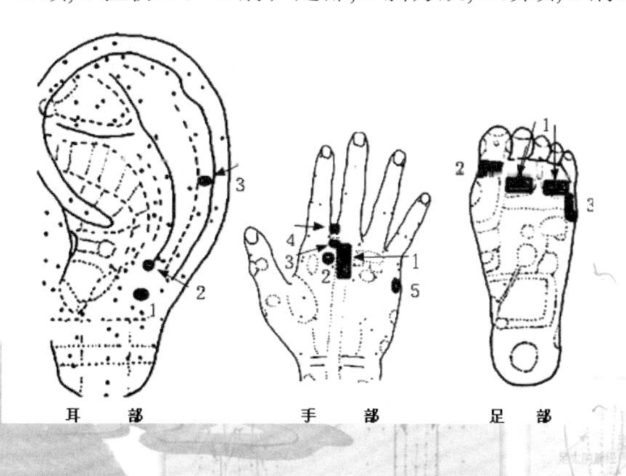

(三)穴位按摩　每穴 1-2 分钟，每日 2 次，用掐法作强刺激。取患侧穴：落枕、前谷、绝骨、大椎、天柱、肩井、阿是、后溪，同时作头部旋转活动，头痛发热加风池、外关，俯仰受限加昆仑、申脉，左右旋转困难加支正、中渚、关冲。

(四)其他　调整睡眠姿势及枕头位置，局部热疗。

四、生活提示

1.挑选合适枕头，注意睡眠姿势；

2.头颈部要防风寒侵袭；

3.颈部不作突发性活动。

第八节 带状疱疹

一、概述

本病又名蛇串疮、缠腰火丹、缠腰蛇疮、蜘蛛疱等。为一种病毒性疾病，常发生一侧躯体、颜面，沿皮神经走行分布。通常在身体抵抗力下降时如高烧、流感、疟疾、营养不良、年老体弱等易发。一般多发于春季。常为单房或多房成群的水疱伴真皮浅层水肿和炎症性红斑。病程可迁延数周。

二、临床表现

发病前 1-3 天可有局部皮肤呈条带状瘙痒、刺痛或灼热感。一般儿童较轻，年老体弱者则疼痛剧烈，并持续存在且可扩大到水疱区之外。其持续时间可在水疱消失之后达数月以上。多数人皮损先为带片状或椭园形红斑，随后数小时出现绿豆到黄豆大的成群水疱如串珠，排列一处或多处成带状，每群之间可有正常皮肤。水疱初期透明如珠，数日后变浊，严重者可出血成血疱或有坏死。轻者可仅有刺痛或皮肤潮红不出现水疱。出现典型水疱处逐渐吸收结痂。常单侧发生，一般不超过身体中轴线。有时也发生于颜面、大腿内侧。发生于面部时疼痛剧烈，常有局部淋巴结肿大。除皮损外，可有低热、疲乏无力、食欲差等全身症状。

三、治疗

(一)理疗，中药，针灸。

(二)自我按摩

1.常规按摩　对病损周围健康区及神经干上部先用梅花针，再作指掐，扒理相应病带的腰背神经节段，发生于躯体作耙理脊椎，头面部及胸部以上作耙理脊背和颈椎，小腹及大腿内侧，作耙理腰骶、擦腰骶；配合穴位按摩作内关、支沟、曲池、大椎、太冲、足三里等。

2，全息按摩　耳部：1 神门, 2 内分泌, 3 大肠, 4 枕, 5 肾上腺, 6 肺；手部：1 肺, 2 肾上腺, 3 脾, 4 大肠；足部：1 肺, 2 肾上腺, 3 脾, 4 大肠。

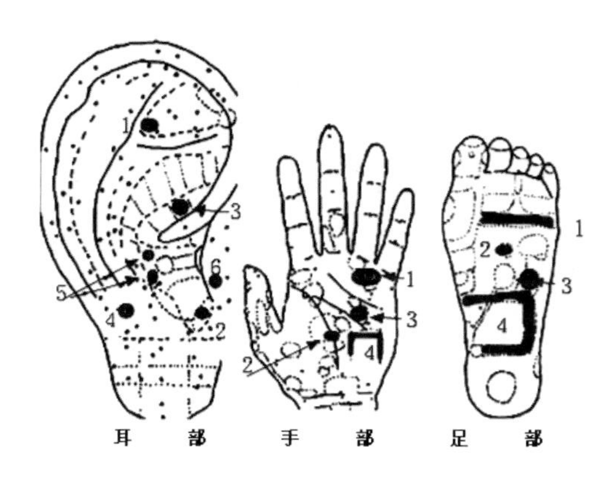

(三)穴位按摩　辅助治疗，用掐法，每穴 1-2 分钟，每日 1-2 次。主穴：内关、支沟、曲池、大椎、太冲、足三里、阳陵泉。发于面部加合谷。

四、生活提示

1.预防病部感染，不要弄破水疱；

2.加强营养，吃富蛋白质、维生素 B 族饮食；

3.生活规律，防止疲劳。

第九节 冻疮

一、概述

本病是北方地区冬季常见病，为低温导致局部组织损伤。各年龄组都可发生，年幼、体弱及老年人更易发生。冬季低温局部潮湿，或服装御寒不良，或长时间在寒冷处静止不动等情况下，寒冷刺激皮肤感受器，引起局部血管反射性收缩，导致组织血流减少，发生营养障碍，引起组织细胞损伤，表皮与真皮间组织液渗出成水疱，同时皮肤附属器毛囊、皮脂腺、汗腺发生萎缩、变形，严重者局部组织细胞坏死。冻疮多发部位为人体肢端及暴露部位，如手、足、耳、鼻、面颊等处。预防的根本在于冬季对手、足、耳等保暖。

二、临床表现

一般可分为三期。

1.早期(前驱期)：局部由冷感变疼痛至麻木，肤色苍白；

2.炎症期：按冻伤程度表现不同，一般分 3 度。1 度(轻度，红斑级)，自觉灼痛或痒可逐渐消失，局部皮肤充血红肿；2 度(中度，发疱级)，局部剧烈疼痛，在红肿的皮肤上出现大小不等的水疱；3 度(重度，坏死级)，局部感觉消失，皮色发紫，出现血疱、破溃、局部溃烂，重者可深达筋骨；

3.恢复期：轻、中度患者常恢复原状，也可遗留局部僵硬、疼痛等症状。重度患者常留有疤痕及感觉过敏、疼痛等。合并感染者可有寒战、高烧等全身症状。

三、治疗

(一)治疗按照冻伤不同时期而异。

1.早期：先将患肢浸于 18-20℃凉水中，并按揉局部，在 20-30 分钟内逐渐提高水温到 30-35℃，再浸约 30 分钟。此期持续进行按摩，擦干皮肤后，用鲜姜或 70%酒精擦摩局部及邻近部位。切忌立即接触热水；

2.炎症期：理疗，针灸，抗感染，穴位按摩用按揉法，每穴 1-2 分钟。手部冻伤取合谷、曲池及病灶邻近穴位，足部冻伤取足三里、三阴交、昆仑及病灶邻近穴，每日 1-2 次；

3.恢复期：同炎症期。

(二)自我按摩

1.常规按摩　适用于轻度患者的辅助治疗，擦患肢病损以上部位至皮肤发红。康复期可作自我按摩，以配合治疗。上肢冻伤可作掌擦手背，按揉合谷、曲池；下肢作，足底足背擦(有水泡不作)，擦小腿外侧，擦小腿内侧，按揉足三里、三阴交等。中度以上者，冻伤局部不作按摩。亦可配合耳穴按摩。

2.全息按摩　耳部：1 外耳，2 热穴, 3 肾上腺, 4 脾, 5 神门, 6 枕，7 内分泌, 8 交感；手部：1 肾上腺, 2 脾, 3 神门, 4 颈椎， 5 心区, 6 肝区, 7 肾；足部：1 肾上腺, 2 脾, 3 颈项, 4 肾, 5 耳， 6 心区。

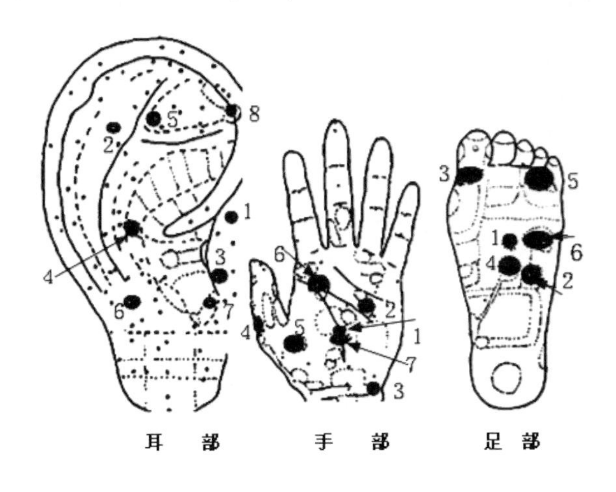

四、生活提示

1.寒冷季节外出注意保暖，防潮湿；

2.冻疮局部防感染，出现水疱不要弄破；

3.抬高患肢，改善局部循环；

4.常患冻疮者入冬前应坚持用冷水洗手足并摩擦肢端至有热感。

第十节 桡骨茎突狭窄性腱鞘炎

一、概述

本病是一种常见病，为拇短伸肌和拇长展肌的腱鞘炎。为常过度使用拇指及腕部，使肌腱和腱鞘摩擦致腱鞘水肿、纤维化导致腱鞘狭窄的一种损伤性腱鞘炎。多见于持续使用外展拇指工作如洗衣、抱小孩、体操运动、刻字等工作者。此外，这两肌肉的肌腱同时穿过底面不平且狭窄的桡骨茎突部腱沟，肌腱被束缚于狭窄而坚硬的鞘内，也是容易引起发病的又一个原因。

二、临床表现

多数病人起病缓慢，但也有一次用力过度而发病者。患者可感到大拇指根部和桡骨茎突外侧疼痛，且逐渐加重并有轻度肿胀，呈条状压痛区。疼痛除桡骨茎突部位外还可放射到前臂。同时拇指活动无力，拇指内收握拳并向尺侧倾斜时桡骨茎突处可有剧痛。重者可因腱鞘壁肥厚狭窄使拇指固定于外展位而导致运动障碍。病变区常可触及豆大的硬结节，部分患者有局部微红肿、微热，桡骨茎突与第一掌骨基底部间有压痛点。检查时以拇指曲屈，握于掌心并向尺侧屈曲，在桡骨茎突处有剧痛为阳性。

三、治疗

(一)理疗，针灸，中药热敷，必要时行外科手术。

(二)自我按摩

1.常规按摩

(1)患肢旋前位，用健侧手拇指和另 4 指在患肢手腕、前臂反复推揉；(2)患手转为旋后位，健侧手拇指和另 4 指相对，先轻后重，擦患侧手腕至肘部；(3)捏患肢前臂肌肉；令患手腕作前后旋转及两侧摆动，健侧手同时在腕部按揉；(4)以健手握拳，患侧手在拳背上擦前臂下段至鱼际；(5)拇指腹在桡骨茎突及其周围按揉。按摩同時患手同时作旋转及两侧摆动动作。

2.全息按摩　耳部：1 肘, 2 腕，3 指, 4 肩；手部, 1 永红, 2 红阳, 3 红工，4 肩，5 阳溪，6 肘；足部, 1 肩, 2 肘, 3 颈椎。

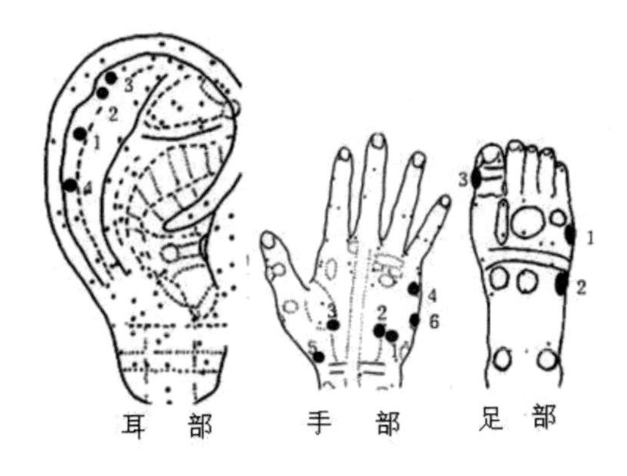

(三)穴位按摩 每穴按揉 1-2 分钟，每日 1-2 次。主穴：压痛点、阳溪、太渊、列缺、合谷。

(四)其他 每日热疗一次。长期治疗无效应考虑外科松解术。

四、生活提示

1.患手休息；

2.避免寒冷刺激；

3.日常生活中防止手过度疲劳。

第十一节 神经性皮炎

一、概述

本病为常见皮肤病，中医学称“牛皮癣”，又因多发于颈项部位，又称“摄领疮”。为一种有剧烈瘙痒感的慢性皮炎。患者多伴有中枢神经系统功能障碍如头痛、失眠、疲乏、心悸、焦虑等，且与本病发生、发展有一定关系。基本病理改变为表皮角化不全、角化过度，棘细胞层肥厚和细胞内及细胞间水肿，真皮层水肿、毛细血管扩张及淋巴细胞浸润。多发于胃肠道疾病、内分泌病、痔、酒精中毒、更年期。女性多于男性，可并发化脓性皮肤感染。

二、临床表现

本病分为局限型及播散型两型。局限型：初为局部皮肤瘙痒，夜间尤重。随后逐渐出现豆粒或粟粒大小扁平不规则形状的淡褐、蔷薇色丘疹。其表面可有糠秕状鳞屑，局部及邻近皮色加深。病损常融合成片，皮肤增厚且皮纹增深成苔癣样变。好发于颈项、大腿内侧、阴部、肘膝等部位，病损界限明显。播散型则好发于四肢和全身，病灶周围有孤立或成簇丘疹。

三、治疗

(一)皮肤科外用药，内服止痒药，有感染者应抗感染。

(二)中药口服及洗药,理疗，针灸。

(三)自我按摩

1.常规按摩　局限型在病灶周围健康区取上下左右 4 点作掐法，拇指擦耳背，擦曲池一合谷，擦小腿外侧，擦小腿内侧。

2.全息按摩　耳部：1 肾上腺，2 肺 3 内分泌，4 枕，5 大肠，6 神门，7 镇静，8 肺平，9 下肢，1 0 止痒三背；手部：1 肾上腺，2 肺，3 内分泌, 4 心穴，5 脾；足部：1 肾上腺，2 肺，3 脾, 4 心区。

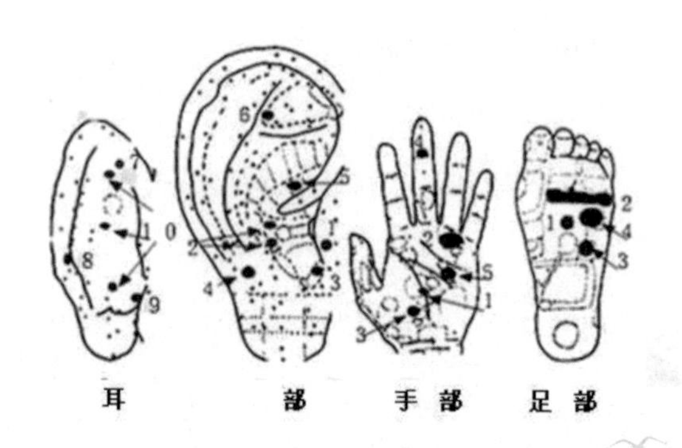

(四)穴位按摩　辅助疗法，每穴掐 1-2 分钟，一日 2 次。主穴：曲池、血海、足三里、大椎、神门、合谷、三阴交。

(五)其他　艾灸，梅花针。

四、生活提示

1.生活规律，按时作息，心态平和；

2.戒烟、戒酒，不吃刺激性食物如辣椒，多吃新鲜蔬菜水果，增加维生素 A 摄入，可常吃胡萝卜、肝等；

3.不吃易引起过敏的食物如鱼、虾、蟹、牛奶等；

4.病灶防继发感染，尽量不要抓破。

第十二节 皮肤瘙痒症

一、概述

皮肤瘙痒症简称瘙痒症，中医学称为风瘙痒，为一种皮肤神经官能症。主要症状为瘙痒并无原发性病变。一般分全身及局部两种，局限性者以阴部和肛门周围为主称外阴瘙痒症、肛门瘙痒症。中医学将本病分为两型，其中风热血热型多见于年轻者，血虚肝旺型则以老年人多见。老年人瘙痒又称老年瘙痒症。瘙痒病因及机理复杂，涉及肝肾疾病，代谢病如糖尿病，肿瘤，胃肠疾病，寄生虫，妇科病如阴道滴虫、过敏等。神经机能障碍和精神紧张与发病也有一定关系。只有原因明确并加以控制才能有效控制其发作。长期反复发作可因抓伤而发生多种继发病变如抓痕、结痂、皮肤感染、色素沉着及湿疹样改变。

二、临床表现

主要表现为皮肤阵发性痒，尤以夜间为剧，可伴有烧灼、蚁行感等。发作快消失慢，常影响睡眠，以致白天精神不振。阴部或肛门瘙痒常令人十分苦恼。精神紧张、衣被过暖或摩擦、寒冷气流、刺激性食品、鱼虾、蟹、烈性酒等都有可能诱发。多次发作成慢性，可在局部出现抓痕、结痂、色素沉着、湿疹样、苔癣样变、脓疱等继发病变。

三、治疗

(一)寻找原因并对因治疗。

(二)对症治疗：止痒、调节神经、抗感染。

(三)自我按摩

1.常规按摩　拇指擦耳背(耳壳背有多个止痒反射区点)，掐风池，擦曲池一合谷，擦股内侧，掐血海，擦小腿外侧，擦小腿内侧。

2.全息按摩　耳部：1 肺平, 2 下肢, 3 镇静，4 交感, 5 肺, 6 肾上腺，7 神门, 8 内分泌, 9 枕, 1 0 蕁蔴疹；手部：1 肺穴, 2 肾上腺, 3 脾, 4 心穴，5 肺，6 神門；足部：1 肺, 2 肾上腺, 3 脾。

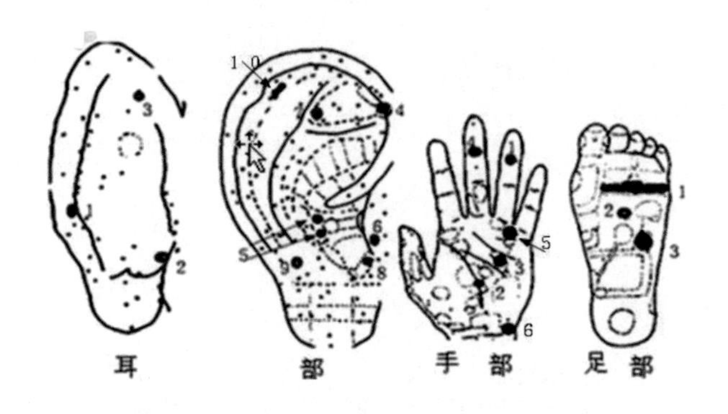

（四）穴位按摩　以穴位按摩为主作为辅助治疗，每穴按揉 2 分钟，每日 1-2 次。主穴：风池(掐)、风市(掐)、血海(掐)、足三里、三阴交、曲池、合谷、神门。阴部瘙痒加掐中极、长强、气冲；肛门瘙痒加掐长强、中极、次髎。

（五）其他　理疗，针灸，中药辨证治疗。

四、生活提示

1.不吃鱼、虾、蟹及辛辣和刺激性食物,戒烟、酒；

2.采用棉制衣被且宜柔软宽松，停用丝毛等动物及化学纤维织品；

3.生活规律，心态平和。

第十二章 生殖系统疾病

第一节 痛经

一、概述

痛经又称月经痛、经行腹痛，是常见妇科病。为女性在月经前后或月经期间下腹部及腰部疼痛，有时较剧烈而难以忍受，且伴随月经周期而发作。一般分原发性和继发性两类。原发性痛经多因子宫发育不良、位置过于前屈或后倾、宫颈狭窄使经血排出不畅，精神紧张及内分泌失调等原因所致，一般在初潮时即有疼痛；继发性痛经多为生殖器官的疾病引起的月经痛，如盆腔炎、子宫肌瘤、子宫内膜异位症(可位于子宫肌层、浆膜、盆腔、腹膜或肠浆膜等)，此类痛经多在初潮以后数年发病。中医学分类尚不一致，分 2-4 种类型。

二、临床表现

一般发生在经前 1-2 天或来潮第一天，以后逐渐减轻乃致消失。也有发于经行并延续至经净，或在月经净后才痛，且有逐年加剧者。有时伴有全身症状如乳房胀痛、恶心、呕吐、腰酸、下腹痛等，且随月经周期变化。

1.气滞型：经行不畅，小腹胀痛，胀连胸胁，泛恶，嗳气，头痛，腰酸，脉弦；

2.血瘀型：小腹硬痛拒按，经血紫暗有血块，血块出，痛减轻或消失，脉多沉滑；

3.虚寒型：月经后痛持续较久，得热而缓，小腹软，喜按，经血量少色淡，头晕心悸苔白腻，脉迟细；

4.虚热型：月经超前，痛在经后且延绵不断，心烦失眠手足热，便秘尿黄苔薄黄，脉细数。前两型属实证，后两型属虚证。

三、治疗

(一)找病因，对因治疗，若宫颈狭窄严重可行宫颈扩张术。

(二)中西医药物治疗,针灸治疗。

(三)自我按摩

1.常规按摩　推腹中带，摩小腹，擦腹股沟，按揉耻骨联合区，擦腰，拿大腿内侧，擦腰骶，耙理腰骶，按揉足跟,足底足背擦，擦小腿外侧，擦小腿内侧等；虚寒加热疗腰骶和小腹二十至三十分钟。

2.全息按摩　耳部：1 下腹, 2 子宫, 3 生殖器, 4 三焦, 5 肝, 6 肾；手部：1 生殖, 2 生殖腺, 3 子宫；足部：1 生殖腺, 2 子宫, 3 肾, 4 垂体，5 下腹，6 生殖器。

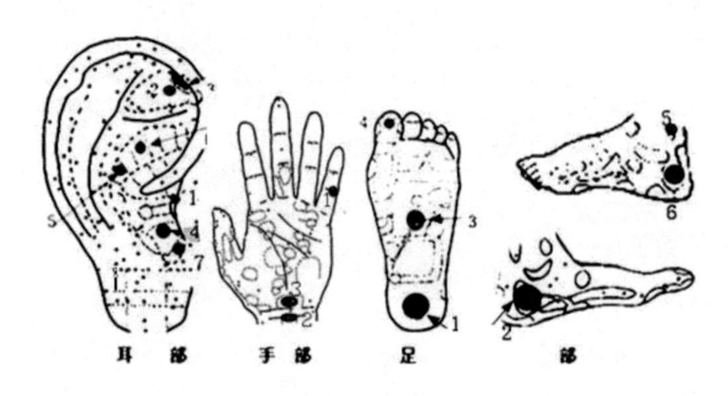

(四)穴位按摩　一般在月经前 2-3 天开始治疗。实证用指掐法，虚证用按揉法。每穴 1-2 分钟，每日 1-2 次。1)气滞：掐中极、气海、中脘、行间、次髎、期门；2)血瘀：掐中极、血海、三阴交、中脘、次髎、行间，揉合谷；3)虚寒：揉肾俞、关元、三阴交、地机、次髎；4)虚热：揉中极、次髎、阴谷，掐少府。腹痛加大赫、气穴，头晕加太溪、合谷。

四、生活提示

1.避免劳累、寒冷、精神刺激；

2.注意经期卫生；

3.不吃生冷、酸涩食物；

4.注意腰骶及腹部保暖防寒；

5.不饮烈性酒，可少量饮葡萄酒、生姜、红糖汤等；

6.小腹部热敷可缓解疼痛。

第二节 闭经

一、概述

闭经又称经闭。正常成年女性应有规律月经，若无怀孕、哺乳等情况，出现 3 个月以上停经者为闭经。一般情况下，闭经分为原发性闭经及继发性闭经两类。原发性闭经，指 18 岁女性尚无月经来潮者。继发性闭经，指曾有月经来潮，在无妊娠、哺乳、生殖器官器质性病变，又未进入绝经期而连续 3 个月以上未有月经来潮的患者。引起闭经原因较多，月经初潮者周期不稳定可有阶段性闭经；生活环境变化、精神刺激、寒冷、哺乳期延长等可致暂时的闭经；某些全身性疾病、营养不良、贫血、内分泌障碍、生殖器畸形、卵巢肿瘤、子宫内膜结核等都可引起继发性闭经。

二、临床表现

在闭经同时，除原发疾病外常伴有不同程度头晕、头痛、失眠、记忆减退、疲乏、恶心、腹胀、腰痛等非特异症状。中医根据其表现分为 3 或 4 型，针灸学则分为 2 型。

1.血枯型：经量逐渐减少及至闭经，头晕目眩疲乏无力，心悸气短形体消瘦，消化不良大便稀溏，面色不荣皮肤干燥，舌淡苔白脉细无力；

2.血滞型：突然停经小腹胀痛，胸闷烦热恶心胃胀，两胁胀痛急燥易怒，大便燥结口干喜饮，舌质暗红脉沉涩数。

三、治疗

(一)查找病因，对因治疗。

(二)中西医药物治疗。

(三)自我按摩

1.常规按摩　推腹中带，摩小腹，擦腹股沟,按揉耻骨联合区，擦腰，按揉足跟，拿大腿内侧，擦腰骶，耙理腰骶，两胁胀痛擦双胁，擦小腿外侧，擦小腿内侧。

2.全息按摩　耳部：1 下腹, 2 子宫, 3 生殖器, 4 三焦, 5 肝, 6 肾，7 内分泌；手部：1 生殖, 2 生殖腺, 3 子宫；足部：1 生殖腺，2 子宫, 3 肾，4 垂体，5 下腹，6 生殖器。

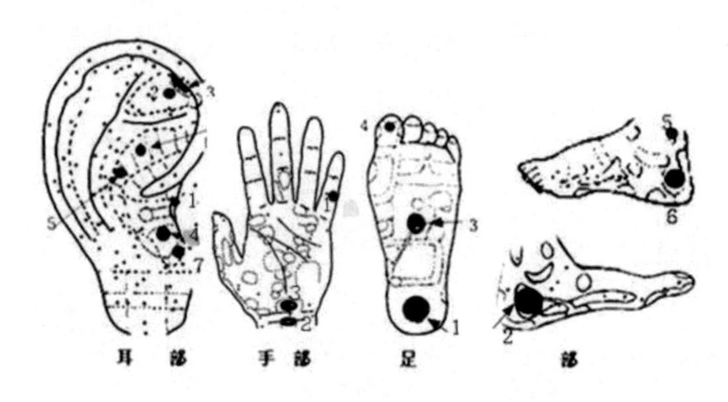

(四)穴位按摩　虚证用按揉，实证用指掐，每穴 1-2 分钟，每日 1-2 次。1)血枯型(虚证)：中极、关元、气海、足三里、三阴交、血海、阴陵泉；2)血滞型(实证)：中极、血海、行间、三阴交、曲泉、合谷(揉)。痰多加丰隆、中脘，胸胁小腹胀满加期门，白带多加次髎。

(五)其他　注意排除早孕，孕妇不作按摩。

四、生活提示

1.生活规律，不劳累，心态平和；

2.体弱阳虚腰酸者可吃羊肉、核桃、韭菜、虾等；

3.一般应吃富蛋白质饮食，多吃新鲜蔬菜水果；

4.不吃寒凉生硬食物。

第三节 缺乳

一、概述

缺乳又称乳少、乳汁缺乏、乳汁不足或乳汁不行等。为分娩以后乳腺分泌乳汁较少，甚至无乳汁分泌，以致新生儿难用母乳喂养。乳

汁分泌不足一般情况下与产生乳汁的原料不足有一定的关系，产妇长期营养不良、贫血、分娩失血过多、胃肠功能不良以及平时体质弱等，致使体内可供泌乳的原料不足，是发生缺乳的主要原因。此外，乳汁分泌受垂体分泌的催乳素控制，垂体活动又受大脑皮层所影响。因此精神因素可影响垂体激素分泌，使催乳素分泌不足而影响乳汁分泌。

二、临床表现

缺乳主要临床表现为产后乳腺分泌乳汁不足，同时伴有一些其他临床表现，中医学将缺乳分为 2 型。

1.气血虚弱型：乳汁少，乳房无胀感，面色苍白精神不振，食少气短大便稀，舌淡苔白脉细弱；

2.肝郁气滞型：乳房胀满乳汁少，胸闷胁痛精神郁抑，腹胀食少常嗳气，易怒便秘或微热，舌苔薄黄脉象弦。

三、治疗

(一)调整饮食，改善营养，放松心情。

(二)中药通乳。

(三)自我按摩

1.常规按摩　推胸正中带，按揉膻中，摩双乳，擦双胁，拿肩井，拳抹肋缘，掐合谷、少泽，摩上腹等。

2.全息按摩　耳部：1 乳腺，2 小肠，3 内分泌，4 皮质下. 5 胸部，6 神门，7 卵巢；手部：1 垂体，2 乳腺，3 胸，4 小肠；足部：1 垂体，2 乳腺胸部，3 小肠。

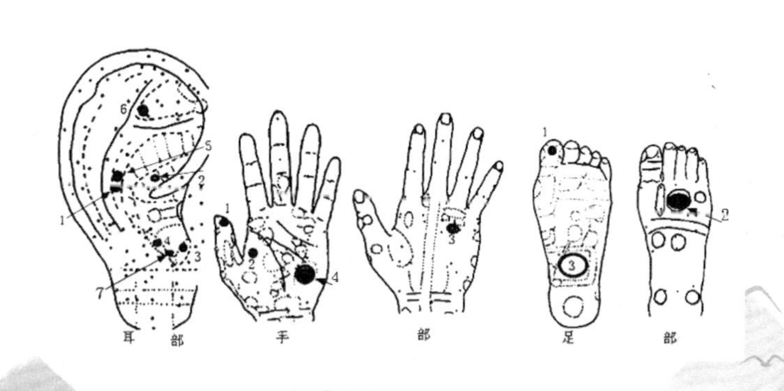

(四)穴位按摩　每穴 1-2 分钟，一日 2 次。主穴：乳根、膻中、少泽、合谷。气血虚弱，用按揉法加气海，食少加足三里、中脘；肝郁气滞，用指掐法加太冲、期门。

四、生活提示

1.注意乳部卫生，如暂时不能给孩子哺乳，在乳房胀时应挤出乳汁以防自行回乳；

2.吃富营养易消化的食物，如瘦肉、豆腐、海带、鱼、蛋等做成较清淡菜肴；

3.常吃丝瓜、黑芝麻、猪蹄、鲫鱼等发奶食物；

4.不吃辛辣刺激性食物如辣椒、韭菜、酒等及生冷食品；

5.常吃新鲜蔬菜如青菜、芹菜、冬瓜、西红柿等。

第四节 子宫脱垂

一　概述

本病为妇科常见病，又称阴挺、阴脱、阴菌、产肠不收、子肠不收等，俗称“吊茄子”，包括现代医学中的阴道壁膨出等疾病。以从事站立劳动、重体力劳动、多产妇女为多见。分娩时第二产程延长、子宫悬韧带损伤、会阴保护不力所致产伤，长期慢性咳嗽、便秘、产后早期劳动、体质虚弱等，使骨盆底部组织松弛均可引发。做好产程保护、防过早、过度劳动，及时治疗慢性咳嗽、习惯性便秘等慢性病，是预防本病的重要因素。子宫脱垂常易合并感染应加以防范。

二、临床表现

自觉阴道有物下坠甚而脱至阴道口外，站立、行走更重，卧床休息则自然恢复，可有感染而局部糜烂红肿。中医学根据临床表现常分 2 型。

1.气虚型：阴道有突出物，小腹有下坠感，精神疲乏心悸气短，面色苍白或萎黄，尿频白带多，舌淡苔薄脉浮虚；

2.肾虚型：阴道有物突出，小腹坠胀，腰酸腿软，头晕耳鸣，阴道干涩尿频数，舌淡脉弱夜尿多。

现代医学以子宫下移宫颈低于坐骨棘水平为子宫脱垂。根据脱垂程度分为 3 度：1 度为宫颈尚在阴道口内(距离少于 4 厘米)；2 度为宫颈或部分宫体外露于阴道口外；3 度为宫体全部脱出阴道口外。

三、治疗

(一)中药治疗补中益气，抗感染，2 度以上可用子宫托，必要时行手术治疗。

(二)新针疗法：维胞、横骨、三阴交、悬钟、曲骨等。

(三)自我按摩

1.常规按摩　摩小腹，擦腹股沟，揉腹股溝中點，按揉耻骨联合区，擦腰，拿大腿内侧,擦腰骶,耙理腰骶，擦小腿内侧，指掐足跟。

2.全息按摩　耳部：1 子宫, 2 生殖器, 3 皮质下, 4 脾, 5 下腹，6 外生殖器；手部：1 子宫, 2 生殖腺，3 生殖, 4 肾，5 脾, 6 止泻；足部：1 肾, 2 子宫, 3 生殖腺, 4 脾, 5 下腹，6 生殖器。

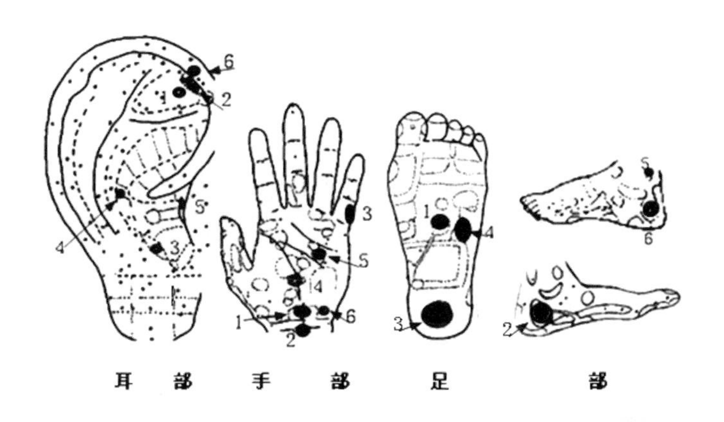

耳　部　手　部　足　部

(四)穴位按摩　每穴按揉 1-2 分钟，每日 1 次。主穴：1)维道、维胞(关元外 6 寸处)、子宫(中极外 3 寸)、关元、三阴交、百会；2)亭头(大赫下 5 分)、横骨、急脉、气海、关元、曲骨，两组穴位交替使用。腰酸加上髎、大赫，食少加中脘、足三里。

(五)其他　每天入睡前及早晨作膝胸卧位 3-5 分钟。

四、生活提示

1.产后休息好，不要劳累、负重；

2.防便秘、咳嗽、不适当劳动等引起腹压上升因素；

3.注意阴部清洁，防继发感染；

4.进食富蛋白质、维生素食物，多吃新鲜蔬菜水果；

5.经常进行提肛训练，每日数次，每次 1 分钟。

第五节 带下病

一、概述

带下病又称白带、白带过多，为阴道中流出的一种粘稠液体。正常人也有少量液体流出不属病态，但当女性生殖器官发生病变如阴道炎、宫颈炎、子宫及附件炎、生殖器官肿瘤及其他疾病导致阴道分泌物增多，在中医学中通称带下病。带下病分泌的白带不但量多，在颜色、质地、气味等方面也有所不同，常为中医临床辨证时的重要依据。同时患者常伴有来自原发疾病的局部或全身性疾病表现。从中医角度看其病机大体有湿热、脾虚、肾虚、气血郁滞等类型。根据粘液颜色和气味通常分为赤带和白带两类。自我按摩为辅助治疗，难从根本上解决问题。因此,对于带下病患者首要考虑的应是查明真因，特别是肿瘤问题首当其冲应予以排除，因为除非早期切除，一般的中西医治疗对肿瘤都不理想。

二、临床表现

1.脾虚型：量多色白或淡黄，无臭质稠如米汤，面色不华或稍肿，神疲体倦胃纳差，食后胀滞，大便稀，苔腻舌淡脉虚缓；

2.肾虚型：房事过度生育密，清淡无臭淋漓多，色白质稀腰酸痛，小腹冷感夜尿多，舌淡苔白脉沉迟；

3.湿热型：阴部不洁湿邪侵，小腹坠痛如烧灼，带下混浊如米汤，或黄如脓或挟血，量多臭秽，阴中痒，口苦咽干尿短赤，面色萎黄脉滑数，舌质发红舌苔黄。

亦有按粘液色泽区分，色泽红而秽臭为病在血分，多偏于湿热型为赤带；粘液色白，病在气分，多偏寒湿为白带。

三、治疗

(一)查找原发病，对因治疗。

(二)湿热型多为生殖器官炎症，应消炎抗感染。

(三)自我按摩

1.常规按摩　摩小腹，擦腰骶，揉肾，按揉耻骨联合区，擦腹股沟，指掐足跟，擦大腿内侧，耙理腰骶，擦小腿外侧，擦小腿内侧。

2.全息按摩　耳部：1 下腹, 2 子宫, 3 生殖器, 4 卵巢, 5 内分泌；手部：1 子宫, 2 生殖器, 3 生殖, 4 肾穴，5 脾；足部：1 生殖腺, 2 子宫，3 肾, 4 脾, 5 下腹, 6 生殖器。

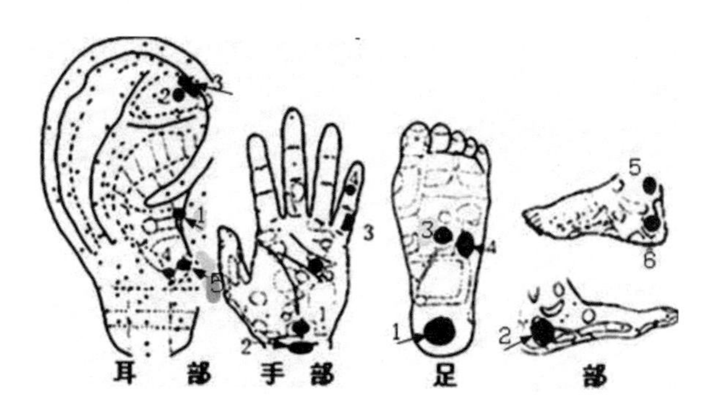

(四)穴位按摩　每穴 1-2 分钟，每日 1-2 次，虚证用按揉法，实证用指掐法。主穴：中极、带脉、气海、三阴交。白带加白环俞、足三里、中脘；赤带加掐行间；久带不止加肾俞、足三里、中脘；脾虚加中脘、百会；量多加气冲、白环俞；便稀加神阙(热疗)；肾虚加关元、肾俞、照海、百会；腰痛加腰眼、次髎；湿热加掐下髎、足临泣、行间。

(五)其他　针灸，中药。

四、生活提示

1.注意阴部卫生，积极治疗生殖器炎症；

2.炎症消除前，不过夫妻生活；

3.腰骶下腹防寒湿、保暖；

4.禁止游泳。

第六节 阳萎

一、概述

阳萎又称阴萎，是中医学名词，为一种性神经官能症。男性性功能活动受交感神经和副交感神经支配。交感神经中枢位于脊髓胸 11—腰 3 脊髓节段；副交感神经中枢位于骶 2—骶 4 脊髓节段，与阴茎海棉血管扩张充血，即阴茎勃起有关。脊髓中枢属低级中枢，可单独完成性反射活动，但也受大脑控制。大脑皮层通过下丘-垂体系统行激素调节作用。因此，精神因素所引起神经系统功能改变也可影响到生殖器官的功能变化。阳萎的主要表现为阴茎不能充血勃起。精神因素往往为主要原因，如神经衰弱、精神刺激、恐惧、羞耻感、自渎等；此外尚有先天缺陷、过度房劳、脊髓疾病、早婚纵欲、手淫以及生殖器官疾病等原因。

二、临床表现

临床表现主要为阴茎不能充血勃起，或虽可勃起但易于软缩而影响夫妻生活。同时腰酸腿软，头晕目眩，神怯多忧，心绪不宁，舌淡脉弱食欲差，多为虚证表现。若为其他疾病所致，则常伴有原发疾病表现。

三、治疗

(一)心理治疗加对症治疗，若有原发病则应先治疗原发病。

(二)中药(常用强壮药物)，针灸。

(三)自我按摩

1.常规按摩　摩小腹，擦腰骶，擦腰，按揉耻骨联合区，擦腹股沟，擦股内侧，掐足跟，耙理腰骶，擦小腿内侧，擦小腿内侧。

2.全息按摩　耳部：1 外生殖器，2 下腹，3 生殖器，4 内分泌，5 三焦，6 睾丸，7 肾，8 心；手部：1 阳萎，2 生殖腺，3 前列腺，

4生殖，5肾穴，6心穴；足部：1生殖腺，2前列腺，3肾，4心，5下腹，6生殖器。

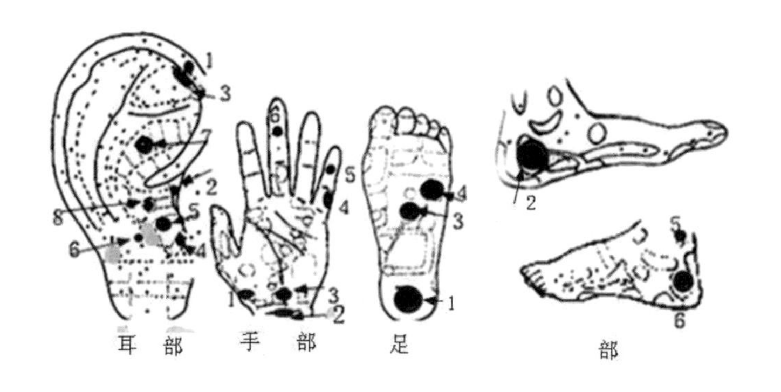

(四)穴位按摩　每穴按揉1-2分钟，每日2次。主穴：中极、关元、命门、肾俞、三阴交，遗精早泄加次髎、志室，心神不宁加神门、内关，食欲不振加中脘、足三里。

四、生活提示

1.生活规律，不过度劳累，保持平和心态；

2.多作户外活动；

3.进食富蛋白质、维生素尤其是B族类维生素饮食，如豆类、干果、动物肝等，多吃韭菜、胡萝卜、羊肉、核桃等；

4.睡前洗脚。

第七节 遗精

一、概述

遗精也是中医学病名，指非性生活而排泄精液的疾病，为男性成年人的常见病之一。若睡梦中因梦而遗精称为梦遗，若无梦而遗精甚至清醒时也有精液流出称为“滑精”。遗精也属性神经官能症一类疾病。其原因类似于阳萎，神经衰弱、前列腺炎、精囊炎等也是引起遗精的较常见原因。成年男性或已婚而分居者，一个月内有1-2次遗精而无其他不适者，尚属生理现象，即满溢而遗不是病态。但过多遗精，每周在二次以上，或有清醒时滑精，并有全身症状，或有原发病证表现，则属病态，应予以治疗。同阳萎一样遗精多属虚证。

二　临床表现

初起为睡梦中发生的梦遗，可伴头昏、失眠、精神不振、疲乏无力、腰酸、记忆力减退等；若未得以治疗可继续发展到滑精，甚而动念即遗。此时上述症状可加剧甚至出现心悸、阳萎、形弱神怯、脉细弱等表现。

三、治疗

(一)若有原发病则治疗原发病，无原发病则加强心理治疗。

(二)对症治疗，中药，针灸。

(三)自我按摩

1.常规按摩　指梳颅前带，摩小腹，擦腰骶，擦腰，按揉耻骨联合区，擦腹股沟，擦股内侧，指掐足跟，擦股内侧，耙理腰骶，擦小腿内侧。

2.全息按摩　耳部：1 外生殖器，2 下腹，3 生殖器，4 内分泌，5 三焦，6 睾丸，7 肾，8 心，9 肝；手部：1 阳萎，2 生殖腺，3 前列腺，4 生殖，5 肾穴，6 心穴，9 肝区；足部：1 生殖腺，2 前列腺，3 肾，4 心区，5 下腹，6 生殖器，7 肝点。

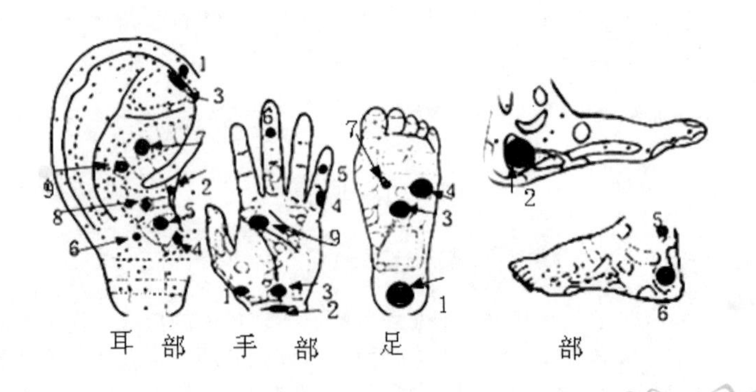

耳部　手部　足部

(四)穴位按摩　每穴按揉 1 分钟，每日一次。1 梦遗：肾俞、关元、中极,神门、劳宫，内关、太溪；2)滑精：肾俞、志室、关元、气海,三阴交、腰阳关太溪。失眠加神门、三阴交，湿热加阴陵泉、次髎。

四、生活提示

1.心态平和，生活规律，防劳累，节制夫妻生活；

2.戒酒、戒烟，不吃刺激性食物；

3.多吃蛋、鸭肉、蜂蜜、银耳、甲鱼等富蛋白质、富维生素饮食；

4.睡前洗脚，穿宽松内衣；

5.戒色情读物、音像，戒手淫。

第八节 前列腺炎 附：前列腺肥大

一、概述

本病又称癃疝，为常见男性疾病，分急性和慢性两类。急性前列腺炎为急性细菌性感染，可源于泌尿系统感染、血行感染或尿道上行性感染。膀胱炎、尿道炎、不洁性交、外伤、手淫、便秘等均可诱发。急性前列腺炎多伴有全身感染症状。若治疗不彻底则可转为慢性前列腺炎，但也有些患者并无急性发作史。患者前列腺体积可以稍增大或正常大小。若出现前列腺纤维化则可稍小，腺体内可有纤维组织增生、细胞浸润、腺体腔及导管变窄，可充有积脓或脱落上皮细胞。前列腺炎也可并发精囊炎，并常引发局部和全身症状而困扰患者。

二、临床表现

急性前列腺炎起病较急，有发烧、恶寒、战栗等全身症状，同时有小腹胀痛、尿频急、尿痛或有尿血，腰、骼及会阴等胀痛并可牵及大腿，重者可引起尿潴留。排尿或用力大便时可有前列腺液滴出。慢性前列腺炎常伴有性欲减退、阳萎、遗精、早泄或排血精，往往有小腹钝痛、阴部瘙痒、尿频数、终末尿白浊，及神经衰弱症状群(头晕、乏力、失眠、记忆力减退等)。

三、治疗

(一)中西医治疗，急性期以抗感染为主。

(二)理疗，针灸，心理治疗。

(三)自我按摩

1.常规按摩　摩小腹，推腹中带，擦腹股沟，按揉耻骨联合区，擦腰，拿大腿内侧，耙理腰骶，擦腰骶，掐足跟，擦小腿外侧，擦小腿内侧。

2.全息按摩　耳部：1 前列腺，2 膀胱 3 输尿管，4 内分泌，5 三焦，6 睾丸，7 肾，8 心；手部：1 前列腺，2 生殖腺，3 膀胱，4 输尿管，5 肾，6 心穴，7 肝区；足部：1 生殖腺，2 前列腺，3 肾，4 心区，5 下腹，6 生殖器，7 输尿管，8 膀胱。

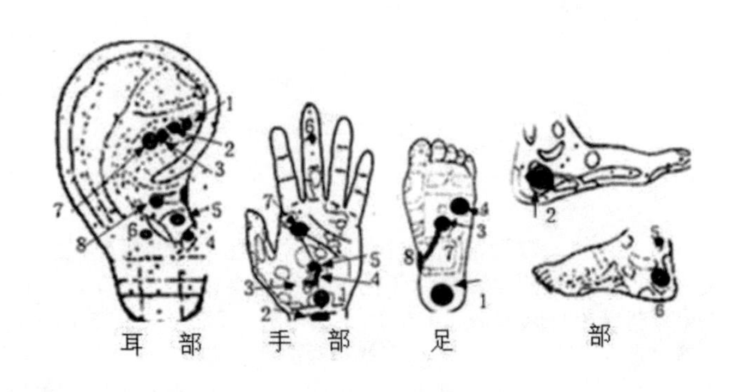

(四)穴位按摩　1)急性期：配合抗感染治疗，以指掐法掐穴位，每穴掐 1-2 分钟，每日 1-2 次。主穴：点按中极、气海，掐血海、阴陵泉、三阴交、照海、横骨；2)慢性期：用按揉法。主穴：中极、肾俞、大赫、关元、次髎、三阴交、足三里、太溪。神经衰弱加内关、神门；小腹痛，尿浊加膀胱俞、丰隆、承山。

附：前列腺肥大

本病又称前列腺增生，为老年人常见疾病。前列腺组织增生肥大或纤维结缔组织增生使前列腺体积增大，特别是其中叶增生易堵塞尿道口，引起排尿障碍。初为尿频，尤以夜尿增多明显，渐渐发展为排尿不畅，尿后有尿液滴沥，严重时尿线细而无力，残余尿增多，并逐渐发展致尿潴留、溢尿。严重者应作手术治疗，急性尿潴留可导尿，若有炎症应消炎。同时配以针灸、理疗。自我按摩可作为辅助治疗方法之一。穴位按摩：每穴按揉 1-2 分钟，每日 1-2 次。主穴：中极、关元、肾俞、膀胱俞、次髎、三阴交，排便不畅加气海、水道、阴陵

泉，尿频急加太冲、太溪，食欲差、体弱加中脘、足三里。自我按摩：揉小腹，擦腹股沟，推腹中带，拿大腿内侧，擦腰骶。

四、生活提示

1.腰、骶、小腹保暖防寒，小腹热敷；

2.心态平和，不劳累，入睡前热水坐浴、洗脚；

3.注意阴部卫生，节制房事活动；

4.戒酒、咖啡及刺激性食物，多吃新鲜蔬菜水果。

第九节 不孕症

一、概述

不孕症分为原发性不孕症和继发性不孕症两型。原发性不孕症指正常成年人婚后未采取任何避孕措施，且夫妻生活正常，但三年以上仍未怀孕者；继发性不孕症则为婚后曾有怀孕，但随后在同样情况下三年以上未能再次怀孕者。不孕问题不仅是女方问题，常涉及到夫妻双方。因为怀孕需要夫妻双方性细胞—精子和卵子都健康，且能正常相遇才能结合并成为受精卵，再在正常生理条件下形成新生命体。因此，在诊查不孕症原因时，通常需要同时检查夫妻双方，才能最终确定病因。

二、病因

不孕症原因来自夫妻双方。

1.女性方面：涉及性器官解剖结构、健康状况、营养状况、心理因素等方面。1)正常的性器官：女性生殖器官主要包括卵巢、输卵管、子宫、阴道，解剖结构异常可使成熟卵子难以与精子接触，如输卵管闭塞，成熟卵子不能进入子宫内；子宫过度前屈、后倾精子不易进入子宫、输卵管；2)生殖器官疾病：卵巢、输卵管炎症、多囊卵巢综合征，子宫内膜炎、肿瘤等；3)月经紊乱：即通常所说月经不调，甚至闭经，显示卵细胞成熟障碍；4)营养不良或过度肥胖；5)全身性疾病；6)中毒等多种因素。

2.男性方面：生殖器官炎症、肿瘤、发育畸形、精子产生障碍等。在现代社会，环境因素特别值得注意，药物中毒、有害食品添加物、射线、电磁波等环境因素，常可在无意识情况下危害精子或卵子导致不孕。内裤太紧使睾丸温度升高，也影响精子发育。

三、防治

(一)积极查找病因：男性首先应检查精液，了解精子数量、活力、畸形情况，女性应检查生殖器官健康情况及输卵管是否通畅，积极治疗有关疾病。

(二)调节生活，拼弃不良生活习惯，保持良好心态。

(三)自我按摩

1.常规按摩　推腹中带，摩小腹,擦腹股沟，擦腰骶，耙理腰骶，擦股内侧，擦腰区，按揉耻骨聯合区，擦小腿外侧，擦小腿内側。

2.全息按摩　耳部：耳部：1下腹,2子宫,3生殖器,4卵巢,5内分泌，6肝,7肾,8皮质下；手部：1卵巢2生殖腺，3子宫，4生殖，5肾穴，6心穴，7肾；足部：1生殖腺，2子宫，3肾，4心区，5下腹，6生殖器。

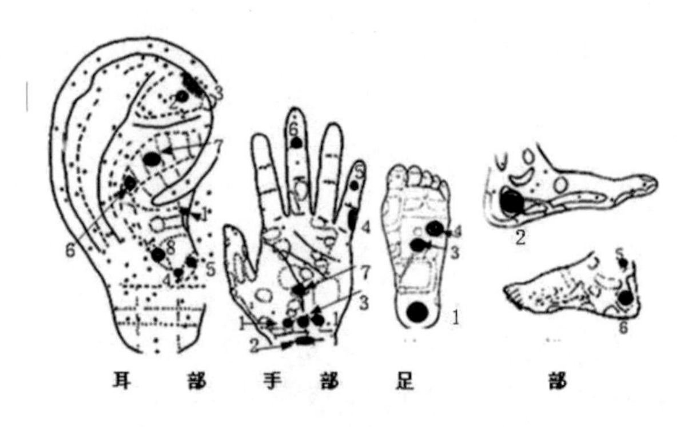

(四)穴位按摩　为辅助措施，有调整身体及生殖器官机能状态作用。每穴按摩1-2分钟，每日1-2次。主穴：中极、关元、护宫(气海外2.6寸)，子宫(中极外3寸)、气门(关元外3寸)、水道、阴廉、三阴交；腰膝酸软性欲淡漠加肾俞、涌泉、丘墟,气滞痛经(月经期小腹乳腺胀痛或连胸胁)加期门、行间、章门,行经痛有血块加血海。

(五)其他　理疗，针灸治疗有关妇科疾病或男科疾病。

四、生活提示

1.男子穿宽松内裤；

2.治疗引起不孕的原发疾病，使夫妻双方有健康体质；

3.生活规律，节制夫妻生活，控制在排卵前后，避免粗暴性行为；

4.多吃含维生素 E 食物如核桃等；在计划孕育阶段不吃含添加剂的食品。

第十三章 五官科疾病

第一节 牙痛

一、概述

牙痛多为龋齿、牙周炎、根尖周围炎等所致，龋齿是其中最主要原因。正常人牙齿表面有一层坚硬耐磨的釉质，但牙齿咬合面有很多小窝、裂沟等，进食后残留食物易在牙齿表面沟谷及牙缝处停留。在合适的温度条件下，口腔杂菌繁殖分解食渣同时产酸使釉质受侵蚀。牙釉质被酸蚀后则牙本质被暴露，此时遇冷、热、酸、甜刺激即引起末稍神经感受器受刺激而致牙痛，若除去刺激物则牙痛缓解，此为牙本质过敏。此时检查牙齿可见牙表面浅的破损但尚无龋洞，为龋蚀早期；进一步发展，局部被腐蚀成龋洞则为典型龋齿，再进一步发展引起急性牙髓炎、急性根尖周围炎、慢性牙髓炎等。因此，牙痛大部分情况下为龋齿所致。口腔卫生不良是引发牙痛的主要原因。牙周炎虽然和龋齿无关，但也是口腔卫生差所致。此外，智齿冠周炎也可导致智齿萌出时疼痛和局部牙龈感染。保持口腔卫生是预防牙痛的首要措施。

二、临床表现

早期牙痛仅为受冷、热、酸、甜刺激时疼痛，一旦除去刺激则疼痛即止。一般无叩击疼、无咬牙痛。进一步发展则除去刺激物疼痛仍继续且有自发痛，探及龋洞感剧痛为牙髓炎表现；出现持续自发性或搏动性牙痛，咬牙时更剧且叩痛明显则多为急性根尖周围炎，可伴有全身症状；若有持续性牙痛但不剧且与刺激无关，有牙松动、牙周袋、牙石多则为牙周炎；成人萌智齿时牙痛可为持续性痛、咬物痛且张口困难并有局部牙龈红肿溢脓，有时有颊部红肿或有全身症状。

三、治疗

(一)龋齿应由专业人员处理：可对龋洞进行修补，严重患牙则可拔除，智齿萌出时牙痛亦应由专业医生治疗。

(二)消炎止痛对症治疗。

(三)自我按摩

1.常规按摩　擦面侧，分抹印堂，指梳颅三带，刮鼻一颧，擦颈椎，擦耳根带，掌擦手背，揉大拇趾外侧(三叉神经反射区)。

2.全息按摩　耳部：1 上颚, 2 下颚，3 上颌，4 下颌，5 牙痛 1，6 牙痛 2，7 牙痛；手部：1 牙痛 1，2 牙痛 2，3 上合谷, 4 合谷, 5 肾穴, 6 前头点，；足部：1 口, 2 三叉神经, 3 上下颌。

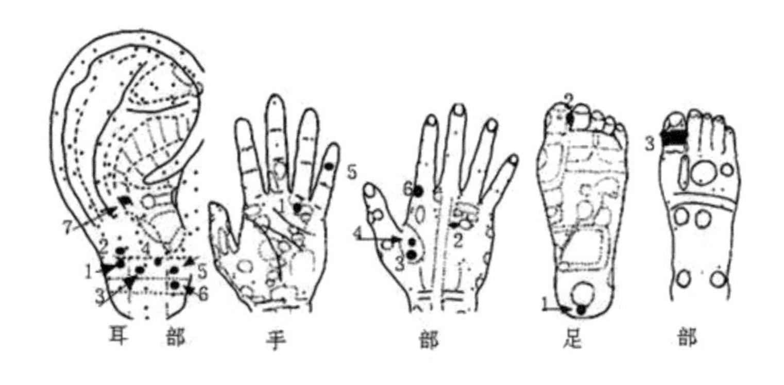

(四)穴位按摩　可暂时止痛，针刺用泻法，按摩用指掐法。主穴：1)下关、颊车、内庭、合谷。风火痛(急性牙髓炎、牙根尖周围炎等)加风池、外关；实火牙痛(急性冠周炎、化脓性根尖周围炎等感染明显者)加太阳、颧髎；慢性牙痛加照海、太溪、行间；龋齿加阳谷、二间；2)上牙痛：下关、合谷、二间、内庭；下牙痛：颊车、合谷，剧痛加风池、大杼，外感发热加外关、大椎，慢性牙痛揉太溪、行间。

(五)其他　1)进食后刷牙，清除食物残渣，从源头上杜绝龋蚀。2)制酸再矿化，治疗牙本质过敏和早期龋齿：经验方，取 0 .5 克 Ca(OH) 2 $_2$ 于 1 升开水中反复摇动，放凉，制取饱和 $Ca(OH)_2$ 液；以等量凉开水稀释，滴加食醋到 PH1 0 -11，饭后(刷牙后)或进食水果后取 2-3ml 于口中含漱，能立即清除水果的有机酸，起到清除酸止痛作用，多次应用使龋面矿化抑制龋齿发生、发展。2.病牙再矿化：将钙片打碎，取约小豆大小碎片置于病牙处，钙粒溶化后钙离子对病牙有一定再矿化作用，每天三次坚持数日即可见成效。

四、生活提示

1.注意口腔卫生，餐后刷牙，不吃或少吃零食，吃后漱口、刷牙；不用刷毛太硬的牙刷；

2.不吃甜及酸辣等有刺激性食品及油炸、干炒等易上火食物；

3.常吃富蛋白、钙质、维生素 A 和 D 食物，如乳、瘦肉、鱼、虾皮、肝、豆腐等及新鲜蔬菜水果；

4.适量饮茶或用砖茶水漱口；

5.孕妇牙痛禁用合谷。

第二节 复发性口腔溃疡

一、概述

本病又名复发性口疮、阿弗他口炎，为常见口腔疾病。病因尚不清楚，可能与病毒感染、链球菌感染、自身免疫等有关。常见诱发因素有胃肠道疾病如消化不良、便秘、肠道寄生虫等，神经精神因素如神经衰弱、精神紧张，局部损伤或刺激，其他疾病等。病程约七至十天，长者可达到二十天，溃疡自愈后可反复发作，但不留瘢痕。各年龄均可发生，和个人体质也有一定关系。个别人可在生殖器、眼部出现病变，有人认为与口、眼、生殖器三联症为一类疾病。也有人认为是一种变态反应性疾病，抗组胺药有迅速止痛作用，也有用抗菌素溶液局部嗽口有一定效果，本病呈一定的家族性遗传倾向。

二、临床表现

臨床上，病损多为单个或多个小红点或小疱疹，并迅速破溃成 2-4 毫米，或更大的园形的中央凹陷并覆有白或浅黄假膜的病灶，周围可有红晕。自觉疼痛，进食、说话时疼痛加剧。多数人数日后逐渐出现新生上皮，溃疡底变平，疼痛逐渐消失而自愈。发病同时口腔唾液腺分泌较多，儿童常见流涎，一般无其他全身症状。

三、治疗

(一)中西医药物治疗，补充维生素 B_1、B_2、C 等。

(二)局部用药：无论是市售药品还是医院制作的药膜，初用时有一定疗效,但反复发作多次后治疗效果降低或丧失,小量风油精涂局部有止痛作用,早期应用有一定的控制效果。

(三)穴位按摩：辅助治疗，每次选 3-5 穴,每穴指掐 1-2 分钟，1日 2 次。主穴：人中、承浆、地仓、颊车、巨阙、合谷、足三里、曲池、牵正，掐外耳道口的上方。舌边溃疡加掐外耳道口内侧和下颌骨内侧中部，下唇部位溃疡加掐廉泉，上唇病变加迎香、颧髎。

1.自我按摩

常规按摩　擦曲池-合谷，指梳颅后带，擦颈椎，擦面侧，擦气管带，刮鼻一颧，拿肩井，推肘-手，耙理颈背，揉涌泉，擦小腿外侧，配合穴位按摩。

2.全息按摩　耳部：1 口,2 舌,3 上颚，4 下颚, 5 面颊，6 肺, 7 心，8 脾，9 神门，1 0 内分泌；手部：1 颌, 2 上下颚,3 口；足部：1 额,2 小肠,3 三叉神经, 4 上下颌, 5 胸部淋巴腺，6 胃。

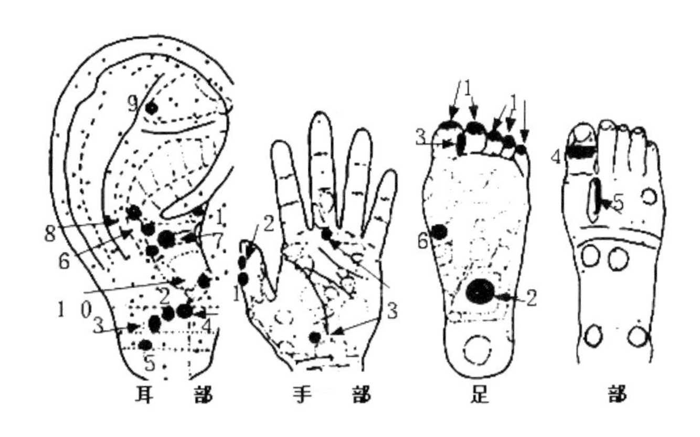

(四)穴位按摩　辅助治疗，每次选 3-5 穴,每穴指掐 1-2 分钟，1日 2 次。主穴：人中、承浆、地仓、颊车、巨阙、合谷、足三里、曲池、牵正，掐外耳道口的上方。舌边溃疡加掐外耳道口内，按揉面侧和下颌骨内侧中部，下唇溃疡加掐廉泉，上唇病变加迎香、颧髎。

(五)其他　生活小经验：1.蛋黄蜂蜜糊：取鸡蛋一个，煮熟后剥壳取蛋黄(约 15 克左右)，加 10 克新鲜蜂蜜捣成糊；另取病毒灵(盐酸吗啉胍，0.1 克 / 片)和扑尔敏(4 毫克 / 片)各 2 片研末溶于 2 毫升凉开

水，混入鸡蛋糊中搅拌均匀，蒸 15 分钟，置于冰箱保存备用。发生口腔溃疡时，挑取少量蛋黄糊涂在鸡蛋膜上，再覆盖在溃疡面上，有较好的止痛和治疗作用；也可取约黄豆大蛋黄糊，置于溃疡处，每 2 — 3 小时一次，啥在口中效果也较好。本方中病毒灵抗病毒，扑尔敏抗组胺止痛，蜂蜜和蛋黄提供组织修复的营养成份。但对于细菌引起的溃疡效果可能不理想，需要配合抗菌治疗。2. 石榴皮晒干打粉，撤于溃疡处，有较好的治疗作用。

四、生活提示

1.注意口腔卫生，进食后刷牙；

2.以清淡饮食为主，多吃含维生素的新鲜蔬菜水果如西红柿、苹果；

3.适当补充优质蛋白如瘦肉等；

4.不吃辛辣、油煎、生冷、坚硬食物如辣椒、生姜、大蒜等；

5.不吃易上火干食品如炒豆、炒花生、炒瓜子等；

6.不吃淡水鱼、虾、蟹等；

7.生活规律，心态平和，不劳累。

第三节 咽喉肿痛 附：梅核气

一、概述

咽喉肿痛不是单一疾病，为急性咽喉炎、扁桃体炎和慢性咽喉炎等疾病的主要症状。中医学中常见有乳蛾、喉痹、喉风等，多为细菌感染的疾病。在西医抗菌消炎等治疗措施同时，辅以中医针灸、按摩治疗，对于减轻症状、促进康复有积极意义。严重的咽喉疾病处理不当可危及生命。因此，此类疾病应在专业医生监护下进行，特别是严重的喉风患者常无力自救。

二、临床表现

咽喉肿痛临床辨证分两类。

1.实热证(多为急性炎症)：常见咽喉红肿疼痛，吞咽困难，可伴有发热恶寒头痛，口渴便秘咳嗽，苔白或黄脉浮数；

2.阴虚证(慢性炎症)：疼痛较轻稍红肿，吞咽不适或疼痛，口干舌燥面唇红，手足心热夜为重，舌红脉细多阴虚。

三、治疗

(一)实热证(多为急性炎症)：消炎抗感染，对症治疗，特别是呼吸道有梗阻者，必要时作气管切开。

(二)针灸。

(三)自我按摩(阴虚证)

1.常规按摩　指梳颅前带，擦颈椎，擦气管带，推胸正中带，指揉天突，揉喉结周围，擦胁，拿肩井，擦曲池-合谷，耙理脊背。

2.全息按摩　耳部：1 耳轮, 2 咽喉, 3 气管, 4 扁桃体, 5 内分泌, 6 枕, 7 神门；手部；1 心, 2 肺, 3 口咽, 4 阴池，5 少商, 6 鼻；足部：1 扁桃体, 2 咽喉, 3 三叉神经, 4 肺，5 鼻。

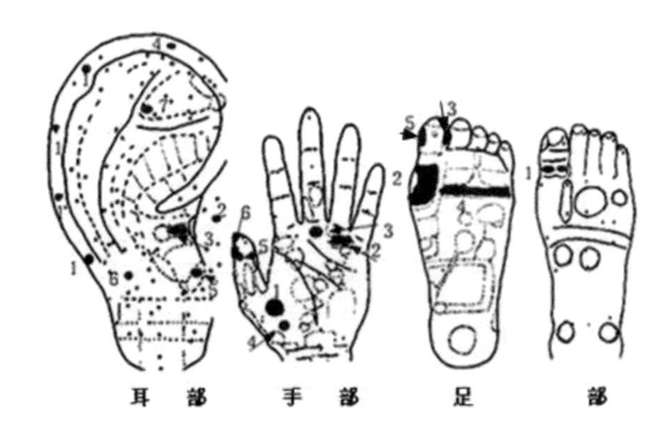

耳部　手部　足部

(四)穴位按摩　1)实热证：针灸用泻法，穴位按摩用指掐法。主穴：天突、风府、曲池、少商、天容、合谷。喉痛加内庭，外感寒热加外关、大椎，“喉风”加商阳、尺泽、丰隆，“喉蛾”加鱼际、商阳。其中少商和商阳针刺出血效果好。2)阴虚证：针灸用平补平泻，穴位按摩用按揉法，每穴 1 分钟。主穴：廉泉、天突、肩井、太溪、照海、鱼际、曲池。

附：梅核气

自觉咽喉有异物或痰，咽不下咳不出。可有胸闷，通气不舒畅，为一种咽部异感症。用针灸或自我按摩治疗效果较好。主穴：天突、膻中、内关、行间自我穴位按摩用指掐法，每穴 1 分钟，每日 1 次；非穴位按摩：指梳颅前带，擦气管带，推胸骨带，耙理脊背，拿肩井，推前臂(肘-手)，擦曲池-合毂，揉甲状软骨两侧。

四、生活提示

1.生活规律，不劳累，重者应卧床休息；

2.吃清淡饮食，多饮温开水；

3.戒烟、酒，不吃刺激性食物如辣椒，不吃易上火食物如瓜子、炒花生等；

4.吃含蛋白质多富维生素食物如瘦肉，多吃新鲜蔬菜水果，饮食精心烹调成易消化饭菜；

5.少说话，头颈防风寒。

第四节 鼻炎 附：过敏性鼻炎

一、概述

鼻炎为鼻粘膜感染发炎，分急性鼻炎与慢性鼻炎两种。急性鼻炎又称伤风或感冒，是极为常见的疾病。病因多为病毒如鼻病毒、冠状病毒等，引起鼻粘膜急性炎症，且常继发细菌性感染如链球菌、肺炎球菌、流感杆菌等。因此，急性鼻炎具有一定的传染性，可经飞沫传给他人。此外，很多传染病早期症状与急性鼻炎雷同，如麻疹。此病易于波及邻近器官引起炎症扩散如鼻窦炎、咽喉炎、气管炎、肺炎、中耳炎等。所以，对鼻炎应引起重视。诱发急性鼻炎因素较多：气候变化、营养不良、过度疲劳、烟酒过度、其他慢性疾病、鼻中膈偏曲、扁桃体炎、鼻窦炎等。鼻炎早期鼻粘膜血管收缩，腺体分泌减少而出现鼻干症状，但随后血管扩张、粘膜水肿、分泌旺盛，出现大量鼻涕。粘膜炎症破坏可使上皮细胞及纤毛脱落、细胞浸润。此时，流涕、喷嚏多具有传染性，且易继发细菌性感染，若无继发感染可逐渐自愈。急性鼻炎治疗不彻底易转成慢性鼻炎。鼻窦炎的脓液刺激也可引发慢性鼻炎，尤其在鼻中膈偏曲时。气候变化、环境温度改变、粉尘及个

体的全身性因素如慢性疾病、营养不良、内分泌紊乱、维生素缺乏、烟酒过度等也可诱发慢性鼻炎。

二、临床表现

急性鼻炎多无前驱症状而突然出现发烧、怕冷、头痛、鼻内干热、痒、鼻塞流涕、喷嚏、嗅觉减退、说话带闭塞鼻音、身体不适或咽喉不适、咳嗽等。历数日鼻涕逐渐转为黄脓性粘稠液而逐渐康复，一般约七至十天而愈。若成慢性则鼻分泌物常流，可为粘液或脓性，伴鼻塞、嗅觉减退、头昏胀，久之可为持续性鼻塞尤以侧卧为重，重者双侧均塞。可因鼻甲肥厚及咽鼓管不通畅而引起耳鸣、听力障碍等。

三、治疗

(一)对症，抗感染治疗，严重的肥厚性鼻炎可行手术治疗。

(二)针灸，理疗，中药。

(三)自我按摩

1.常规按摩　指梳颅前带，指梳颅后带，擦印堂一发际，指擦印堂一鼻尖，擦颈椎，刮鼻一颧，擦鼻侧，揉迎香，捏鼻翼，扣打鼻尖，咳嗽加擦气管带，擦前臂。

2.全息按摩　耳部：1 肺, 2 鼻, 3 额, 4 肾上腺；手部：1 肺穴, 2 肺区，3 鼻，4 肾上腺，5 额；足部：1 鼻, 2 再生, 3 额, 4 三叉神经。

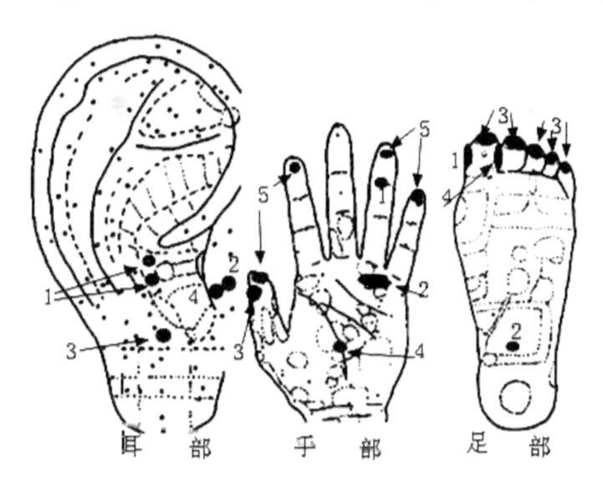

(四)穴位按摩　为辅助治疗，穴位同针灸，每穴按揉 1 分钟，每日 1-2 次。主穴：迎香、鼻通、夹鼻、列缺、合谷、内庭、风池，头

痛加印堂、太阳、头维，发热加曲池、外关，慢性鼻炎加百会、上星、通天。

(五)其他　无发烧且怕冷者热疗枕项部三十分钟(发热者不适用)。

附：过敏性鼻炎

本病又称变态反应性鼻炎，多为与花粉、粉尘、皮毛等过敏原接触发病。鱼、虾、蟹、牛奶、药物等可诱发或加重，和扁桃体炎、鼻窦炎、龋齿等也有一定关系。病人常伴有哮喘、荨麻疹等全身性过敏疾病。发作时突然鼻痒、喷嚏、流清涕，伴鼻塞、嗅觉减退，重者可头昏胀、耳鸣、重听、流泪，持续数分钟或数小时后突然停止。季节性发病者可有眼痒、流泪、咽喉痒、咳嗽、哮喘等症状且持续存在。治疗以脱敏、对症、局部治疗、中药治疗并避免过敏源等。自我按摩可取夹鼻、迎香、合谷、风池、印堂、足三里、曲池等，每穴按揉 1 分钟，每日 1-2 次。非穴位按摩参见本节鼻炎。

四、生活提示

1.防风寒，寒冷季节注意保暖，出外戴口；

2.有过敏者不接触引发过敏物质，如花粉、粉尘、皮毛等；

3.不吃易引发过敏食物，如虾、蟹、鱼、牛奶等，不吃辛辣有刺激性食品，不抽烟不饮酒；

4.吃易消化富营养食物，多吃新鲜蔬菜水果；

5.积极治疗防止鼻窦炎等并发症。

第五节 鼻窦炎

一、概述

本病又称脑漏，常为急性鼻炎、流行性感冒、龋齿、过敏性鼻炎、外伤、寄生虫、异物、全身性慢性疾病、营养不良等原因所诱发。最常见原因是急性鼻炎。常见细菌为链球菌、葡萄球菌、肺炎球菌和流感杆菌，少数为霉菌感染。鼻腔为最主要感染途径，细菌直接经鼻窦开口处进入窦腔。血行感染和邻近器官炎症也是重要感染途径。早期窦粘膜先收缩后扩张，粘膜水肿、纤毛运动减弱或停止。分泌物依病

原体不同而异，可呈浆液性、粘脓性，粘膜可坏死。处理不当可演变为慢性鼻窦炎，但有些慢性鼻窦炎也可以无急性史而呈慢性过程，如龋齿引发的上颌窦炎。

二、临床表现

常在急性鼻炎基础上加重，以鼻塞、流脓涕、头痛为主，同时可有发烧、怕冷、食欲差、全身不适。鼻塞可为间断性或持续性，为鼻粘膜充血、肿胀及潴留的分泌物所致；鼻涕可为粘液或脓液或脓血性，可有腐臭气味。头痛依涉及鼻窦而异：上颌窦炎为病侧上磨牙钝痛，可有面颊、眶下痛、颞部痛，清晨轻下午重；额窦炎则为前额和眶内上角痛，上午开始，中午最重，下午渐轻，晚上消失；筛窦炎为内眦、鼻根部为主，眼球活动时加重同时有嗅觉减退，位于前部类似额窦炎，位于后筛窦则为头顶、枕部痛；蝶窦炎则为眼球后痛可放射到枕或头顶与后筛窦炎类似。慢性鼻窦炎常由急性鼻窦炎迁延而致，症状有鼻塞、脓性臭涕、嗅觉减退、头晕、精神不集中、无力、记忆差、失眠等，头痛类似急性但较轻。

三、治疗

(一)抗感染，引流，必要时手术治疗。

(二)中西医药对症治疗,针灸，理疗。

(三)自我按摩

1.常规按摩　指擦印堂－鼻尖，揉迎香，刮鼻－顴，擦鼻侧，分抹印堂，指梳颅前带、颅后带，推印堂－髮际，擦頸椎，耙理脊背。

2.全息按摩　耳部：1 肺, 2 鼻, 3 额, 4 肾上腺，5 头痛区，6 枕;；手部：1 肺穴, 2 肺区，3 鼻，4 肾上腺，5 额，6 头疼，7 头晕:；足部：1 鼻, 2 再生, 3 额, 4 三叉神经，5 肾上腺。

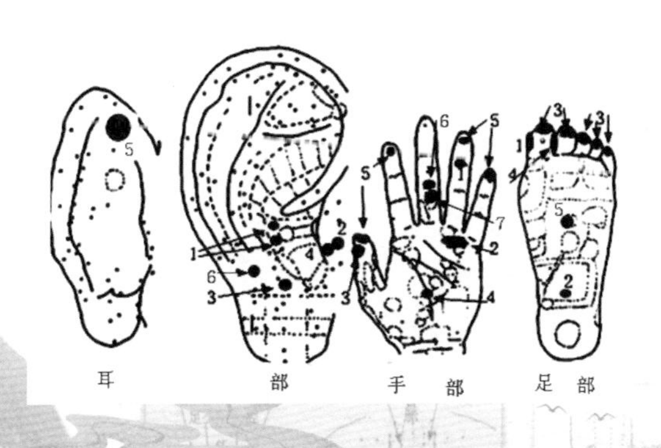

耳　　部　　手　部　　足　部

(四)穴位按摩　急性用掐法，慢性用按揉法，为辅助治疗，每穴1分钟，每日2次。主穴：上星、印堂、迎香、合谷、列缺、风池、大椎、曲池，上颌窦炎加颧髎，蝶窦炎、筛窦炎加太阳、百会、头维、风府。

(五)其他　针灸，理疗。

四、生活提示

1.寒冷时节防风寒，预防感冒；

2.积极治疗防止并发症,有过敏者不接触引发过敏物质，如花粉、粉尘、皮毛等；

3.加强营养吃富含蛋白质、维生素饮食，多吃蔬菜水果；

4.不吃辛辣等刺激性食物，避免易引发过敏食物如鱼、虾；

5.多休息，防过度劳累；

6.戒烟，不饮烈性酒。

第六节　内耳眩晕症

一、概述

本病又称美尼尔氏病、迷路积水症、内耳淋巴性水肿，为内耳膜迷路内淋巴液过多所致的，以眩晕、耳鸣、耳聋及迷走神经刺激症为主的突发性内耳综合症。一般以单侧为多，亦有双侧发病者，多在中年发病。可能与植物神经功能紊乱，致迷路血管神经功能障碍，使血液留滞，血管壁渗出增加，淋巴液增多有关。为一种非炎症性疾病。中年人生活、工作压力大，易受精神损伤，和发病增多有一定关系。也可能与变态反应、过度劳累、某些慢性疾病有关。内耳的内淋巴液过多时，可引起膜迷路破裂，遗留内、外淋巴瘘，影响内耳功能。久病者可导致永久性功能减退。

二、临床表现

临床上主要为突发性眩晕、耳鸣、耳聋三大特征性症状，可伴有恶心、呕吐、平衡失调及内耳胀感等。一般持续数分钟或数小时，亦有长达数日，卧床休息后逐渐好转。可反复发作而使听觉减退。眩晕多为旋转或晃动感，轻者头重脚轻，重者天旋地转。体位变动或头转

动时加剧，病人难以站立、行走，常感恶心、呕吐，出冷汗，面色苍白难动弹。检查多见水平旋转型眼球震颤；耳鸣初为低音调后多为高音调或混合性，眩晕时即可感到，以后渐轻而消失，也可在发作间歇期出现；耳聋在早期发作时较明显，可完全或部分恢复，反复发作则渐不可逆。可同时存在听觉过敏或重听现象。

三、治疗

(一)保守对症治疗，严重者保守治疗无效时可行手术治疗。

(二)中医辨证治疗，针灸，理疗。

(三)自我按摩

1.常规按摩　推印堂-风府，指梳颅前带，指梳颅顶带，指梳颅后带，食指搅耳孔，指擦耳根带，指擦双耳背，揉肾区，耙理脊背，擦颞部。

2.全息按摩　耳部：1 额, 2 皮质下, 3 外耳, 3 内耳, 5 枕, 6 肝, 7 肾, 8 胃, 9 神门；手部： 1 内耳, 2 头晕, 3 脑, 4 耳, 5 肾穴， 6 平衡器官；足部： 1 耳, 2 脑, 3 内耳迷路, 4 胃， 5 额。

(四)穴位按摩　每日 1-2 次。主穴：1)听宫、百会、风池、内关、中渚、肾俞、足三里、太溪；2)翳风、听会、合谷、外关、太冲、三阴交，两组穴交替使用，每穴 1-2 分钟，每日 1-2 次，为辅助治疗。

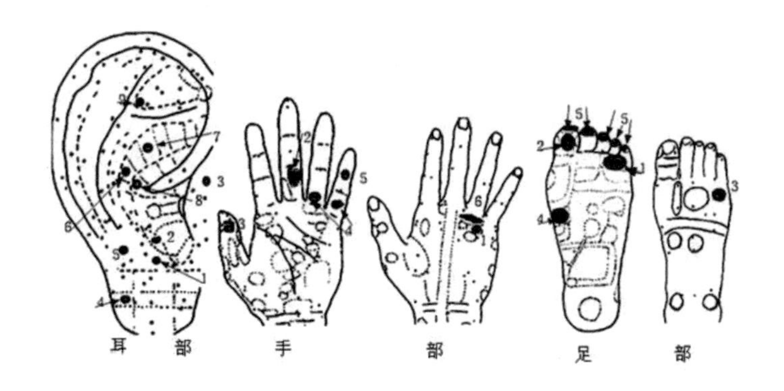

四、生活提示

1.发作时静卧休息，发作期间不外出；

2.限制食盐摄入，减少饮水量；戒烟、酒,不饮浓茶、咖啡,不吃刺激性食品；

3.多吃含维生素 B 高的食物如核桃、花生、豆类及动物肝、肾；

4.多吃新鲜蔬菜水果，保持大便通畅。

第七节 听力减退

一　概述

本病又称听觉障碍，为听觉系统的病变或功能障碍所引起。当耳的传音或感音的听觉分析器发生病变，或两者同时发生病变时耳的听力就下降，即发生听力减退，通常称为耳聋。严重的耳聋又称全聋，为听力完全丧失，则无法通过耳来感知有声世界，严重影响学习和社会交往。如果发生在婴儿时期则往往导致儿童聋哑。

二、临床表现

一般将听力减退称为耳聋，并根据听力减退程度分为轻度、中度、重度和全聋。其中轻度聋为听远距离的一般声音或近距离低声讲话有困难，中度聋则听近距离一般语音困难，重度聋者只能听到耳边大声叫喊声，全聋则完全听不到声音。按病变部位耳聋可分为传导性耳聋、神经性耳聋及两者都有的混合性耳聋。聋哑症中以神经性耳聋为多见。按发病时间可分为先天性及后天性两种。先天性耳聋常为耳部发育不全、怀孕期疾病和药物中毒、遗传、产伤等；后天原因多为儿童传染病如流脑、腮腺炎等及耳部疾病，神经疾病，肿瘤，外伤，药物中毒等。精神因素也可导致耳听力减退，没有器质病变的听力障碍，如癔病性耳聋。

三、治疗

由于听力减退原因十分复杂，治疗仍然是有待进一步研究的问题。积极治疗原发疾病可以减少听力损害程度或控制病情发展。但很多情况下，听力减退已是原发疾病的后遗症。

(一)作专业检查确定听力减退程度，根据情况采取提高听力、控制听力下降的措施。

(二)药物治疗：扩张血管，改善耳部血液循环，改善神经营养等。

(三)自我按摩

1.常规按摩　指擦耳根带，拇指擦双耳背(从耳尖到耳垂下)，指梳颅后带，指梳颅顶带(头部晕听区，耳尖上 1.5 厘米)，擦两颞部，食指搅耳孔，按揉颈侧，掌擦手背，揉肾区，擦曲池一合谷。

2.全息按摩　耳部：1 额, 2 皮质下, 3 外耳, 3 内耳, 5 枕, 6 肾, 7 贲门；手部：1 内耳, 2 脑, 3 耳, 4 肾穴；足部：1 耳, 2 脑, 3 内耳迷路, 4 胃，5 额。

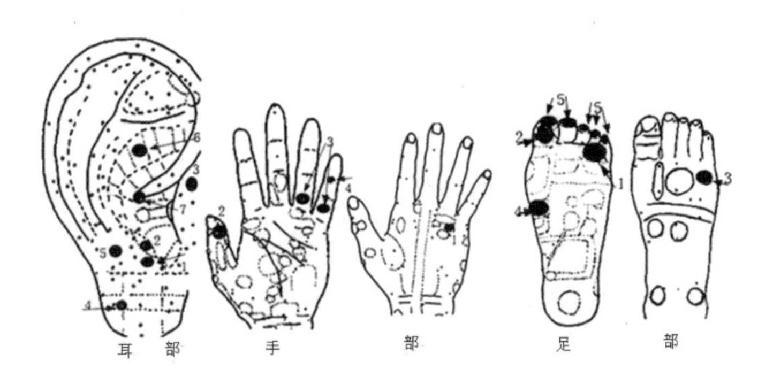

(四)穴位按摩　每穴按揉或指掐 2 分钟，每日 2 次。主穴：1 耳门、听宫、翳风、率谷、下关、合谷、外关；2)听会、听宫、听穴(听宫、听会中点)、中渚、阳溪、肾俞，两组交替使用。

(五)其他　使用助听技术，针灸，理疗。

四、生活提示

1.避免剧烈声源及长期接触噪音；

2.积极治疗耳疾，防止继发性耳聋；

3.尽量不用耳机、耳塞，若使用不能时间过长。

第八节 近视

一 概述

近视为屈光不正的一种表现，即由于眼屈光系统屈折力强或眼球的前后轴增长，平行光线在视网膜前形成聚焦点，在视网膜上成象模糊而致视物模糊。中医学称为能近怯远，即看近物清楚，看正常距离或远距离对象模糊。本病为很常见的眼病，在知识界及青年学生中尤为常见。其原因既有先天因素也有后天因素。先天性为遗传所致眼球前后轴先天较长，使其容易引发近视。但大部分人为后天因素所致，特别是青年学生平时学习不注意眼睛卫生，读书写字与眼睛距离太近，或在光线不足处长期看书学习，尤其是中学时代作业过多而忽视用眼卫生，在不合适的光线条件下用眼过度以致最终形成近视。

二、临床表现

临床上主要表现为视力减退和肌性视疲劳，有时可有外斜视。重者可有眼底改变及玻璃体混浊等并发症。视力减退，看近物清楚看远物模糊为其特点。近视度愈高视力越差。严重近视者，为改善看物不清缺陷，常眯着眼睛以减少光线从瞳孔进入眼内，使视网膜上成象稍清楚一些。由于眼的集合作用与眼肌调节不协调，患者常有肌性视疲劳现象，可有头痛、头晕、健忘、失眠等症状，严重者可并发视乳头、视网膜病变，黄斑部出血，玻璃体混浊及视网膜剥离等严重并发症。

三、治疗

(一)视力矫正以提高视力，解除视力疲劳，积极治疗近视并发症。

(二)注意用眼卫生，防止病情加剧，做好近视防护工作。

(三)自我按摩

1.常规按摩　指梳颅前带，分抹印堂(-太阳)，擦前额，指揉鼻根，刮鼻一颧，指梳颅后带，擦颈椎，掌擦手背，捻耳垂，擦小腿外侧。

2.全息按摩　耳部：1 目 1，2 目 2，3 眼，4 肝，5 肾，6 枕；手部：1 二明，2 眼，3 肝，4 額，；足部：1 眼，2 額，3 肝，4 肾。

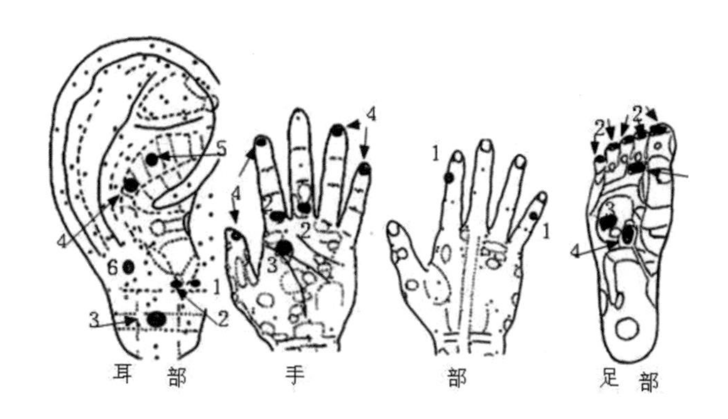

(四)穴位按摩　每穴按揉 1 分钟，每日 2 次。主穴：攒竹、印堂、四白、鱼腰、太阳；承泣、丝竹空、瞳子髎、睛明，交替使用。配穴：风池、光明、足三里、肾俞、养老、合谷。

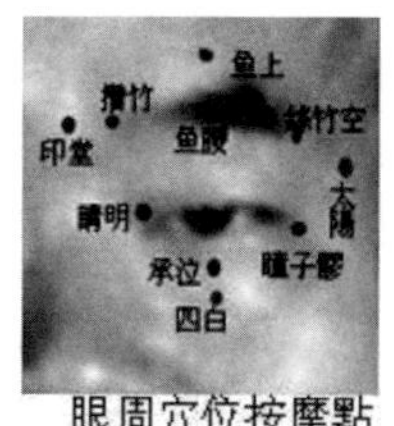

眼周穴位按摩點

(五)其他　针灸，理疗。

四、生活提示

1.生活规律，按时作息，不在光线过暗及过强处阅读；不在床上及车船上阅读；

2.学习时书本与眼保持合适距离，时间较长时中间应休息，做眼保健操或向远处眺望；

3.定期检查视力，已有近视者应配眼镜防止进一步加剧；

4.常吃胡萝卜、动物肝脏等及新鲜蔬菜；

5.用眼时间较长，应休息并向远处看风景 5-10 分钟。

第九节　老视眼

一、概述

老视指 45 岁以后在阅读或近距离视物不清楚而视远物正常，且常随年龄增长而加重。是一种正常生理现象，为晶状体逐渐硬化以致可塑性下降，同时晶状体囊的弹性和睫状肌肌力逐渐减弱所致。在近

视力减退的同时，远视力一般无变化，因为远处投入的平行光线仍然可以适应其已减弱的眼调节能力。

二、临床表现

主要为近处视物时视力减退、模糊，眼睛视物点逐渐远移。在看书报写字时只好将书报纸张往远处移以便补充眼调节能力不足的缺陷。时间一长或光线较差时常易发生视觉疲劳，引起头痛、头晕等症状。如果年轻时为近视则老视现象出现较晚，有些人可终生不用戴老花眼镜，因为只要取下原来的近视眼镜即可看清书报，此时他们所需的调节较少或不需要调节即可满足阅读需要。相反若原先为远视者则会较早时间即发生老视，因为他们阅读时需要更多调节才能满足阅读需要。

三、治疗

(一)配合适的老视眼镜，以凸球镜补偿调节能力不足。

(二)注意用眼卫生，定期复查视力。

(三)自我按摩

1.常规按摩　指梳颅前带，分抹印堂(-太阳)，擦前额，指揉鼻根，刮鼻一颧，指梳颅后带，擦颈椎，掌擦手背，手捻耳垂，擦小腿外侧，闭目揉眼。

2.全息按摩　耳部：1 目 1，2 目 2，3 眼，4 肝，5 肾，6 枕；手部：1 二明，2 眼，3 肝，4 额；足部：1 眼，2 额，3 肝，4 肾。

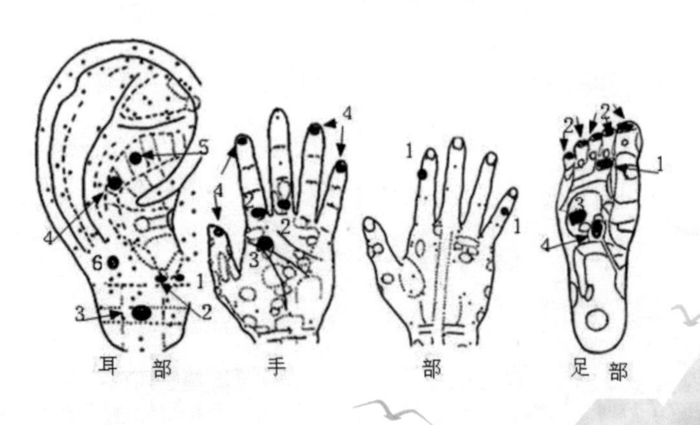

耳　部　　手　　部　　足　部

(四)穴位按摩　每穴按揉 1-2 分钟，每日 2 次。主穴：1)攒竹、四白、鱼腰、太阳、养老、神庭、足三里；2)瞳子髎、承泣、丝竹空、睛明、光明、风池、肾俞，两组交替使用。

(五)其他　1)活动眼球：分别向上、向下、向左、向右活动眼球三十遍。2)远眺：看书报后向远处眺望数分钟，然后再慢慢收回视线注视近物约 1 分钟，闭目揉眼 1 分钟。每日用眼后多做几次此操作。

四、生活提示

1.多休息，防止用眼过度引起视觉疲劳；

2.不在光线过暗及过强处阅读；

3.已有老视者配用合适眼镜；

4.阅读后做眼保健按摩；

5.常吃胡萝卜及适量动物肝。

第十节　中心性视网膜脉络膜炎

一、概述

本病又称中心性浆液性视网膜病变，为眼底黄斑区水肿及浆液性渗出病变，一般局限于黄斑区，多见于青壮年。病理变化为黄斑部血管痉挛，引起组织水肿及组织液渗出。其病因尚不清楚，可能与结核杆菌或其他一些慢性感染病灶产生的变态反应有关。本病局部为无菌性炎症，在炎症消退后可遗留色素沉着。一般情况下多累及单眼，但也有两眼先后发病，或反复发作而影响视力。精神紧张和过度劳累为较常见的诱发因素。病程长短不一，长者可达数月。新针疗法有一定效果。

二、临床表现

通常自觉视力模糊，眼前中央区有云雾样感觉或为固定的黑影，视力减退，视物变形、弯曲或变小等。眼底检查可见黄斑区呈扁平水肿、灰白色或黄色渗出点，中心凹反光减弱或消失。愈后水肿消失，渗出物吸收，中心凹反光可再现，视力有所恢复。

三、治疗

(一)治疗原发病：如结核病患者同时治疗结核病。

(二)西医药治疗以扩张血管，控制渗出，保护神经等为主。

(三)自我按摩

1.常规按摩　指梳颅前带，分抹印堂(-太阳)，擦前额，指揉鼻根，刮鼻一颧，指梳颅后带，擦颈椎，掌擦手背，捻耳垂，擦小腿外侧。

2.全息按摩　耳部：1 目 1，2 目 2，3 眼，4 肝，5 肾，6 枕；手部：1 二明，2 眼，3 肝，4 额；足部：1 眼，2 额，3 肝，4 肾。

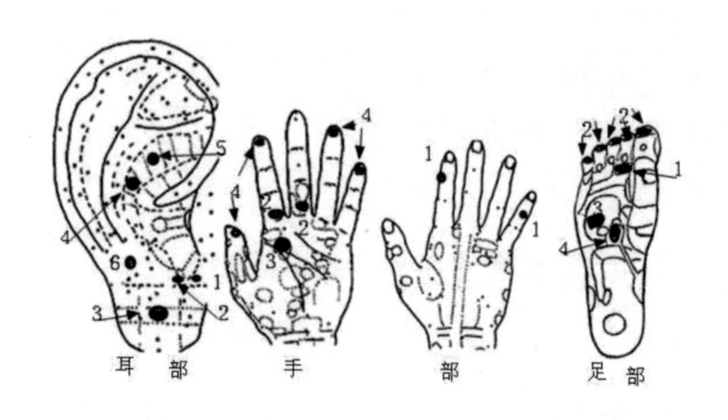

(四)穴位按摩　主穴：1)攒竹、睛明、明忠、鱼上、承泣、丝竹空、太阳、瞳子髎、风池、合谷、养老、足三里；2)球后、鱼腰、健明、印堂、四白、瞳子髎、外关、光明、臂臑、肾俞，两组穴交替使用，每日 1 次(针灸)；若单用穴位按摩，可用按揉法，每穴按揉 1 分钟，每日 2 次，十天为一疗程。

(五)其他　理疗，针灸，按摩：为辅助疗法。

四、生活提示

1.戒烟，不饮烈性酒，不吃辛辣刺激性食物；

2.多吃动物肝脏、胡萝卜及新鲜蔬菜水果；

3.心态平和多休息，注意用眼卫生防止强光刺激。

第十四章 常见慢性病自我康复治疗

第一节 概述

一、基本概念

自我康复治疗是指患有某种慢性疾病或某种疾病引发的人体机能障碍者，应用自我治疗方法以控制疾病，或逐渐恢复已受影响的机体功能的康复治疗方法，其理论基础与传统治疗强调休息、静养方式不同，自我康复治疗注重于在患者力所能及的条件下，采取主动活动来带动人体自主活动的方式刺激人体感受器，通过神经一体液系统，调整身体机能，使其由失常逐渐转为正常而达到康复目的。本法也是传承于传统医学的一种康复治疗方法。“黄帝内经”的“上古天真论”中所叙述的上古真人长寿之道“提契天地，把握阴阳，呼吸精气，独立守神，肌肉若一，故能寿敝天地...”。涉及吐纳术及适当躯体活动使身体协调一致；后世华佗的五禽戏及太极拳、八段锦等都是用于锻炼身体和康复治疗的方法。近代的医疗体育也是一种医疗性体育活动，对于一些慢性疾病有一定的治疗效果。

二、自我康复治疗主要内容自我康复治疗大体上包括以下几方面：

(一)自我按摩

1.常规按摩　根据病情作相关部位非穴位按摩，以减轻一些症状，改善局部及整体机能状况。非穴位按摩以通经脉、抚肌肤、舒筋骨、安脏腑、利关节而起康复作用，如擦腰骶除健腰利腰骨节外，还有疏通足太阳膀胱经脉、督脉以及安抚盆腔脏器的功效。

2．全息按摩　按照病情选择手足全息按摩穴位或反射区、点。通过远程反射來调节机体脏腑功能而达康复目的。

(二)穴位按摩　根据病情确定按摩穴位，一般以局部和邻近穴位为主，以疏通患部经络，促进局部循环，改善病处细胞、组织代谢而促进康复；同时配合远程相关穴位，以疏通经络，加强康复作用。

(三)主动活动　主动活动包括穴位按摩和非穴位按摩时的主动活动，及针对病患部位的局部和邻近关节的主动活动，和调节全身机能的健身按摩操。主要用于关节及筋脉疾病康复和提高人体体质。通过主动活动可带动胃、肠、心、肺等内脏的自主活动而促进全身代谢活动。

(四)气功　为传统医学中的健身法，通过动静结合，调整呼吸和集中意念方式，提高内脏自主功能活动，对于高血压、神经衰弱、胃肠功能紊乱等有较好疗效。

(五)其他　太极拳、散步、广播操、健身器材，以及球类运动、爬山、骑自行车等医疗体育项目，应根据病人具体情况而定，在康复治疗中只作为补充手段。

三、注意事项

1.根据病情确定康复治疗方式；

2.选用合适姿势；

3.循序渐进，个体化操作，活动量由小到大逐渐达适宜量；

4.处于急性期、亚急性期，全身状况差及可能会发生不良合并症者不适用。

由于本书篇幅有限，本章仅列举几种常见病情的自我康复治疗，以期抛砖引玉。其他病证可按病情自行编制计划进行。

第二节　脑疾病偏瘫

一、概述

脑疾病偏瘫是较为常见的脑疾病后遗症，其原发病常见的有脑血管意外(脑出血、脑血栓形成、脑栓塞等)、脑膜炎、脑炎、脑外伤、脑肿瘤及脑手术后遗症等。康复治疗只能在控制病情后的恢复期才能进行，基本条件是急性、亚急性病程已控制，患者已有清醒的意识，

全身症状好转，引起偏瘫的原发疾病已得到控制，无新并发症威胁。患者能对康复治疗配合且有主动要求。由于病人仍很虚弱，康复治疗初期应由监护人员帮助进行，随着病情好转及体质的恢复，逐渐过渡到患者自行操作，但必要时仍需他人辅助，特别是训练由卧至坐，由坐至站立，由站立至行走的各个关键阶段。

二、临床表现

脑疾病偏瘫为同一侧上下肢瘫痪，属上运动神经单位病变性瘫痪。瘫痪肢体为脑部病变部位的对侧。急性期处于神经抑制的脑昏迷状态，瘫痪肢体肌张力减退，对痛觉刺激无反应；恢复期则肌张力逐渐上升，并由弛缓状态转为肌张力很高的痉挛状态，肌腱反射由弱转为亢进，但感觉减退。若病变区在左半脑可有失语症，随着病情好转，瘫痪可有所恢复，其规律是下肢优于上肢，近端优于远程，手指则较迟较差。同时并有肢体营养障碍、挛缩、疼痛等。康复治疗可改善肢体血液循环，缓解肢体挛缩，减轻疼痛而促进康复，并通过反射加快脑损伤区的修复。

三、康复治疗

(一)自我按摩

1.常规按摩　指梳颅顶带，指梳颅后带，推患肢手三阳、手三阴经脉(手三阳从手到肩，手三阴从腋到腕)，掌擦手背，擦臀一腘，擦股内侧，足腿擦、膝腓擦、踝自主活动，、擦小腿外侧，擦小腿内侧等，由每次五遍开始，逐渐增加到六十遍。不能自己完成者可由他人协助做。

2.全息按摩　耳部：1 耳舟上段(上肢瘫)，2 对耳轮上段(下肢瘫) 3 脑, 4 脑干, 5 内分泌, 6 肾, 7 枕, 8 皮质下；手部：1 肩, 2 肘, 3 膝, 4 肾, 5 肾上腺, 6 脑垂体, 7 额；足部：1 肩, 2 肘, 3 膝, 4 脑垂体, 5 额, 6 肾, 7 肾上腺。

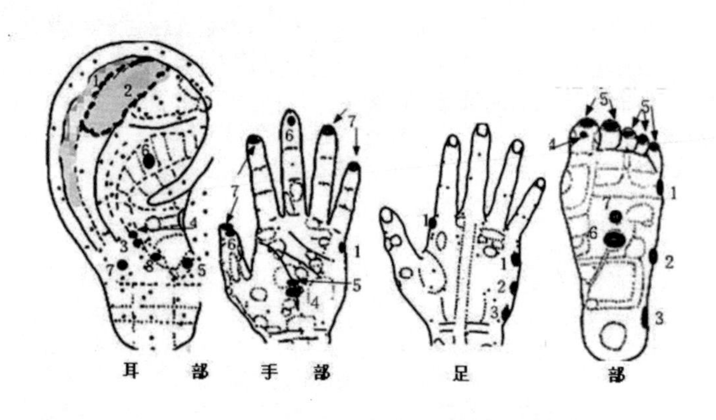

(二)针灸或穴位按摩　恢复期首先开展的为针灸(医生操作)或穴位按摩，每穴按揉1分钟，每日1次。主穴：百会、水沟、颊车、合谷、曲池、阳陵泉、悬钟。初时头、上肢、下肢各取1穴，以后逐渐增加。备穴：上肢：外关、肩髃、内关、少海、中渚、肩井；下肢：风市、足三里、昆仑、三阴交、委中、环跳；面部(口眼歪斜)：太阳、地仓、下关、迎香、阳白；语言障碍：哑门、廉泉、承浆、通里、神门、内关、天突、涌泉。

(三)练习坐起　在按摩一阶段后，四肢有所好转的基础上练习坐起，开始时可先由他人扶着坐，逐渐练习自己坐，当能自如由卧床坐起时，再练习坐床缘或椅子。

(四)练习站立　在能稳坐椅子的基础上练习站立(初练站立时必须有人帮扶)。

(五)练习走路　在站立已稳的基础上再练走路，先由他人扶助，或用拐杖练习，逐渐弃拐杖自己行走。

(六)练肢体关节活动　若局部肌肉痉挛较重则可采用按、拿、拍、摩等手法按摩肌肉，同时从小活动量开始活动关节，如练习手指伸屈、握拳、抓物，腕关节的屈、伸、旋转等，综合练习握笔、拿筷子等，最终恢复正常活动。

四、生活提示

1.积极控制原发病，心态平和；

2.戒烟、禁酒，不吃刺激性食物如辣椒；

3.加强营养，吃富蛋白质、低脂肪饮食，增加磷脂摄入，可吃黄豆、虾米、海鱼，适当吃一些蛋，有条件者可口服鱼油丸；

4.多吃新鲜蔬菜、水果、豆类、核桃等；

5.鼓励进行功能活动。

第三节 类风湿性关节炎

一、概述

类风湿性关节炎是一种常见的慢性全身性疾病，也是目前临床上难以控制的疾病，即便是有经验的内科医生自己得病也难治愈。本病也是一种致残性很高的慢性疾病，晚期常导致关节强直和肢体畸形，使病人失去劳动力甚至连生活也难自理。发病原因尚难以确定，常与寒冷、潮湿、外伤、劳累、营养不良、体质虚弱等有关。体内局部病灶释放的抗原刺激关节滑膜处的浆细胞产生抗体，抗原抗体结合物继而毒害自身关节组织细胞导致损害和炎症。其靶细胞为滑膜细胞，受损害的滑膜细胞放出溶酶体，其中的胶原酶引起胶原蛋白分解破坏，导致关节中包括关节软骨、滑膜、筋腱在内的组织破坏和炎症。因此，属于自身免疫性疾病。反复发作往往导致关节不可逆改变。发病以青壮年为多。早期先有滑膜红肿，渗出液体，关节囊及邻近肌腱和腱鞘发炎，关节肿大。肉芽组织由关节软骨边缘向软骨面伸展并逐渐覆盖关节面，软骨表面溃疡，其下层骨髓处同样发生肉芽组织，损毁软骨；肉芽组织纤维化或骨化使关节强直，邻近肌肉皮肤萎缩。

二、临床表现

本病起病缓慢，患者先有疲乏、体重减轻、低热、手足麻木刺痛、食欲减退等前驱症状。随后出现一、二个关节疼痛僵硬并逐渐肿大、潮红、发热，以后发展为多关节。一般先累及小关节，常见近侧指间小关节呈梭形肿大，以后逐渐累及其他关节，使关节肿痛、僵硬、肌肉萎缩而畸形。膝、肘、手指、腕固定在屈位，指掌关节向外侧成半脱臼，严重者终日卧床。全身症状有不规则发热、贫血、脉数、神倦乏力。病程中有复发与缓解交替过程，发作可呈急剧或隐疾，终至达到畸形状态。

三、康复治疗

(一)内科治疗：发作期采用消炎止痛药物，必要时可用适当剂量肾上腺皮质激素如地塞米松控制病情，再用最小维持量以控制症状；同时消除体内慢性感染灶。

(二)针灸，理疗，热疗，按摩。

(三)自我按摩

1.常规按摩　病痛部位按揉每部位 3-5 分钟，沿经脉走行推病部经脉，捏或拿邻近病部关节肌肉各三十遍，指、趾关节疼痛以捻法轻捻。一般整体按摩：指梳颅后带，擦頚椎，擦颈侧，拿肩井，耙理脊背，擦手三阳，掌擦手背，擦腰，耙理脊椎，耙理腰骶，擦腰骶，擦臀一腘，膝腓擦，足腿擦，足底足背擦，擦小腿内侧，擦小腿外侧；揉足三里、三阴交、涌泉等，各由五遍开始逐渐增加到六十遍。

2.全息按摩　耳部：1 耳舟区(肩一指)，2 对耳轮区(颈椎一足趾)，3 肾, 4 神门, 5 枕, 6 内分泌, 7 皮质下；手部：1 颈椎, 2 胸椎，3 腰椎，4 骶区， 5 前头, 6 后头, 7 腰腿， 8 腰痛区， 9 手背中轴区(颈椎一骶区)， 1 0 肩， 1 1 肘， 1 2 膝；足部： 1 肾， 2 髋关节， 3 颈椎, 4 胸椎， 5 腰椎， 6 骶椎， 7 肩关节， 8 肘， 9 膝。

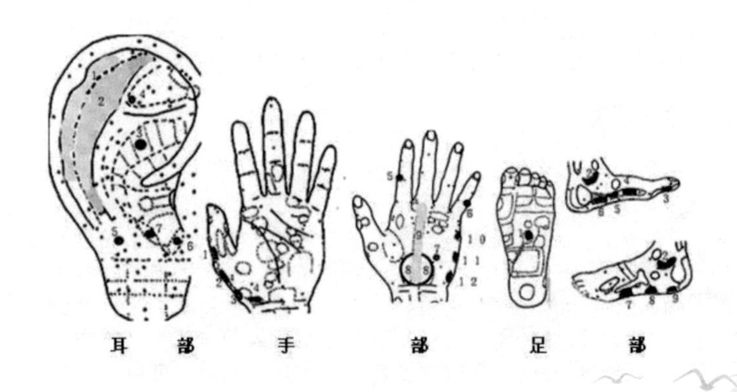

(四)穴位按摩　按病变部位取穴。1)脊椎骨：人中、风池、风府、大椎、命门、长强；2)手指：后溪、合谷、八邪、十宣、液门、中渚；3)腕、肘关节：外关、合谷、间使、养老、曲池、阳溪、阳池；4)肩

关节：曲池、天宗、肩髎、肩髃、少海、肩井；5)髋关节：革命、环跳、昆仑、次髎；6)膝关节：膝眼、阳陵泉、阴陵泉、足三里、绝骨；7)足部：昆仑、内庭、照海、太冲。均用按揉法，每穴 1 分钟。每次病痛部位取 2-3 穴，每日 2 次。

(五)主动活动　受损关节按生理活动范围内每天作 2-3 次主动活动，每次各六十遍(由五遍开始逐渐增加)，活动幅度由小到大，以能耐受疼痛为限。指、腕、踝关节可浸于 37-42℃温水中浸洗。

(六)被动活动　主动活动困难肢体，可用健康肢体协助或由家人协助活动。

(七)全身强壮按摩　每天起床前、入睡前作全身强壮按摩：抹印堂-耳，摩腹壁，揉肾区，扒理脊椎，擦腰骶，揉足三里、三阴交、涌泉，掌擦手背等，各由五遍开始逐渐增加到六十遍。

(八)矫正性活动　有弯腰、驼背、双肩内收等姿势者，多做伸展、扩胸、抬头、挺胸等伸展活动，以控制不良姿势发展。

(九)医疗性体育活动　根据个体病情进行，如气功、太极拳、散步、健身器材活动等，但发作的炎症期间不宜开展活动。各大关节完全僵硬者除气功外多不宜进行。较轻病人可作本书简易健身按摩操，活动度根据病情自行安排，以可耐受为准。

四、生活提示

1.注意休息防疲劳，防风、寒、湿，注意保暖；活动期应卧床休息；

2.树立战胜疾病信心，做好功能锻炼，改善肢体功能；

3.保持关节功能位，减少畸形发生；

4.加强营养，多吃瘦肉、新鲜蔬菜、水果。

第四节　小腿及足部劳损

一、概述

小腿和足承担全身体重，加上负重劳动时所负重量，常易超过生理负荷能力而使小腿及足部受损伤。长期劳损可引起足弓损伤。足弓

为足部的跗骨、跖骨、韧带、肌肉、肌腱组成的拱形结构，分别称为纵弓和横弓，容纳足部血管、神经，并保障直立行走和跳跃等足部活动时既有稳固性又有弹性。但长期负荷体重或短期过量负荷都有可能损伤足部韧带、肌肉及肌腱，使韧带、肌腱被拉长，变松弛，肌肉收缩力下降，以致弓形结构破坏而塌陷成为平足底。踝关节为足与小腿过渡部位，又称距骨小腿关节，将小腿骨承受重力下传至足部。其内侧有三角韧带，外侧有外侧付韧带等韧带保护，使关节在作背屈、跖屈、侧翻等活动时不会脱位。但当外力使足踝突然内翻、内旋时，外侧付韧带常易受损伤，即通常所说踝关节扭伤。小腿肌肉有三群，前群位于小腿前面有背屈踝关节及伸趾作用；后群在小腿后面有屈膝、屈踝及屈趾作用；外侧群称为腓骨肌，附于腓骨外侧面是足的外翻肌。其中最强大的小腿三头肌，由腓肠肌和比目鱼肌组成，其下部肌腱为粗大的跟腱，此肌为小腿活动最重要的肌肉。长期劳损或老年常有小腿肌肉酸困乏力感。

二、临床表现

人老足先老，早期为患肢疲乏无力，可有足底疼或腓肠肌困、抽筋，或某肌群放射痛、肌紧张。检查有足底及肌肉压痛，足底足弓渐平。踝关节损伤可有局部肿痛、压痛或皮下出血，踝活动时疼痛。小腿可有腿困、压痛或腓肠肌痉挛及走路乏力等。

三、康复治疗

(一)外科治疗：急性损伤时应排除骨折，若有韧带大部分撕断或完全撕断应由外科作手术缝合。

(二)急性恢复期应由专业人员处理，急性肿痛消退后再进行自我康复治疗。本节主要针对慢性劳损。

(三)自我按摩

1.常规按摩　指梳颅顶带，耙理腰骶，擦腰骶，膝腓擦，足腿擦，足底足背擦，擦足底，掐膝周，擦小腿外侧，擦小腿内侧，踝屈伸，足趾屈伸，活动幅度由小到大，以无明显痛感为佳。

2.全息按摩　耳部：1 髋关节，2 膝,3 踝,4 跟,5 足趾，6 坐骨神经,7 肾；手部：1 腰,2 腿,3 膝，4 前头,5 后头,6 踝点；足部：1 肾，2 坐骨神经，3 膝。

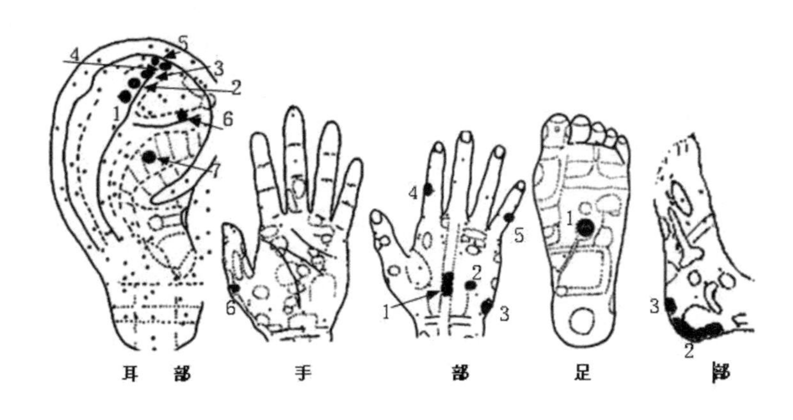

耳部　　手　　部　　足　　部

(四)穴位按摩　每穴按揉 1 分钟，每日-2 次。主穴：太溪、绝骨、昆仑、解溪、太冲、足三里、阳陵泉、阴陵泉、委中、承山、涌泉、阿是穴等，每次各取 6 穴，轮换用。

(五)其他　熱疗疼痛局部三十分钟，1 日 2 次。

四、生活提示

1.积极进行适度活动；

2.防止超负荷工作及过度疲劳；

3.不作暴发性活动；

4.超体重者应减肥。

第五节　组织粘连

一、概述

组织粘连是很常见的疾病后遗症。一般发生在炎症、损伤或手术后。这些原因使局部组织或器官浆膜、滑膜受损伤而发生纤维素渗出，并随之机化形成结缔组织，使相互间器官或组织彼此粘连，从而限制

了正常的生理活动。常见的组织粘连如腹腔脏器炎症或手术后的周围粘连，关节炎的关节腔滑膜粘连及肌腱韧带粘连，胸膜炎后胸膜粘连等。使相关脏器或组织出现不同临床症状而影响日常生活或活动。尤其是腹腔内脏周围粘连有时可引发肠梗阻。控制组织粘连的办法是早期活动，以增强局部血液循环，加强对渗出物的吸收以减少粘连发生。同时对刚形成的尚不稳固的机化物，可通过改善局部循环，提高血管通透性，使粘连松解软化而逐渐吸收，从而减轻症状直至达到康复目的。现以腹腔内脏周围粘连为例，简要叙述如后。

二、临床症状

腹腔内脏周围粘连常见于腹腔脏器炎症如阑尾炎、胆囊炎及胃溃疡等；同时也见于腹腔手术后，不同原发病因涉及内脏不同，其临床表现也有所差别。常见有腹痛、腹胀、恶心、呕吐、排气少、下腹坠痛、腰痛、食欲不振、便秘等，活动后加重。严重者可引发粘连性肠梗阻而出现阵发性剧烈腹痛、频繁呕吐、排便和排气停止、腹部肠鸣音亢进，局部可有明显压痛、反跳痛，常需外科紧急处理。

三、康复治疗

(一)早期腹式呼吸：腹部炎症控制后或手术折线后一周，先以较浅的腹式呼吸，每天 1-2 次，每次五至三十分钟，以无明显腹痛为准(开始可从作 1 次五分钟浅腹式呼吸起，无不适再逐渐增加)，1 个月后逐渐增加深度。

(二)气功：在腹式呼吸基础上，于手术后 1 个月开始，每次三十分钟，意守丹田(入睡前作)。

(三)自我按摩

1.常规按摩　推腹中带，摩腹壁，擦腰骶，擦腹股沟，横抹腹壁，耙理腰骶，足腿擦，擦小腿外侧，擦小腿内側。从十遍开始逐渐增加到六十遍。

2.全息按摩　耳部： 1 肾上腺, 2 神门, 3 内分泌, 4 枕, 5 皮质下, 6 腹, 7 胃, 8 小肠, 9 大肠；手部： 1 肾上腺, 2 腹腔神经丛, 3 胃, 4 小肠, 5 大肠；足部： 1 腹腔神经丛, 2 胃, 3 小肠, 4 大肠。

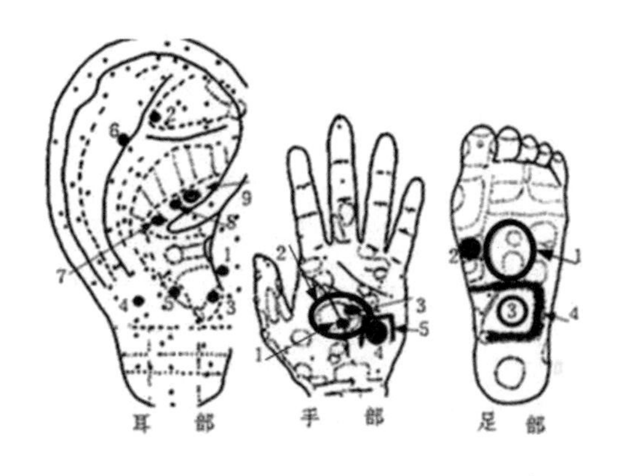

(四)穴位按摩　每穴按揉 1 分钟，每日 1-2 次。主穴：关元，神阙，足三里。2 周后增加手术局部穴位 1-2 个；若数月后仍有粘连性痛，在医生复查后无其他问题时可增加按摩时间及按摩邻近穴位。

(五)其他　热疗：腰部、腹部，每次三十分钟，每日 1-2 次;主动活动：作简易健身按摩操：从举臂甩手到摩擦腰骶(术后 1 个月开始)。

四、生活提示

1.注意饮食卫生，不暴饮暴食，防止肠道功能紊乱,防便秘；

2.吃高蛋白质、维生素及适当纤维素的易消化饮食；

4.适当活动，不作剧烈或突然改变体位活动。

主要参考文献

1. 南京中医学院针灸教研组.针灸学讲义(中医学院试用教材).北京：人民卫生出版社，1962.

2. 上海中医学院伤科教研组.中医伤科学讲义(中医学院试用教材).北京：人民卫生出版社，1963.

3. 安徽医学院附属医院运动医学科.中医按摩学简编.北京：人民卫生出版社，1965.

4. 上海中医学院附属推拿学校.农村常见病推拿疗法.上海：上海科学技术出版社，1967.
5. 中山医学院.农村常见病防治手册.广州：广东人民出版社，1970.
6. 上海第二医学院.内科手册.上海：上海人民出版社，1971.
7. 广东省中医院.中医临床新编.广州：广东人民出版社，1972.
8. 上海第一医学院.实用内科学.北京：人民卫生出版社，1973.
9. 中国人民解放军广州部队总医院主编.实用理疗学.北京：人民卫生出版社，1974.
10. 郝金凯.针灸经外奇穴图谱.西安：陕西人民出版社，1974.
11. 河北新医大学主编.中医学(医学专业用).北京：人民卫生出版社，1977.
12. 中国医科大学主编.人体解剖学.北京：人民卫生出版社，1979.
13. 叶鹿鸣曾汉宗主编.人体局部分层解剖学图谱.广州：科学普及出版社广州分社出版，1983.
14. 李家邦主编.中医学.北京：人民卫生出版社，1983.
15. 张顺芝主编.中老年案头之友.北京：光明日报出版社，1985.
16. 张伯臾主编.中医内科学.上海：上海科学技术出版社，1985.
17. 赣南医学专科学校等主编.五官科学.北京：人民卫生出版社，1986.
18. 曹学义主编.地方病学导论.乌鲁木齐：新疆人民出版社，1987.
19. 王连方主编.地方性砷中毒与乌脚病.乌鲁木齐：新疆科技卫生出版社，1997.
20. 王连方.王连方医学文选.北京：中国中医药出版社，1998.
21. 姚泰主编.生理学.北京：人民卫生出版社，2005.
22. 柏树令主编.系统解剖学.北京：人民卫生出版社，2005.

23. 宋建忠(诠释)，黄帝内经.北京：中医古籍出版社，2008.

24. 潇雪主编.头部按摩治百病.广州:世界图书出版公司,2004.

25. 潇雪主编. 足部按摩治百病.广州:世界图书出版公司，2004.

26. 家庭书架编委会．自我按摩治百病．北京：北京出版社，2008.

27. 张梁编著．人体反射区使用图册-家庭实用手足耳部保健养生指南．南京:江苏人民出版社,2010.

28. 国医绝学一日通系列丛书”编委会.耳穴按摩治百病.北京:中国工商出版社,2009.

29. 王连方.白领保健按摩法.上海:上海大众卫生报,2010,4,16.

30. 王连方.上班族简易按摩操.上海:上海大众卫生报,2010,4,30.

31. 王连方.中老年坐式简易健身按摩操.上海:上海大众卫生报,2010,8,6.

32. 王连方.自我保健按摩操.上海:上海大众卫生报,2010,9,3.

33. 王连方.居家自我按摩操.上海:上海大众卫生报,2010,9,17.

34. 王连方.简易足部全息反应按摩操.上海:上海大众卫生报,2011,5,13.

35. 王连方.简易手部全息按摩操.上海:上海大众卫生报,2011,5,27.

36. 王连方.简易耳部全息反应按摩操.上海:上海大众卫生报,2011,8,5

附件一 人体各部位常用穴位圖(含经脉和神经节段)

（一）头颈部

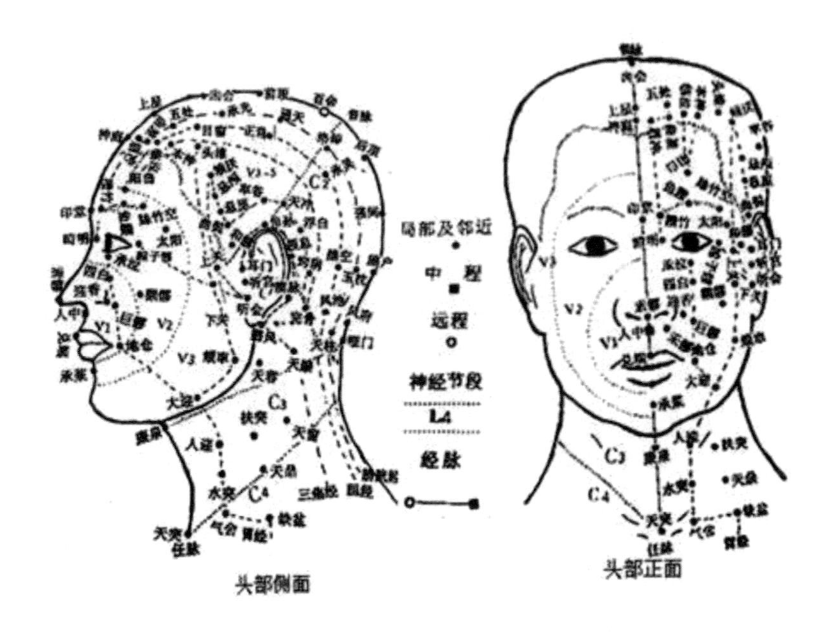

头部侧面

头部正面

（二）躯干部

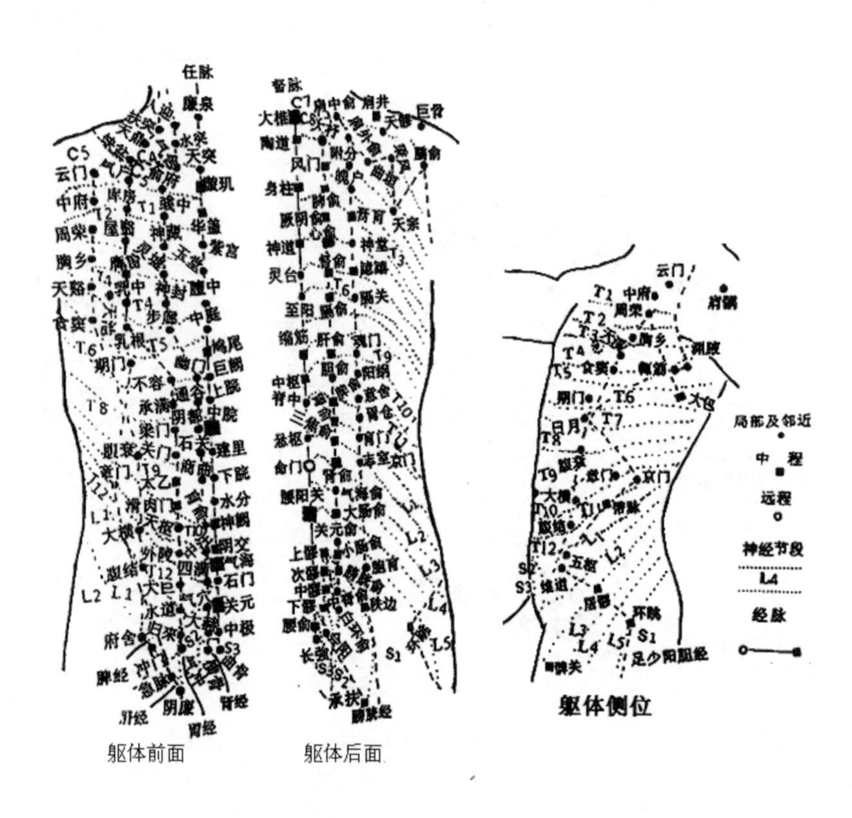

躯体前面　躯体后面　躯体侧位

（三）上肢

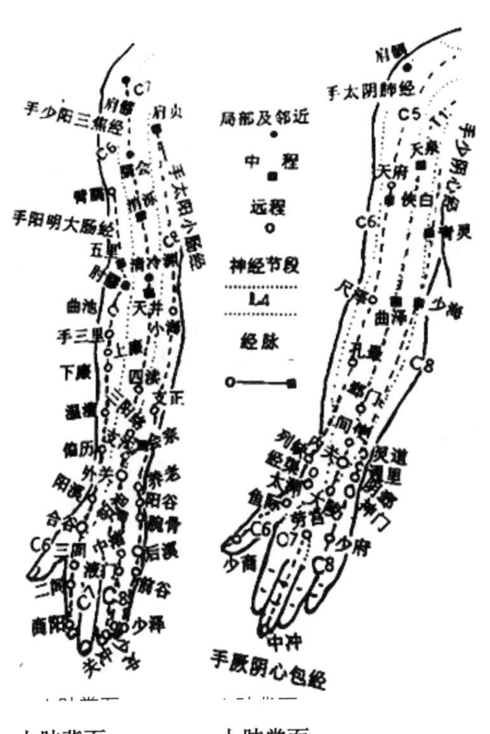

上肢背面　　上肢掌面

（四）下肢部

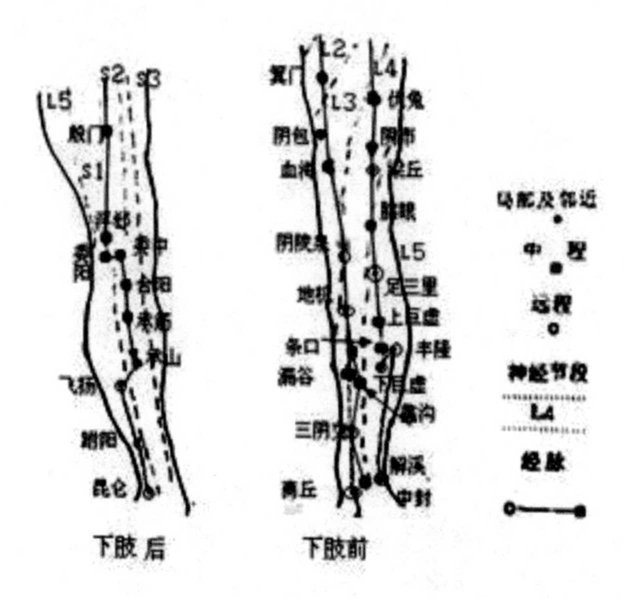

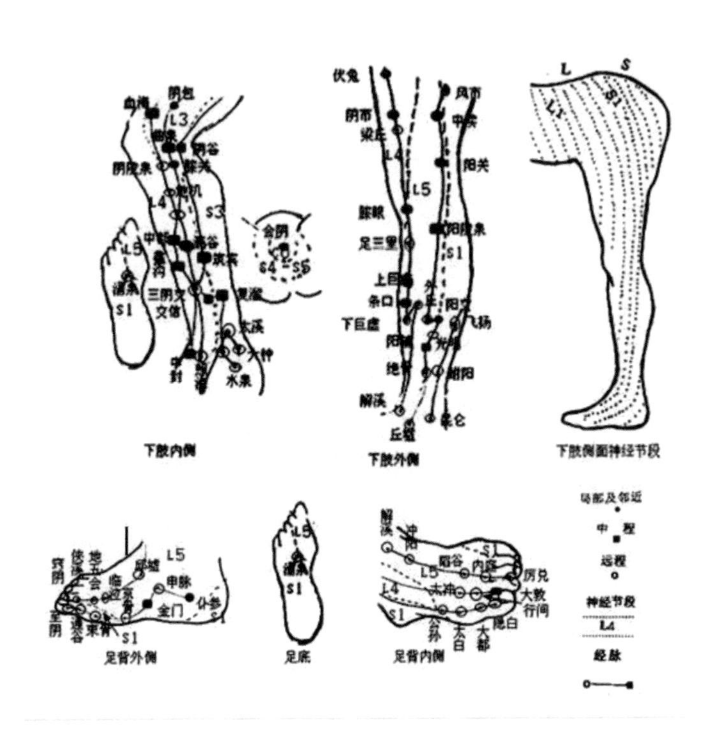
下肢内侧
下肢外侧
下肢侧面神经节段
足背外侧
足底
足背内侧
局部及邻近
中程
远程
神经节段
L4
经脉
伏兔
风市
阴市
梁丘
中渎
阳关
犊鼻
阳陵泉
足三里
上巨虚
条口
下巨虚
解溪
丘墟
阴包
血海
阴谷
阴陵泉
膝关
地机
三阴交
涌泉
太溪
大钟
水泉
会阴
申脉
金门
仆参
临泣
陷谷
内庭
厉兑
太冲
大敦
行间
隐白
公孙
太白
大都

附件二 人体常用全息反射区

（一）耳部

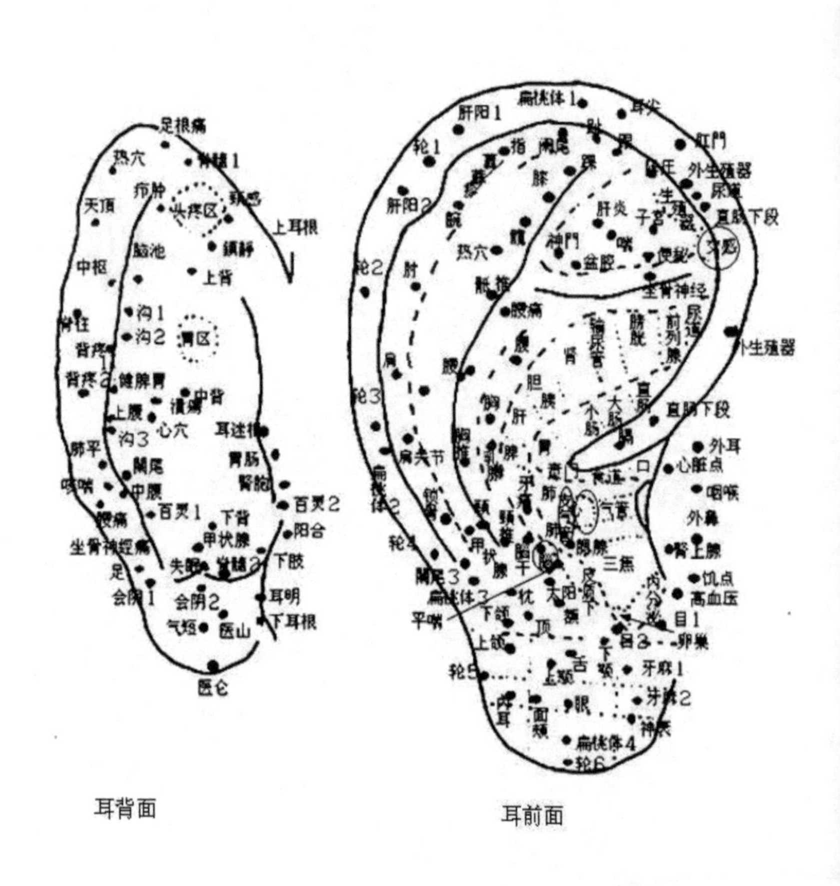

耳背面　　耳前面

（二）手部

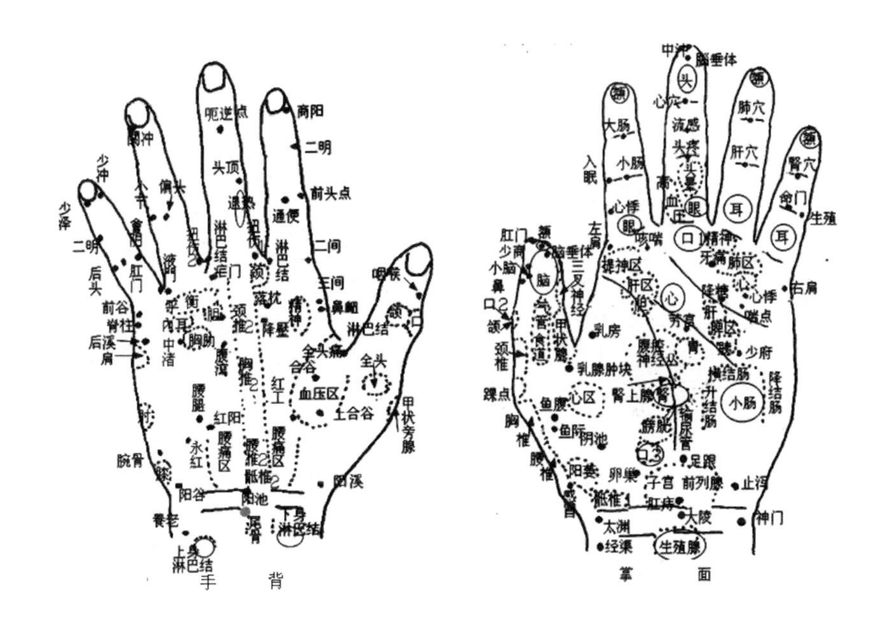
关冲
少冲
少泽
二明
后头
前谷
脊柱
后溪
肩
小节
偏头
会阴
肛门
液门
呃逆点
头顶
退热
商阳
二明
前头点
通便
二间
三间
鼻衄
咽喉
颌
淋巴结
全头痛
合谷
全头
血压区
上合谷
甲状旁腺
阳溪
落枕
降压
精神
颈椎2
胸椎2
胸肋
内耳
中渚
腹泻
腰腿
红阳
永红
腰痛区
腰椎2
骶椎2
阳谷
阳池
下身淋巴结
养老
上身淋巴结
腕骨
肘
手　　背
中冲
脑垂体
头
心穴
流感
头疼
大肠
小肠
入眠
高血压
肺穴
肝穴
肾穴
命门
生殖
耳
眼
口
精神
牙痛
肺区
心悸
喘点
右肩
咳喘
肛门
少商
小脑
鼻
口2
颌
颈椎
踝点
胸椎
腰椎
脑
三叉神经
气管
食道
甲状腺
乳房
乳腺肿块
提神区
肝区
心
劳宫
胃
降糖
肝
脾区
少府
腹腔神经丛
横结肠
降结肠
升结肠
小肠
肾上腺
肾
输尿管
膀胱
鱼腹
心区
鱼际
阴池
口3
足跟
阳萎
卵巢
子宫
前列腺
止泻
骶椎
大陵
神门
太渊
经渠
生殖腺
掌　　面

（三）足部

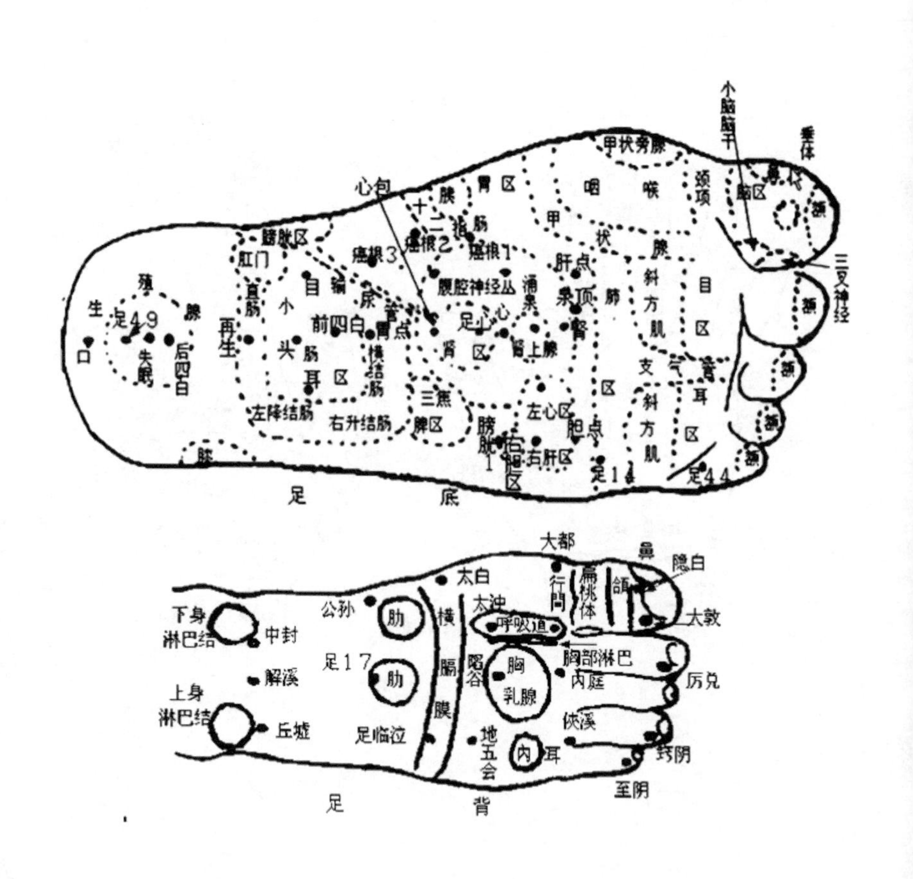

昆仑
下腹
上身淋巴结
解溪
冲阳
陷谷
丘墟
髋
关节
横膈膜
地五会
乳腺
足临泣
肋
臀
侠溪
胸
肩胛
肩
申脉
金门
生殖器
坐骨神经
京骨
肘
膝
仆参
窍阴
至阴
通谷
束骨
内耳

足外侧

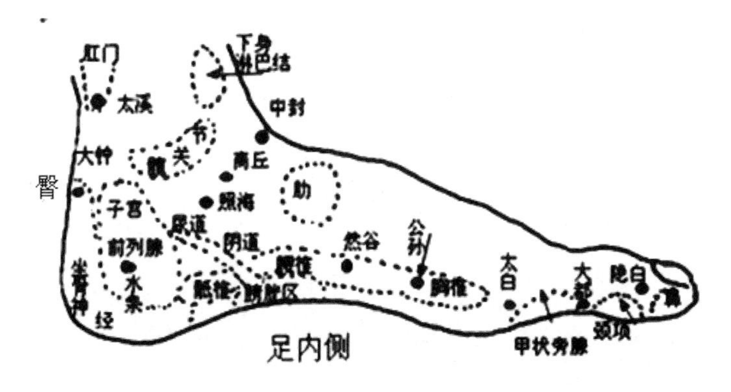
肛门
下身淋巴结
太溪
中封
节
关
髋
大钟
商丘
臀
肋
子宫
照海
尿道
阴道
然谷
公孙
前列腺
腰椎
胸椎
太白
大都
隐白
坐骨神经
水泉
骶椎
膀胱区
鼻
颈项
甲状旁腺

足内侧

附件三 自我按摩常用手法及部位图

（一）头颈部

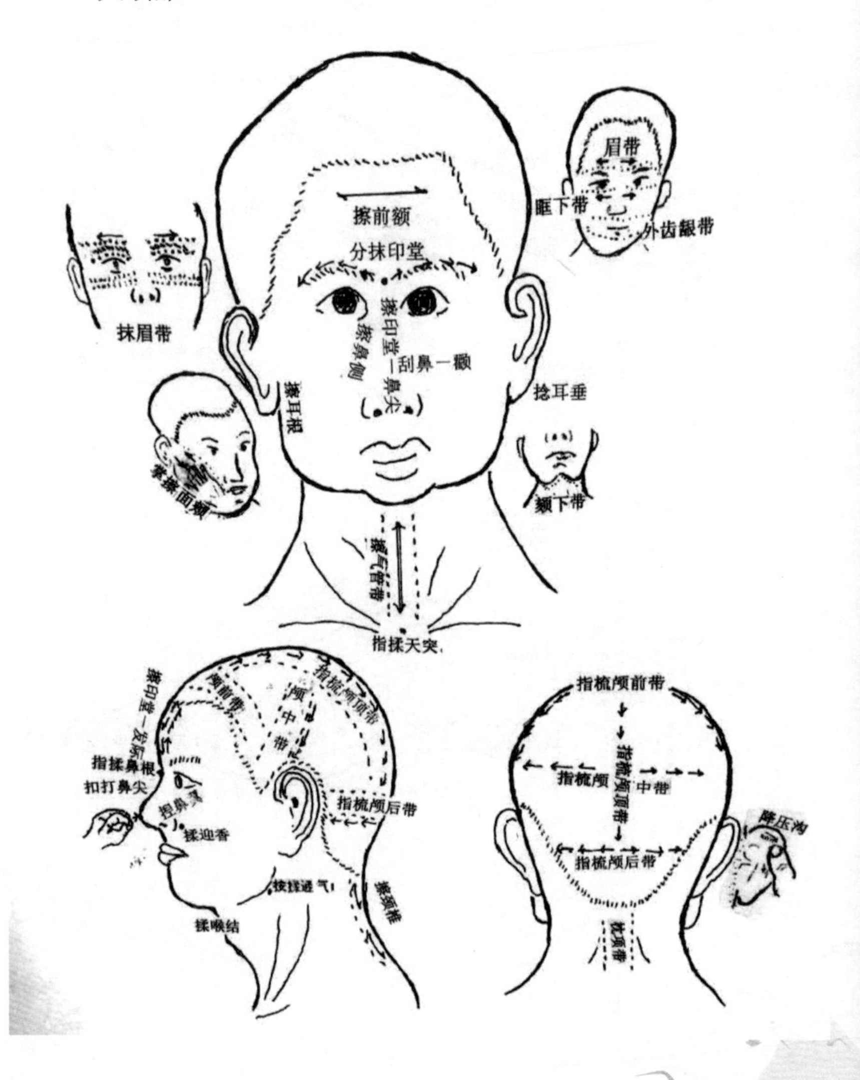

（二）躯干部

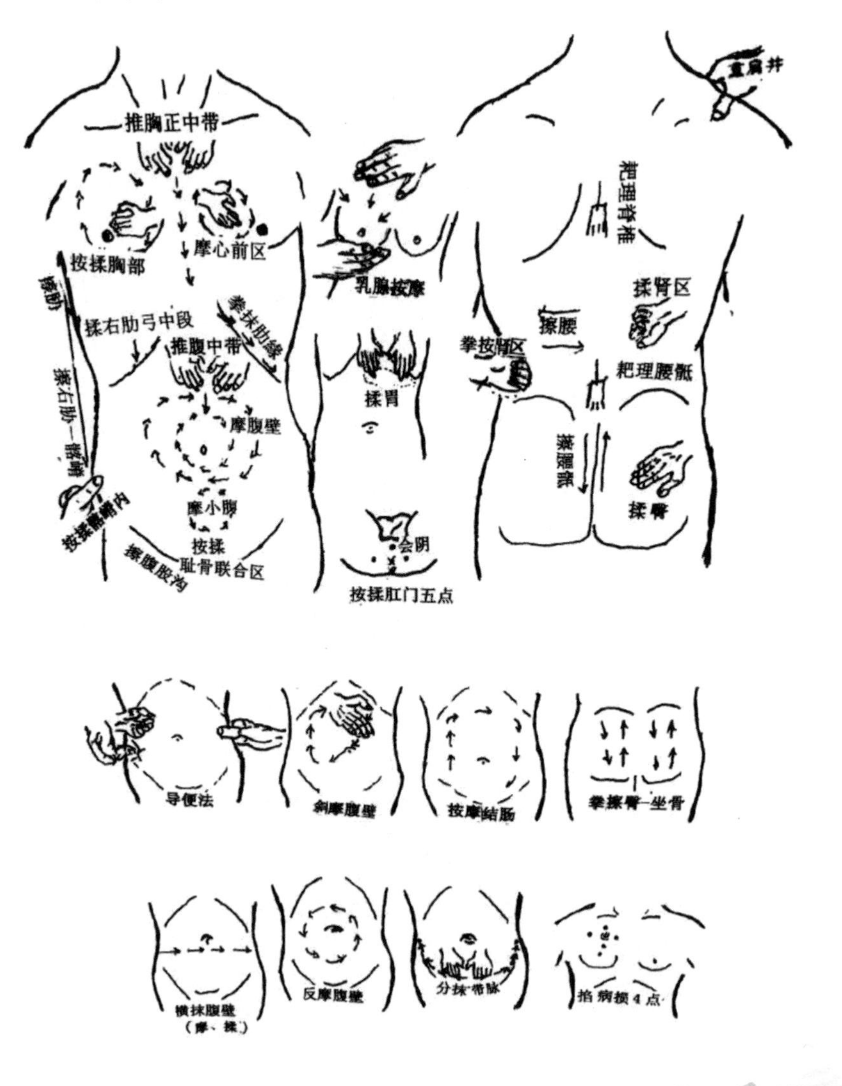
推胸正中带
按揉胸部
摩心前区
擦肋
揉右肋弓中段
拳抹肋缘
推腹中带
擦右肋—髂嵴
摩腹壁
摩小腹
按揉髂嵴内
按揉
耻骨联合区
擦腹股沟
乳腺按摩
揉胃
会阴
按揉肛门五点
重肩井
耙理脊椎
揉肾区
擦腰
拳按肾区
耙理腰骶
擦腰骶
揉臀
导便法
斜摩腹壁
按摩结肠
拳揉臀—坐骨
横抹腹壁
（摩、揉）
反摩腹壁
分抹带脉
掐病损4点

（三）上肢部

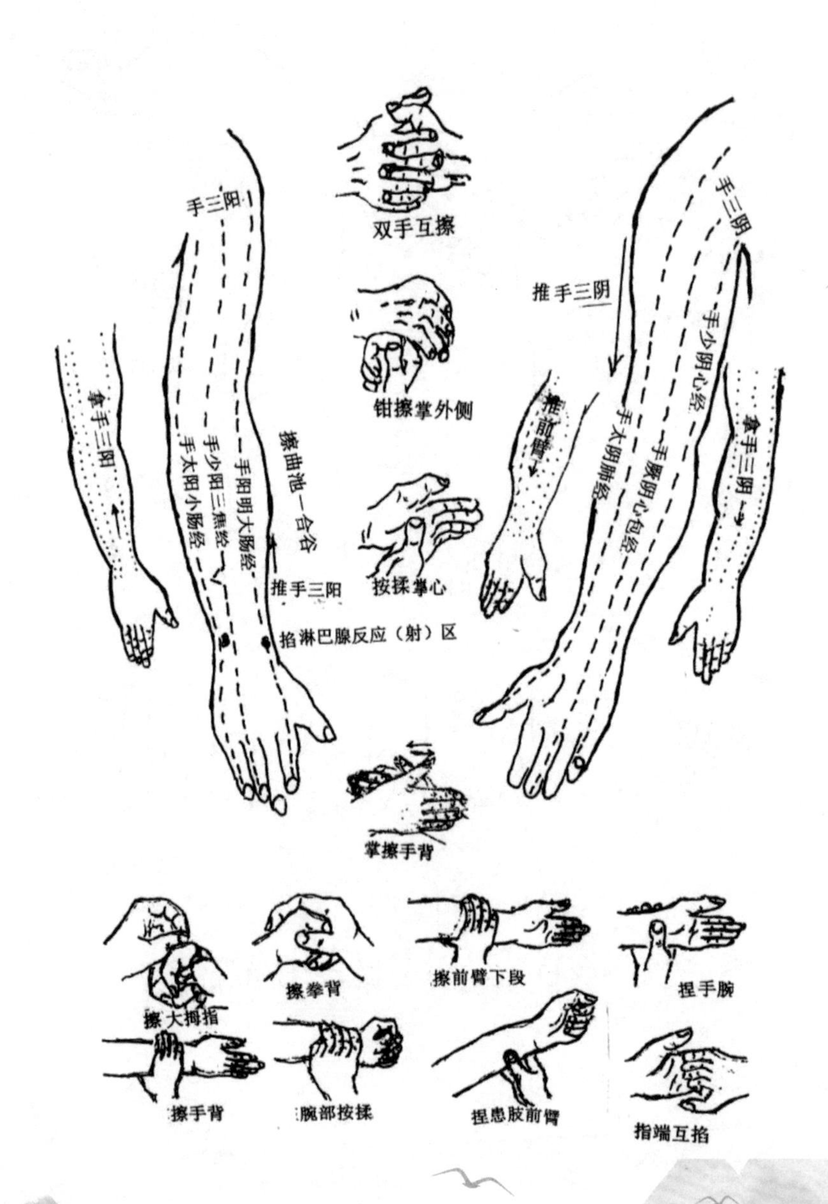
双手互擦
手三阳
手三阴
推手三阴
手少阴心经
钳擦掌外侧
拿手三阴
推前臂
手太阴肺经
手厥阴心包经
拿手三阴
手少阳三焦经
手太阳小肠经
手阳明大肠经
擦曲池一合谷
按揉掌心
推手三阳
掐淋巴腺反应（射）区
掌擦手背
擦大拇指
擦拳背
擦前臂下段
捏手腕
擦手背
腕部按揉
捏患肢前臂
指端互掐

（四）下肢部

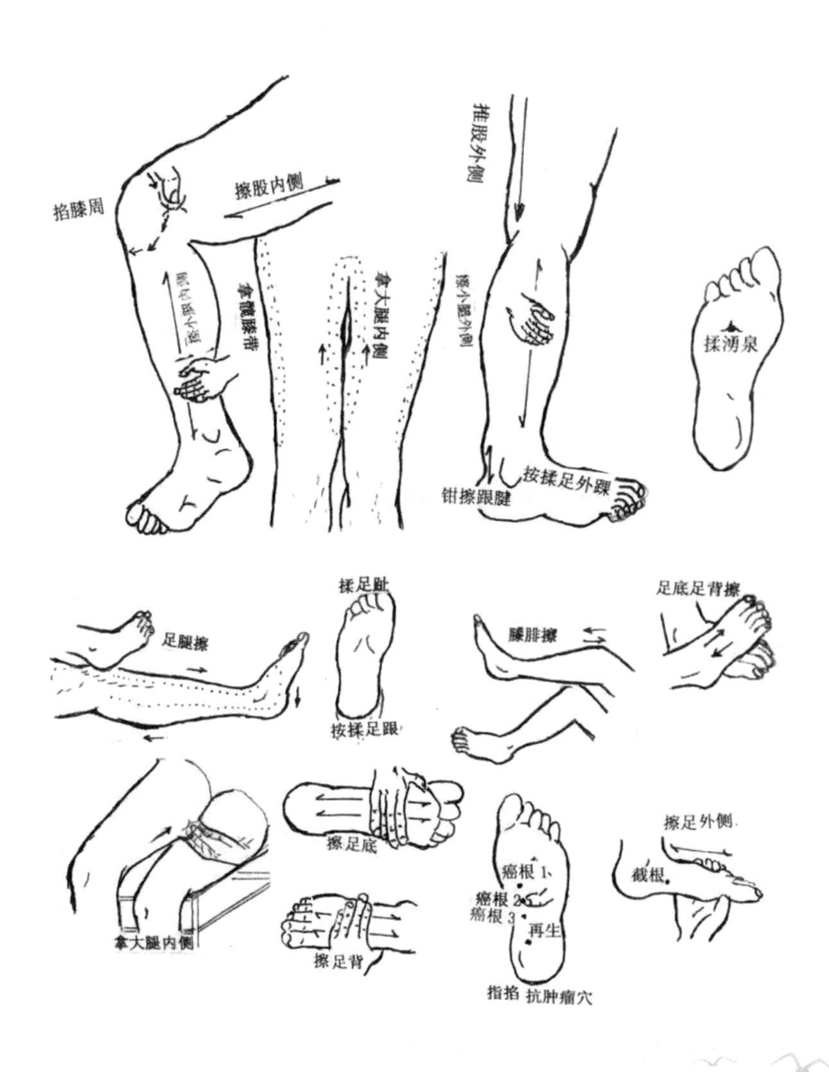
掐膝周
擦股內側
拿髕膝帶
拿大腿內側
推股外側
揉小腿外側
揉湧泉
按揉足外踝
鉗擦跟腱
揉足趾
足腿擦
按揉足跟
膝腓擦
足底足背擦
拿大腿內側
擦足底
擦足背
癌根 1
癌根 2
癌根 3
再生
指掐 抗腫瘤穴
擦足外側
截根

作　　者｜王连方　黄金莲　王睿澄
書　　名｜大眾化自我按摩 + 疾病的治療部分
出　　版｜超媒體出版有限公司
地　　址｜荃灣柴灣角街 34-36 號萬達來工業中心 21 樓 02 室
出版計劃查詢｜（852）3596 4296
電　　郵｜info@easy-publish.org
網　　址｜http://www.easy-publish.org
香港總經銷｜聯合新零售（香港）有限公司
出版日期｜2023 年 11 月
圖書分類｜流行讀物
國際書號｜978-988-8839-00-1
定　　價｜HK$80